ねじ配管
施工マニュアル

ねじ施工研究会 著

発刊にあたって

　建築設備配管として代表的な「配管用炭素鋼鋼管（SGP）」の配管接合法には、①ねじ込み接合法、②メカニカル接合法、③溶接接合法、④ねじ込みフランジ接合法、⑤溶接フランジ接合法、⑥可動継手による接合法があります。

　その中で、空気調和設備工事・給排水衛生設備工事の「SGP配管接合法」として、最も古くから広範に採用されているのが「ねじ込み接合法」です。

　日本では現在、「ねじ接合」のねじには、「切削ねじ（Cutting Thread）」と「転造ねじ（Rolling Thread）」があります。

　実は、「ねじ施工研究会」という名の下に、故原田洋一氏を中心とするワーキング・グループのメンバーで、このねじ込み接合法について、「ねじ配管施工マニュアル」の研究を長年の間続けてまいり、その結果、すでに素晴らしい成果物を残すことができました。ところが、本年（2013年）4月に、メンバーの中心人物であった、闘病中の原田洋一氏が残念ながら逝去されました。

　しかしながら、これを機にこのような得がたい、素晴らしい「ねじ配管施工マニュアル」をこのままこの世の中に死蔵させておくには忍びないという事由から、発刊しようという動機がメンバーの間から、高まってまいりました。

　実は、この書の発刊企画については、かって何度か話題になったことがありますが、諸般の事由で実現せずに今日に到ってしまった経緯があります。

　そのような背景もあって、当初本マニュアルの作成委員として関わったことがある小生が発起人になり、日本工業出版より、「ねじ配管施工マニュアル」を発刊する運びとなりました。日本工業出版に発刊依頼をした理由は、「新・初歩と実用のバルブ講座（新・バルブ講座編集委員会編）」を平成24年12月に発刊されたばかりで、本マニュアルを是非上記の書の「姉妹書」と位置づけ、多くの方々にお読みいただきたいと考えたからです。

　この書が、ねじ配管工事の施工・管理に携わる皆様方のお役に立てば、ワーキングメンバー一同これに勝る喜びはありません。

　なお、本書の内容を柔らかくする主旨で、本書の各節目節目に「知っておきたい豆知識！」という記事を付け加えさせていただきました。

2013年11月吉日
編集・査読委員長　安藤紀雄

はじめに：本マニュアル作成の主旨

　建築設備配管分野において、「鋼管のねじ接合配管」は、残念ながら「洩れやすい配管」というイメージが今でも根強く残っています。また、「ライニング鋼管」と「管端防食継手」を使用しても、「赤水現象」が起きています。
　そして、マニュアルに記載通りに正確に施工すれば、まず漏れを起こさないという「ねじ配管施工マニュアル」は今まで存在しませんでした。
　我々は、1993年（平成5年）夏より、「ライニング鋼管」と「管端防食継手」を使用して、"なぜ、「赤水現象」が起こるのか？"という疑問に挑戦し、膨大な時間・労力・資金を投入して、検討・実験を行い、ほぼその原因を突き止め、また膨大で貴重な知識と経験を得ました。
　そこで得た知識・経験を基に、更に膨大な時間と手間を掛け、実験・検証試験・検討作業を行い、「重要な社会資産である建築設備鋼管配管」が無駄なく、事故無く有効に活用できるよう、その手助けとなる"真に役に立つマニュアル"として完成させたのが、この「ねじ配管施工マニュアル」です。
　なお、本マニュアルは、「第Ⅰ部：鋼管ねじ配管の基礎」、および「第Ⅱ部：管種別・管継手別・工法別の特徴解説」から構成されています。
　第Ⅰ部では、管径50A以下の建築設備の「鋼管ねじ配管接合」について、最小限知っておいて欲しいことがらを記しております。本編をお読みになり、その通り実行していただければ、まず漏れのない基本的な「鋼管ねじ配管接合」の技能が習得できます。
　換言すれば、規格に合った鋼管と管継手を使用し、本マニュアル通りに施工すれば、「鋼管ねじ配管接合」においては、まず漏れが起こらないと断言できます。
　第Ⅰ部の対象は、以下のようになります。
① 初めて、ねじ接合・施工の鋼管配管を施工、または管理する人を対象としますが、既に経験がある人にも、基礎的な知識・技量を再学習していただける内容となっております。
② 主として呼び径：50A以下の鋼管を対象にしています。

③本編での「ねじ加工法」は、「切削ねじ加工」です。

　第Ⅱ部では、「転造ねじ加工」などを含む、管種別（ライニング鋼管など）、管継手別（管端防食継手等）、各種工法別の特徴解説が収録されております。

　末尾になりますが、本「ねじ配管施工マニュアル」が、建築設備の「鋼管ねじ接合配管」に有効に活用され、洩れ事故等がなく、「鋼管配管」という社会生活に必要、かつ重要なインフラストラクチュア構築に少しでもお役に立てていただけたら、これまで苦労して本マニュアル作成した者として、これに勝る喜びはございません。

　　　　　　　　　　　　　　　　　　　　　　執筆者代表　原田洋一　記

□本マニュアル作成：ワーキング・グループメンバー
　　主　査：原田洋一（原田(仮)事務所）
　　　　　　大西規夫（レッキス工業㈱）
　　　　　　大村秀明（元 須賀工業㈱）
　　　　　　近藤　茂（㈱アカギ）
　　　　　　高橋克年（元 ㈱城口研究所）
　　　　　　永山　隆（元 斎久工業㈱）
　　　　　　西澤正士（新日鐵住金㈱）
　　　　　　円山昌昭（元 レッキス工業㈱）
　　　　　　山岸龍生（元 千葉職業能力開発短期大学校）

□知っておきたい豆知識！
　　担　当：安藤紀雄（Ｎ．Ａ．コンサルタント）
　　　　　　小岩井隆（東洋バルヴ㈱）
　　挿　絵：瀬谷昌男（ＭＳアートオフィス）

□編集・査読委員
　　委員長：安藤紀雄（Ｎ．Ａ．コンサルタント）
　　委　員：大西規夫（レッキス工業㈱）
　　委　員：小岩井隆（東洋バルヴ㈱）
　　委　員：瀬谷昌男（ＭＳアートオフィス）
　　委　員：永山　隆（㈱三菱地所設計）
　　委　員：円山昌昭（元 レッキス工業㈱）

目　次

第Ⅰ部　鋼管ねじ配管の基礎

第Ⅰ部　第1章　鋼管のねじ接合の特徴 ………………………………3
- 1・1　ねじの知識（概略解説） ………………………………………3
  - 1・1・1　ねじ形状の特長（ねじ山の特長） ……………………3
  - 1・1・2　「平行ねじ」と「テーパねじ」の耐密性の違い ……4
  - 1・1・3　「テーパねじ」の加工法 ………………………………7
  - 1・1・4　「テーパねじ」と「管継手」……………………………8
  - 1・1・5　漏水のない管用テーパねじ接合のポイント …………9
  - 1・1・6　漏れの原因 ………………………………………………10

第Ⅰ部　第2章　使用鋼管および管継手 …………………………………13
- 2・1　使用鋼管 …………………………………………………………13
- 2・2　管継手 ……………………………………………………………14

第Ⅰ部　第3章　鋼管の切断 ………………………………………………16
- 3・1　切断機の種類・メカニズム ……………………………………16
  - 3・1・1　バンドソー切断機 ………………………………………16
  - 3・1・2　ねじ切り機搭載型メタルソーカッタ …………………19
  - 3・1・3　ねじ切り機搭載型押し切りカッタ ……………………20

第Ⅰ部　第4章　ねじ切り機の選定と名称・事前点検 …………………23
- 4・1　ねじ切り機の選択 ………………………………………………23
  - 4・1・1　モータの選択 ……………………………………………23
  - 4・1・2　安全対策上の選択 ………………………………………24
  - 4・1・3　その他の選択 ……………………………………………24
- 4・2　ねじ切り機各部の名称 …………………………………………27
  - 4・2・1　本体各部の名称と働き …………………………………27
  - 4・2・2　自動切り上げダイヘッドの名称と働き ………………29
- 4・3　ダイヘッドの取付け ……………………………………………32
- 4・4　設置上の注意 ……………………………………………………33
  - 4・4・1　養　生 ……………………………………………………33

4・4・2　水平な場所への設置 …………………………35
　4・5　電源関係 ………………………………………………37
　　4・5・1　電源 ……………………………………………37
　　4・5・2　電圧降下 ………………………………………37
　　4・5・3　感電対策 ………………………………………38
　　4・5・4　コードリール …………………………………39
　　4・5・5　電源と漏電遮断器の確認、およびコンセントの形状……40
　4・6　事前点検 ………………………………………………43
　　4・6・1　ねじ切り油の種類と品質 ……………………43

第Ⅰ部　第5章　ねじ切り加工 ……………………………48
　5・1　ねじ切り機の準備と管のセット ……………………48
　5・2　ねじ加工 ………………………………………………52

第Ⅰ部　第6章　出来上がったねじの検査 ………………60
　6・1　「出来上がったねじ」について ……………………60
　　6・1・1　配管で使うねじ ………………………………60
　　6・1・2　ねじの呼称 ……………………………………60
　　6・1・3　呼び径、ミリ換算とねじ山の関係 …………61
　　6・1・4　ねじ山の数え方 ………………………………61
　　6・1・5　ねじ山の見方 …………………………………62
　　6・1・6　ねじの長さとねじ山数の測定 ………………64
　6・2　目視検査（外観検査）…………………………………64
　　6・2・1　多角ねじ ………………………………………64
　　6・2・2　山やせねじ ……………………………………65
　　6・2・3　山欠けねじ ……………………………………65
　　6・2・4　偏肉ねじ ………………………………………65
　　6・2・5　屈折ねじ ………………………………………66
　6・3　ねじゲージによる検査 ………………………………66
　　6・3・1　「ねじゲージ」検査実施前の確認 …………68
　　6・3・2　検査（合格、不合格範囲）……………………68
　　6・3・3　「ねじゲージ」の手入れ・保管・点検 ………68
　　6・3・4　使用する管継手との「はめ合い」のチェック……69

第Ⅰ部　第7章　ねじ込み前の準備 ……………………………………71
　7・1　ねじ部の清掃 ……………………………………………………71
　7・2　ねじの接合には、シール材が必要 ……………………………71
　7・3　シール材の種類と使用法 ………………………………………72
　　7・3・1　液状シール剤 …………………………………………72
　　7・3・2　テープ状シール材 ……………………………………74

第Ⅰ部　第8章　ねじ込み作業 …………………………………………77
　8・1　ねじ込みに要する工具 …………………………………………77
　　8・1・1　万力台（パイプバイス）……………………………77
　　8・1・2　パイプレンチ …………………………………………77
　8・2　ねじ込み方法 ……………………………………………………78
　　8・2・1　事前注意事項 …………………………………………78
　　8・2・2　手締め …………………………………………………78
　　8・2・3　パイプレンチ類による締め込み ……………………83

第Ⅰ部　第9章　ねじ切り機の点検・整備 ……………………………86
　9・1　点検のポイント …………………………………………………86
　　9・1・1　消耗品 …………………………………………………86
　　9・1・2　補給（オイル、グリス）……………………………87
　　9・1・3　点検・調整 ……………………………………………87
　9・2　点検時期 …………………………………………………………87
　　9・2・1　現場持ち込み前点検 …………………………………87
　　9・2・2　日常点検 ………………………………………………87
　　9・2・3　切られたねじの確認 …………………………………91
　　9・2・4　ハンマーチャック爪の点検 …………………………92
　　9・2・5　日常注油 ………………………………………………93
　　9・2・6　ねじ切り機チェック表 ………………………………95
　9・3　1ヶ月点検 ………………………………………………………99
　　9・3・1　ハンマーチャックの点検 ……………………………99
　　9・3・2　自動切上げダイヘッドの点検 ………………………99
　　9・3・3　オイルタンクの掃除 …………………………………100
　9・4　3ヶ月点検 ………………………………………………………101

9・4・1　主軸台の軸受けに注油 …………………………… 101
　　　9・4・2　カーボンブラシの点検 …………………………… 102
　9・5　緊急点検 …………………………………………………… 104
　9・6　指詰め事故に注意 ………………………………………… 104

第Ⅰ部　第10章　寸法取り（管の切断長さの決定） …………… 106
　10・1　鋼管長さ寸法の呼び方 …………………………………… 106
　10・2　「先々寸法」の求め方 …………………………………… 106
　　　10・2・1　おねじの標準ねじ込み長さ（ℓs） ……………… 107
　　　10・2・2　管継手の芯から端面までの長さ：A・B・C …… 107
　　　10・2・3　「先々寸法」の求め方例 ……………………… 111

第Ⅰ部　第11章　技能確認試験 …………………………………… 115
　11・1　A案組立作業 ……………………………………………… 115
　　　11・1・1　組立て図 …………………………………………… 115
　　　11・1・2　組立て手順 ………………………………………… 116
　　　11・1・3　組立て用部材、消耗品・機器類表 ……………… 117
　　　11・1・4　組立作業の結果確認（判定試験） ……………… 117
　11・2　B案組立作業 ……………………………………………… 118
　　　11・2・1　組立て図 …………………………………………… 118
　　　11・2・2　組立て手順 ………………………………………… 121
　　　11・2・3　組立て用部材、消耗品・機器類表 ……………… 125
　　　11・2・4　組立作業の結果確認（判定試験） ……………… 125

第Ⅰ部　第12章　漏洩確認試験 …………………………………… 127
　12・1　水圧試験にかかる前の注意 ……………………………… 127
　12・2　水圧試験（耐密試験） …………………………………… 127
　　　12・2・1　水圧試験手順 ……………………………………… 127
　　　12・2・2　テストポンプの使用について …………………… 132
　12・3　満水試験 …………………………………………………… 136
　　　12・3・1　満水試験手順 ……………………………………… 136

第Ⅱ部 管種別・管継手別・工法別の特徴解説

第Ⅱ部　第1章　内面ライニング鋼管と管端防食継手の接合 …………141
- 1・1　ライニング鋼管の種類と構成 ……………………………………141
  - 1・1・1　水道用硬質塩化ビニルライニング鋼管「JWWA K 116」…141
      （記号SGP－VA、SGP－VB、SGP－VD）
  - 1・1・2　水道用ポリエチレン粉体ライニング鋼管「JWWA K 132」…141
      （記号SGP－PA、SGP－PB、SGP－PD）
  - 1・1・3　水道用耐熱性硬質塩化ビニルライニング鋼管「JWWA K 140」…142
      （記号SGP－HVA）
  - 1・1・4　排水用タールエポキシ塗装鋼管「WSP 032」…………142
      （記号SGP－TA）
- 1・2　管端防食継手 ……………………………………………………142
- 1・3　ライニング鋼管の行ってはいけない切断と処理 ………………145
  - 1・3・1　高温を生じさせる切断 ……………………………………145
  - 1・3・2　パイプカッタでの切断（押し切り切断）………………145
- 1・4　接合作業の注意点 ………………………………………………146
  - 1・4・1　管端防食継手の「めねじ」にはメーカーにより狙い目がある …146
  - 1・4・2　ライニング鋼管と管端防食継手のラップ代に注意 ……147
  - 1・4・3　ライニング鋼管の内面取り ………………………………147

第Ⅱ部　第2章　外面被覆鋼管のねじ加工 ………………………………149
- 2・1　ライニング鋼管の種類と構成 ……………………………………149
  - 2・1・1　水道用内外面硬質塩化ビニルライニング鋼管「JWWA K 116」…149
      （記号　SGP－VD）
  - 2・1・2　水道用内外面ポリエチレン粉体ライニング鋼管「JWWA K 132」…149
      （記号　SGP－PD）
  - 2・1・3　消火用硬質塩化ビニル外面被覆鋼管「WSP K 041」…150
      （記号　SGP－VS）
  - 2・1・4　消火用ポリエチレン外面被覆鋼管「WSP K 044」…150
      （記号　SGP－PS）
- 2・2　内外面ライニング鋼管用管端防食継手および外面樹脂被覆管継手…150
- 2・3　専用チャックを使用 ……………………………………………151
- 2・4　専用パイプレンチの使用 ………………………………………151
- 2・5　接合後の被覆補修 ………………………………………………152

第Ⅱ部　第3章　短管ニップルのねじ加工 ……………………………… 153
- 3・1　ニップルアタッチメント ……………………………………… 153
- 3・2　操作方法 ………………………………………………………… 154
  - 3・2・1　ねじ部を締付ける方式 (A社のニップルアタッチメントの場合) … 154
  - 3・2・2　鋼管の内面押し広げ方式 (B社のニップルアタッチメントの場合) … 158

第Ⅱ部　第4章　65A～150Aのねじ加工 …………………………… 162
- 4・1　ねじを切る方式 ………………………………………………… 162
- 4・2　倣い式ねじ切り機の種類 ……………………………………… 163
  - 4・2・1　100A型倣い式ねじ切り機 ……………………………… 163
  - 4・2・2　150A型倣い式ねじ切り機 ……………………………… 164
- 4・3　倣い式ねじ加工 ………………………………………………… 164
  - 4・3・1　倣いチェーザ …………………………………………… 166
  - 4・3・2　倣いダイヘッド ………………………………………… 166
  - 4・3・3　倣い板 …………………………………………………… 166
- 4・4　倣いダイヘッドの名称と働き ………………………………… 167
- 4・5　ダイヘッドの取付け …………………………………………… 171
  - 4・5・1　100A 倣いねじ切り機の場合 …………………………… 171
  - 4・5・2　150A 倣いねじ切り機の場合 …………………………… 172
- 4・6　設置上の注意 …………………………………………………… 173
  - 4・6・1　養生 ……………………………………………………… 173
  - 4・6・2　水平の確保 ……………………………………………… 173
- 4・7　電源関係 ………………………………………………………… 174
  - 4・7・1　電源電圧の切替 ………………………………………… 174
  - 4・7・2　電源容量 ………………………………………………… 174
  - 4・7・3　感電対策 ………………………………………………… 175
  - 4・7・4　コードリール …………………………………………… 176
- 4・8　事前点検 ………………………………………………………… 178
  - 4・8・1　ねじ切り油の種類と質 ………………………………… 178
  - 4・8・2　「ねじ切り油」の量 …………………………………… 178
- 4・9　ねじ切り準備 …………………………………………………… 178
  - 4・9・1　ねじ切り機に管をセットする ………………………… 178
  - 4・9・2　ダイヘッドのセット …………………………………… 182
- 4・10　ねじ切り加工 ………………………………………………… 185

         4・10・1　回転数の切替 ……………………………………185
         4・10・2　油の出口切替、油量調整 ……………………186
         4・10・3　ねじ切り作業 …………………………………187
         4・10・4　二度切りを行う場合 …………………………190
    4・11　出来上がったねじの検査・ねじ込み前の準備・ねじ込み作業 ……193

第Ⅱ部　第5章　ドレネージ管継手 ………………………………………194
    5・1　ドレネージ管継手とは？ ………………………………………194
    5・2　特徴 ………………………………………………………………194
    5・3　注意点 ……………………………………………………………195

第Ⅱ部　第6章　管用テーパ転造ねじ加工と接合 ………………………198
    6・1　転造ねじとは？ …………………………………………………198
    6・2　管用テーパ転造おねじ …………………………………………198
    6・3　管用テーパ転造おねじの特徴 …………………………………199
    6・4　転造ねじ加工 ……………………………………………………201
         6・4・1　転造ねじを加工する方法 ………………………201
         6・4・2　転造ヘッドの名称と働き ………………………202
         6・4・3　設置上の注意 ……………………………………205
         6・4・4　電源関係 …………………………………………205
         6・4・5　加工油の働き ……………………………………205
         6・4・6　事前点検 …………………………………………206
         6・4・7　切削ねじ切り機で転造ねじを加工する準備 …206
         6・4・8　転造ヘッドの取付け ……………………………209
         6・4・9　管の取付け ………………………………………210
         6・4・10　転造ねじ加工 …………………………………216
    6・5　出来上がった転造ねじの検査 …………………………………220
         6・5・1　転造ねじの特徴 …………………………………220
         6・5・2　目視検査（外観検査） …………………………221
         6・5・3　ねじゲージによる検査 …………………………222
    6・6　ねじ込み前の準備 ………………………………………………223
         6・6・1　ねじ部の掃除 ……………………………………223
         6・6・2　転造ねじ専用シール剤 …………………………223
    6・7　ねじ込み作業 ……………………………………………………223
    6・8　ねじ込み作業以降の作業（漏水確認試験等） ………………224

第Ⅲ部　補足参考資料編

＜第Ⅰ部　参考資料＞

資料Ⅰ・1　管用テーパねじリングゲージの選定とその使用方法………227

資料Ⅰ・2　不良ねじの発生原因と対策 ……………………………………234

資料Ⅰ・3　付属書：管用テーパおねじの必要長さ ………………………246

資料Ⅰ・4　手締め後の残りねじ山の「最小、標準、最大」の計算方法…249

資料Ⅰ・5　パイプレンチのくわえられる管の呼び寸法 …………………251

資料Ⅰ・6　建築設備配管の水圧試験・気密試験 …………………………253

資料Ⅰ・7　コードリール（電工ドラム）名称 ……………………………267

資料Ⅰ・8　なぜ1インチの1／8なの？ …………………………………273

資料Ⅰ・9　モータトルクとねじ切り機の性状 ……………………………274

資料Ⅰ・10　構成刃先………………………………………………………277

＜第Ⅱ部　参考資料＞

資料Ⅱ・1　「リセス」について……………………………………………282

資料Ⅱ・2　鋼管の「転造ねじ接合」と「溶接接合」の比較 ………284

資料Ⅱ・3　「切削ねじ加工」と「転造ねじ加工」の切削油消費量
　　　　　　（環境面で注目される数字）……………………………287

資料Ⅱ・4　転造ねじ加工の丸ダイス寿命の目安 …………………………288

資料Ⅱ・5　配管および給水栓等の取付部に用いられるねじについて………290

索引 ……………………………………………………………………………294

知っておきたい豆知識！　目次

(1) ねじの歴史……………………………………………………………6
(2) ねじの原理を利用した揚水ポンプ…………………………………6
(3) ねじのさまざまな使われ方…………………………………………12
(4) メートルねじとウイットねじ………………………………………15
(5) 三分・四分・六分・八分……………………………………………22
(6) ねじ配管とシール材…………………………………………………26
(7) ネパールでの見聞記：ねじ配管継手の歩留まり…………………36
(8) おしゃか？……………………………………………………………42
(9) ドン付け開先？………………………………………………………47
(10) ねじの日本伝来：種子島（火縄銃）の雌ねじ……………………59
(11) 所変われば品変わる：黒ガス管と白ガス管………………………63
(12) シンガポールでの水圧試験…………………………………………70
(13) 自動切り上げダイヘッド付ねじ切り機の開発……………………76
(14) どうしたら、洩れるねじ配管加工が可能か？……………………85
(15) パッキングとガスケット……………………………………………90
(16) バルブを「万力」で挟んで配管すべからず！……………………94
(17) メントラーズの開発…………………………………………………98
(18) 国際技能五輪における配管職種……………………………………105
(19) ねじ配管のねじ残り山管理…………………………………………114
(20) チントンとパイレン…………………………………………………120
(21) エルボ返しと3エルボ立ち上げ……………………………………124
(22) 切削ねじ切り機と切削油……………………………………………126
(23) 芯芯寸法と芯引き寸法………………………………………………135
(24) 小口径バルブは、なぜ青銅製なの？………………………………138
(25) バリとバリ取り………………………………………………………143

- (26) 鋼管の定尺長：5.5mの不思議？……………………………148
- (27) 蒸気還水管に、SGP管は厳禁！……………………………152
- (28) インサートと後施工アンカー………………………………157
- (29) 青銅バルブと鋼管の発錆勝負では、鋼管の負け！………161
- (30) 片ねじ吊りボルトと全ねじ吊りボルト……………………165
- (31) ガスケット材とアスベスト…………………………………170
- (32) ステンレス同士のねじ接合は、かじり現象が起きやすい …170
- (33) 塩ビライニング鋼管の話……………………………………177
- (34) ラッキングとラギング………………………………………184
- (35) 切削ねじ切り機のチェーザの離脱マークとは？…………184
- (36) ラチが空かない？……………………………………………193
- (37) 地球環境に最も優しい配管材料……………………………196
- (38) メートル圏とインチ圏………………………………………208
- (39) ねじ込み配管の「姿勢合わせ」とは？……………………208
- (40) 蛇口とカラン…………………………………………………215
- (41) ウエスとは？…………………………………………………224
- (42) 配管突きとは？………………………………………………233
- (43) ねじ込み配管では、「取り回しスペース」の確保を忘れるべからず！…245
- (44) 地獄配管とは？………………………………………………252
- (45) 2ピース形ボール弁に生じやすい洩れトラブル …………252
- (46) バルブのねじ込み配管施工に「パイレン」を用いるべからず！…266
- (47) バルブキャビティ内の残圧は、除いてからバラすこと！………276
- (48) ライニング管とコーティング管……………………………281
- (49) ねじ配管加工時に発生する切粉……………………………289
- (50) JIS G 3452 とJIS G 3453（？）……………………………293

第Ⅰ部
鋼管ねじ配管の基礎

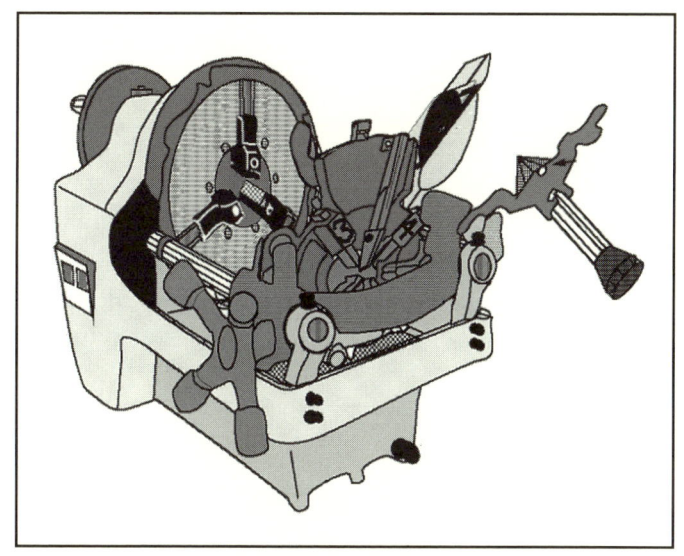

第I部　第1章　鋼管のねじ接合の特徴

漏れないねじ接合の3つのポイント

1. ねじは、『正しいおねじ』と『JIS規格合格品のめねじ』を使用する。
2. 用途に合ったシール材（剤）を使用する。
3. 適正な締め込みをする。

1・1　ねじの知識（概略解説）

1・1・1　ねじ形状の特長（ねじ山の特長）

（1）ねじ山の種類（JIS B 0101「ねじ用語」の形式の中で分類されている）

　ねじ山の種類は、ねじ山の形により分けられています、ねじ山が三角形の「**三角ねじ**」、ねじ山が台形の「**台形ねじ**」、その他「**角ねじ**」「**のこ歯ねじ**」「**丸ねじ**」などがあります。

　これらのねじの中で「三角ねじ」「台形ねじ」は求心性（締付ける時、めねじ、おねじの軸線を、中心によせる働き）があり、精度の要求されるねじに使用されます。一方、力を伝えることを主とする場合は、ねじ山の丈夫な「角ねじ」が使われます。

　※**管用**（くだよう）**テーパねじ**は、「**三角ねじ**」です。

表1・1・1　ねじ山の種類

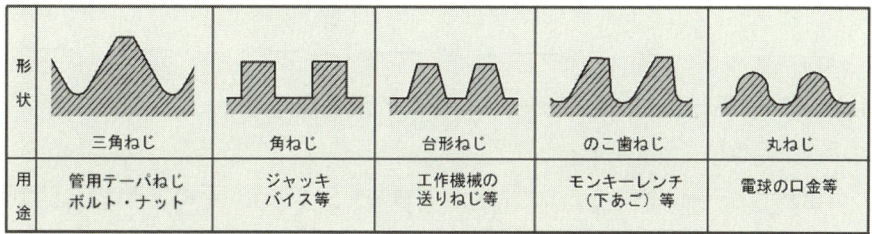

（2）三角ねじの種類

　三角ねじには「**平行ねじ**」と「**テーパねじ**」とがあります。

　①「平行ねじ」

平行ねじは円筒の外面または内面にねじ山があり、ボルト、ナット、小ねじといったねじで、一般に多く使用されています。

部品を締付けたり、部品を送ったりする所で使用されます（図1・1・1）。

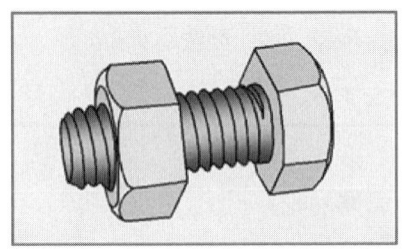

（作成：高橋克年）

図1・1・1　平行ねじ

②「テーパねじ（管用テーパねじ）」

テーパねじは、円錐の外面または内面にねじ山があり、管用テーパねじ等に使用されている特殊なねじです（図1・1・2）。

めねじとおねじの締付けと同時に、ねじ部の耐密性が必要な箇所で使用されます。

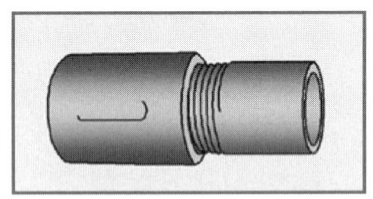

（作成：高橋克年）

図1・1・2　テーパねじ

1・1・2　「平行ねじ」と「テーパねじ」の耐密性の違い

①「平行ねじ」

ボルト、ナット用の平行ねじは、締付けると図1・1・3のように、ねじ山のフランク面の片側は密着していますが、反対のフランク面は隙間ができるためねじ山部での耐密を必要とする所には使用できません。

※「平行ねじ」に耐密性を持たせるためには、ガスケット等を用います。

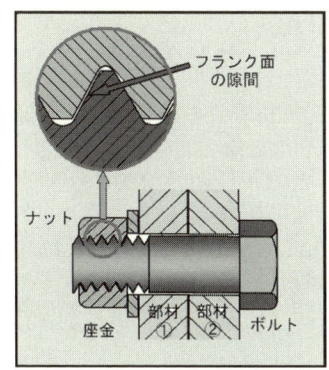

（作成：高橋克年）

図1・1・3　ボルト（平行ねじ）の締付け

②「テーパねじ」

　管用（くだよう）テーパねじの継手とおねじを締付けると、図1・1・4のようにねじ山のフランク面の両側は完全に密着します。

　しかし、「山の頂部と谷の底部」との間に、ねじ加工精度上わずかな隙間ができ、この隙間をシール材で埋めると耐密性の高い接合ができます。

　ねじ山のフランク面が密着するのは、ねじ山形が「三角ねじ」で求心性があり、「テーパねじ」になっているからです。

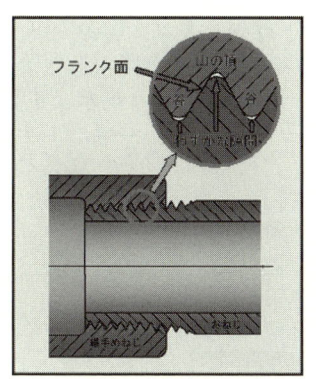

（作成：高橋克年）

図1・1・4　管用テーパねじの締付け

【知っておきたい豆知識！（1）】

ねじの歴史

記：安藤紀雄
絵：瀬谷昌男

　ある晴れた日に、浜辺で「貝堀り」をしていた「原始人」が、たまたま「尖った巻貝」を見つけて、それを葦の棒切れに突き刺し、"回転して、外した"・・これが人類と"ねじ"との「最初のかかわり」であったと言われている。人類は、後に"ねじ"を自ら製作することで、それぞれ様々な用途に役立ててきた。現在では、"ねじを使用しない機械はない"と言われるほど普及し、「締結用ねじ」の分野でも単なる「締結」を超える付加価値を具備した「特殊ねじ」が続々と考案されている。

　今後、仮に"ねじ"代わる新技術が出現しても、"ねじ"でなければならない「使用箇所」は永久になくならないであろう。

【知っておきたい豆知識！（2）】

ねじの原理を利用した揚水ポンプ

記：安藤紀雄
絵：瀬谷昌男

　「ねじの形状」をした最初のものは、アルキメデス（BC287～BC212年）の「揚水ポンプ」だと言われている。木製の心棒の回り木片を「らせん状」に打ち付けられたものが、傾斜した「木製の円筒」の中に納められていて、円筒の下端が水に浸かっています。心棒の上端にある「ハンドル」をぐるぐる回すと水を低い所から高い所へと「揚水」することができる。

　はじめは、灌漑（例：オランダの風車）や船底にたまった水のくみ上げ（現在では、"ビルジポンプ"と言われている）に使われていた。

　これらが、16～17世紀の中国に伝えられて、"竜尾車"と名付けられ、17世紀半ばには日本にも渡来し、「佐渡金山」の排水用に多数使われ、"竜桶（たっとい）"といわれ、その機能を大いに発揮した。

1・1・3 「テーパねじ」の加工法

テーパねじには、加工方法の違いにより**切削ねじ**と**転造ねじ**とがあり、その接合強度には下記のような違いがあります。

①「切削ねじ」

「切削ねじ」とは、チェーザで鋼管の外面をねじ山状に削り取ってねじ山を作る従来のねじ加工方法で作られたねじです。

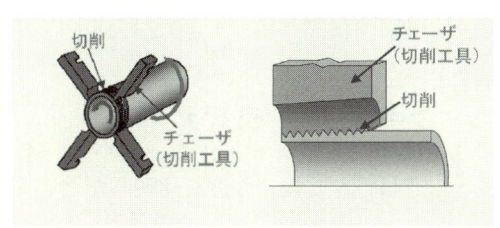

(作成:髙橋克年)

図1・1・5　切削ねじ　加工風景および断面の様子

②「転造ねじ」

「転造ねじ」とは、鋼管と丸ダイス(転造ダイス)を回転させてねじ山を盛り上げる加工方法で作られたねじです(詳細は第Ⅱ部第6章参照)。

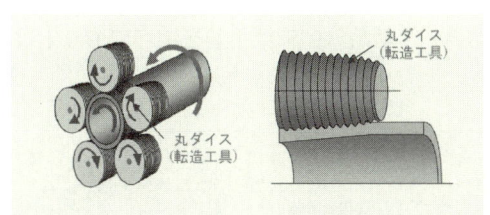

(作成:髙橋克年/山岸龍生)

図1・1・6　転造ねじの加工および断面の様子

③「切削ねじ」と「転造ねじ」の接合強度

管用テーパめねじ(以下継手)に管用テーパおねじ(以下おねじ)を接合し、接合部に「曲げ」、「引っ張り」の力がかかった時の強度を「接合強度」と呼びます。

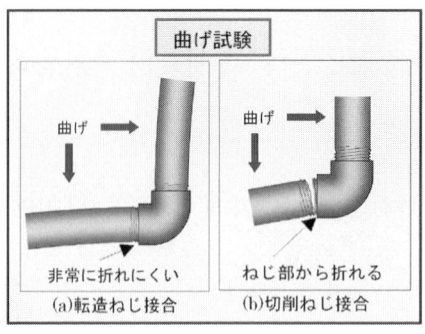 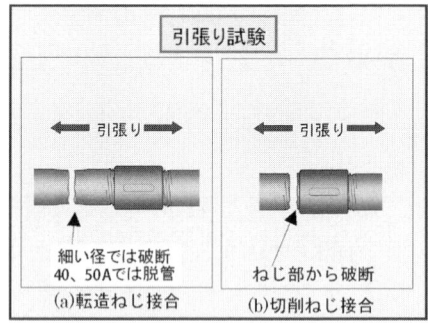

(作成：高橋克年)

図1・1・7　曲げ・引張り比較

　「切削ねじ」と「転造ねじ」の接合強度を比較したとき図1・1・7のような特徴が見られます。
※接合強度の試験結果の詳細については第Ⅲ部 資料Ⅱ・2　鋼管の「転造ねじ接合」と「溶接接合」の比較を参照ください。

1・1・4　「テーパねじ」と「管継手」

　「テーパおねじ」に対応する「テーパめねじ」は、建築設備用鋼管配管分野では「ねじ込み式可鍛鋳鉄製管継手」です。

　本書では「ねじ込み式可鍛鋳鉄製管継手」を中心に取り上げます。

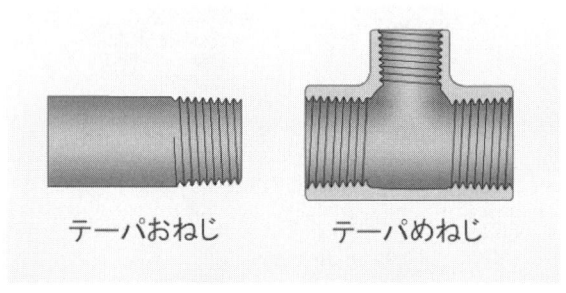

(作成：高橋克年)

図1・1・8　テーパおねじとテーパめねじ

1・1・5　漏水のない管用テーパねじ接合のポイント

> 1．ねじは、『正しいおねじ』と『JIS規格品のめねじ』を使用する。
> 2．用途に合ったシール材（剤）を使用する。
> 3．適正な締め込みをする。

①正しいおねじ、JIS規格品の管継手を使用する。
　　a．おねじは、『正しいおねじ』の許容範囲で加工されたものを使用します（「第Ⅰ部 第6章　出来上がったねじ検査」参照）。
　　　1) おねじ長さは、本書p.64表1・6・3に示された範囲のものを使用します。
　　　2) ねじ径はねじゲージの合格範囲内のものを使用します。
　　　3) 多角ねじ等の不良ねじは使用しないものとします。
　　b．管継手は、JIS規格品を使用します。
②用途に合ったシール材の採用（「第Ⅰ部 第7章 ねじ込み前の準備」参照）
　　a．シール材の働き
　ねじ接合では、ねじ山のフランク面が完全に密着していても、「ねじ山の頂部と谷の底部」との間にわずかな隙間が生じます（ねじ加工精度上発生する）。そのわずかな隙間を埋めるためシール材が必要となります。
　シール材には、締め込み時の潤滑性を持たせ、締め込みトルクを小さくします。
　　b．シール材の種類
　「上水配管用」「給湯配管用」「排水・通気・消火・空調配管関係用」「蒸気配管用」等があり、用途に合ったシール材を使用します。
③適正な締め込み
　　a．工具、ねじ込み代等、管径に適合したもので適正な締め込みを行います（「第Ⅰ部 第8章ねじ込み作業」参照）。
　　b．締め込みは、おねじと管継手の「フランク面」が完全に密着するように締め付けます。
　　c．完全に密着させると、ねじ部はゆるみにくくなり、耐密性も向上します。

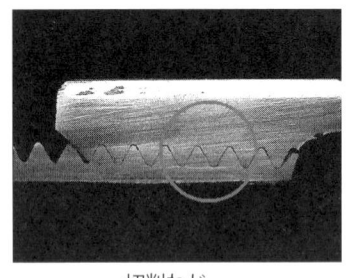
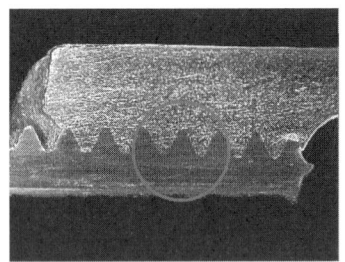

切削ねじ　　　　　　　　転造ねじ

(作成：円山昌昭)

図1・1・9　正しいねじ接合

「フランク面」を完全に密着させる方法

1. おねじと管継手を、工具を使用せず手で止まる位置まで締め込む。
   （この作業を手締めといい、止まった位置が、おねじと管継手のフランク面が接触した状態となります。）
2. 手で止まった位置よりパイプレンチ等の工具を用いて、目安として
   ・15A〜40A は、「1.5 回転」締め込む
   ・50A は、「2 回転」締め込む
 ※角度合わせが必要なときは、増し締めで「1 回転以内」で調整する。
   （この作業はフランク面の密着性を高める作業となります。）

1・1・6　漏れの原因

①締め込み不足は漏れの原因

　締め込み不足は、「ねじ山のフランク面の結合が弱いため」、シール材で一時的に漏れが止まっていても、ねじ接合部に振動等の力が伝わると、ねじがゆるみ漏れにつながりやすく、また、シール材の経年変化で漏れが発生しやすくなります。

②締め込み過ぎは漏れの原因

　a．締め込み過ぎると、「ねじ接合部で、おねじとめねじのねじ山の金属摩擦が大きくなり」、図1・1・10、11のように「かじり」が発生し、漏れの原因になります。また、「かじり」が発生すると締め込み中に締め込

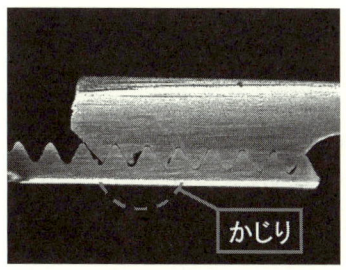 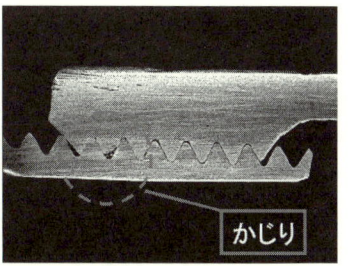

図1・1・10　めねじ山の「フランク面のかじり」　　図1・1・11　めねじ山の「山の頂のかじり」

む力が急に弱くなります。

b．さらに締めこむと「継手のかじられたねじ山が破壊され」、破壊したねじ山が、密着しているフランク面の一部を押し開き、隙間ができ、おねじ（鋼管）の内面の一部に『こぶ』のようなふくれが発生し、漏れます（図1・1・12、13）。

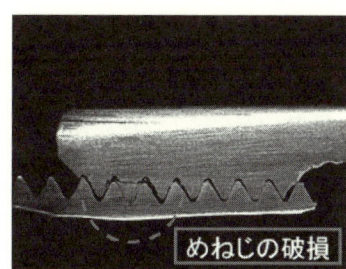 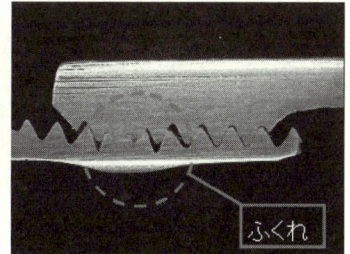

図1・1・12　めねじ山の「めねじ山の破損」　　図1・1・13　鋼管の「こぶ状のふくれ」

③締め戻しも、漏れの原因

　締め戻しも、ねじ山のフランク面が密着していた状態から戻すことになり、戻す角度が大きくなるほど「密着が弱く」なり、締め込み不足と同じ状態になり、漏れの原因になります。

【知っておきたい豆知識！（3）】

ねじのさまざまな使われ方

記：安藤紀雄
絵：瀬谷昌男

　本書で取り扱うねじは、主として「管用テーパねじ」の話であるが、ねじの使われ方には、一般的に次のようにさまざまな使われ方が挙げられる。
①締結用ねじ：機械または構造物の部分と部分、また本体と部分とを結合するねじ。主として、「メートルねじ」が用いられ、こねじ・六角ボルト・六角ナットなどの、「ねじ部品」の形で利用される。この場合には、「締付け」による軸力の発生により、「強固な結合」が生まれるので、特に「締結用ねじ」と呼んでいる。

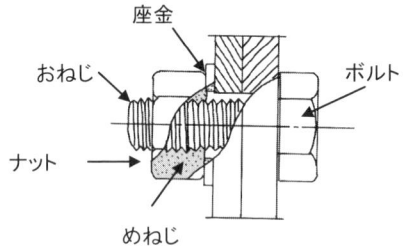

②管と管を継ぐねじ：本書で扱われているねじで、液漏れを防ぐため「管用ねじ（JIS B 0203）」が採用されている。「水道の蛇口」のように、締付けた状態蛇口端が真下を向かねばならない時は、「管用並行ねじ（JIS B 0202）」が使われる。
③送りねじ：機械または構造物の部分を、本体に対して直線的に移動させるためのねじで、主として「メートル台形ねじ」が採用される。工作機械などのような「高い送り精度」を必要とする「送りねじ」は、「親ねじ」と呼ばれます。
④微細な位置調節用ねじ：「デバイダー」や「コンパス」の「脚の開き具合」を調節するねじのことである。
⑤微小寸法の拡大指示用ねじ：「精密測定」における「寸法拡大機構」として使用される。例えば「マイクロメータスピンドル」のねじなどである。
⑥大きな力の発生と位置の調節を兼ねるねじ：例えば、「ジャッキ」や「弁開閉用のねじ」などである。
⑦張力の加減用ねじ：例として、「ターンバックル」用ねじがある。
⑧液圧の発生用ねじ：例として、「ねじポンプ」がある。

第Ⅰ部　第2章　使用鋼管および管継手

2・1　使用鋼管

　建築設備の配管に使用される鋼管は、いろいろありますが、本施工マニュアルでは、一番解りやすい亜鉛めっきを施したJIS G 3452「配管用炭素鋼鋼管(白)」の内の呼び径50A以下について述べます。

※亜鉛めっき鋼管、SGP白、白管、または白ガス管とも称されています。

　内面、外面、または内外面を樹脂等でライニングした管（硬質塩ビライニング鋼管等）の施工上の注意点等については、第Ⅱ部に記載します。

表1・2・1　鋼管の寸法と質量

呼び径		外径 mm	厚さ mm	質量 kg/m	1本当り 質量kg
A	B				
10	3/8	17.3	2.3	0.851	3.40
15	1/2	21.7	2.8	1.31	5.24
20	3/4	27.2	2.8	1.68	6.72
25	1	34.0	3.2	2.43	9.72
32	1 1/4	42.7	3.5	3.38	13.52
40	1 1/2	48.6	3.5	3.89	15.56
50	2	60.5	3.8	5.31	21.24

A：管のミリ表示、B：管のインチ表示
質量は、ソケットを含まない単位質量

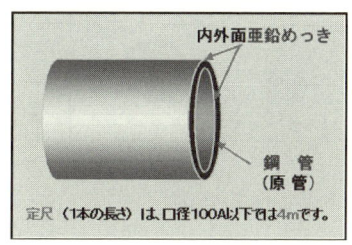

図1・2・1　亜鉛めっき鋼管

※鋼管には、下記の様に各種情報が表示されています。

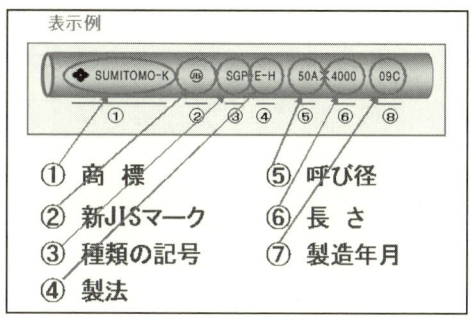

① 商　標　　⑤ 呼び径
② 新JISマーク　⑥ 長　さ
③ 種類の記号　⑦ 製造年月
④ 製法

図1・2・2　鋼管の各種情報表示例

2・2　管継手

建築設備用鋼管配管に使用されるねじ込み式管継手は、いろいろありますが、JIS B 2301「ねじ込み式可鍛鋳鉄製管継手」が一番普及し、原点となる管継手ですので、本書では、JIS B 2301を中心に取り上げます。

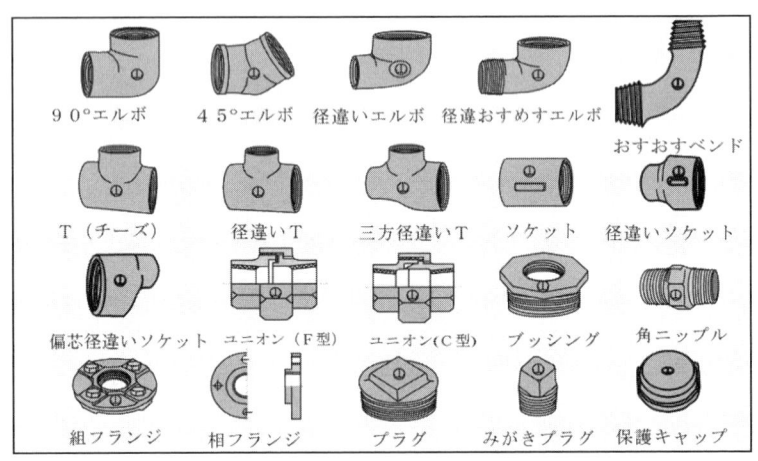

(作成：山岸龍生)

図1・2・3　ねじ込み式可鍛鋳鉄製管継手の形状と名称

※管継手のJIS規格合格品の表示は梱包ケースに、下記ラベルの様に表示されています。

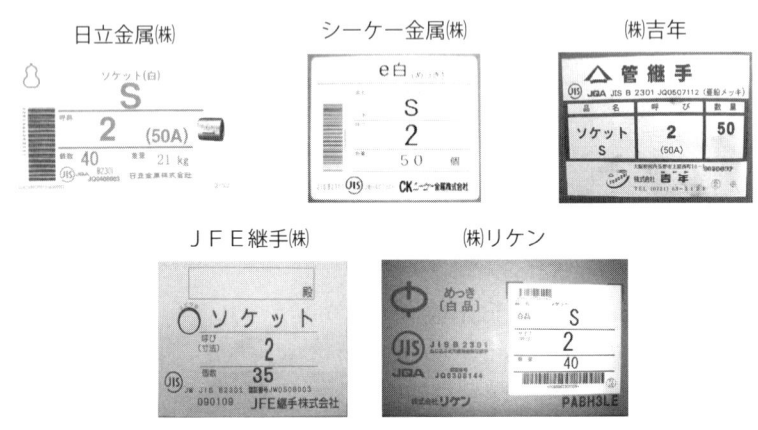

図1・2・4　JIS規格合格品の表示例

【知っておきたい豆知識！(4)】
メートルねじとウイットねじ
記：安藤紀雄

　専門的な話になるが、「ねじ」と一口にいっても、下図に示すように、①ウイットウォースねじ（通称：ウイットねじ）、②セラースねじ（通称：アメリカねじ）、③SIねじ、④ユニファイねじ、⑤ISOメートルねじがある。「ねじ」は、現在まで様々な「ねじの標準化」が行われてきたが、日本では、1964年（昭和39年）から1965年（昭和40年）にかけて、ねじに関する「日本工業規格（JIS）」が一斉に改正された。

　この改正で、日本では、一般に用いられるねじとしては"ISOメートルねじ（通称:メートルねじ）"と同じものを、航空機その他特に必要な場合に、"ユニファイねじ"を用いることが定められたのである。

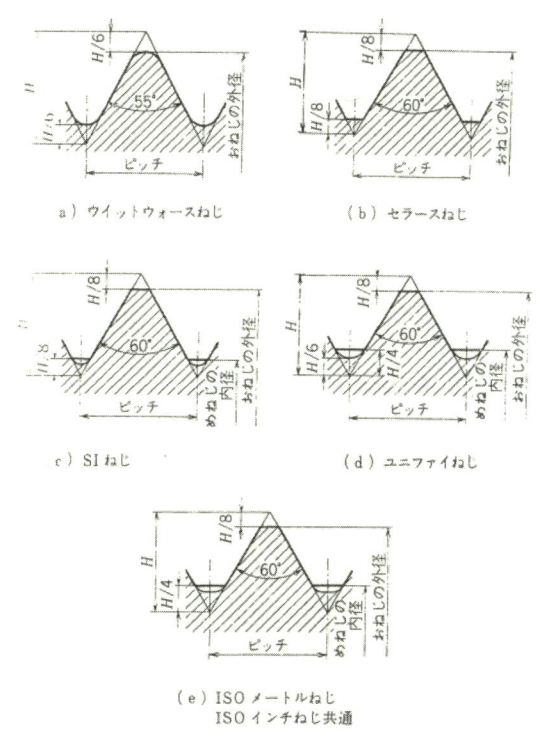

標準化された各種ねじ山の形状

第Ⅰ部　第3章　鋼管の切断

　鋼管の切断に用いられる切断機は、種類が多いのですが、建築現場などでの切断に適しているのはバンドソー型とメタルソー型の切断機です。

3・1　切断機の種類・メカニズム
3・1・1　バンドソー切断機
（1）特徴
　①バンドソーは、「帯のこ盤」とも呼ばれ、「のこ刃」で管を切断する切断機で、鋼管以外にも多くの鋼材の切断に利用されています。
　②バンドソーは、材料をつかむバイスにより、「チェーンバイス」と「平バイス」の2種類があります（図1・3・1）。
　※チェーンバイスは丸材、平バイスは角材をつかむに適しています。
　③バンドソーは、切断荷重が選択調整できるようになっており、表1・3・1が目安です（メーカーにより異なる場合があります）。

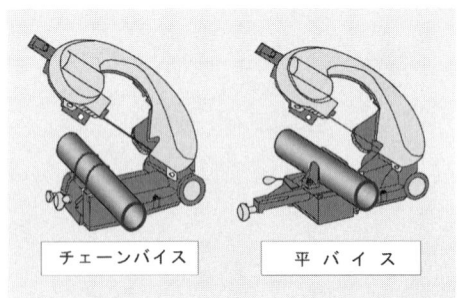

表1・3・1　バンドソーの切断荷重例

切断荷重	軽(L)	中(M)
鋼　　管	40A以下	50～100A
鋼材(肉厚)	3mm以下	3.1～6mm

（作成：高橋克年）

図1・3・1　バンドソー切断機

　④「のこ刃」の種類は「鋼管用の合金刃」と「ステンレス鋼管用のハイス刃」の2種類があります。
　⑤「のこ刃」は、一般に14山と18山が使用されますが、直角切断性能が良い18山を使用することを薦めます（図1・3・2）。

第 I 部　第 3 章　鋼管の切断

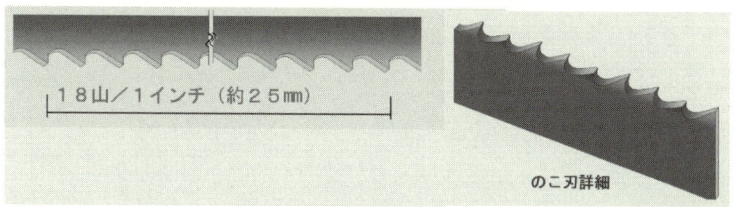

（作成：髙橋克年）

図 1・3・2　18山の「のこ刃」

- 14山：切れ味は18山より良く、切断時間は短い。
- 18山：切断時の直角角度は14山より良いが、切断時間は14山より長く掛かる。

※18山とは、1インチ（25.4mm）の間に「のこ刃」が18山あるということです（図1・3・2参照）。

（2）切断上の注意点

①バンドソー切断機操作のノウハウ

　a．管径に応じて「セリ受け(のこ刃ガイド)で切り幅の調整」をします。管径に対し切り幅が大きすぎると刃の振れが生じ、斜め切れの原因になります。

　b．管をバイス台に固定し、電源を入れ、持ち手を握り、バンドソーを軽く

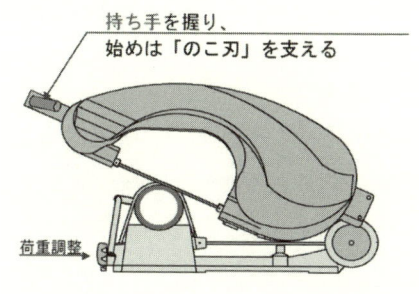

（作成：山岸龍生）

図 1・3・3　バンドソー切断機

管の上にセットし、切断が始まっても「刃の高さの半分以上切り込むまで」、持ち手を手で保持し、垂直に切り込まれるように誘導します（図1・3・3）。

c．切断する鋼管に「油が付着」していると刃に油が移り、バンドソー切断機の刃がプーリーから外れ、刃が破損することがあります。

②鋼管切断精度

a．切断された鋼管の切り口の変形が大きいと、ねじ切り時の不良ねじ発生に影響しますので、必ず管軸に対し直角（管は水平に固定）に切断することが必要です。

b．1.0mm以上の「斜め切れ」、「段切れ」は使用せず(偏肉ねじが出来るので)、切り直して、「直角に切断」された管のみを使用してください（図1・3・4）。

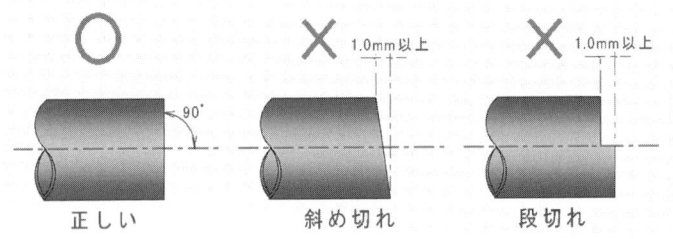

(作成：山岸龍生)

図1・3・4　良い切断面と悪い切断面

③鋼管はしっかりと固定します。

チェーンバイスまたは、平バイスでバンドソーに対し直角に、バイス台にしっかりと固定します。鋼管の固定が緩いと、「斜め切り」等の原因になります。

④バンドソーの「刃」は摩耗します。

使用していくと摩耗していきます、摩耗したら、「新品」と交換してください。

交換の目安・摩耗速度

1. 斜め切れが生じるようになったとき。
2. 刃が欠けたとき。(周期的にガタンガタンと音がする)
3. 切断速度が急激に遅くなったとき。(ハイス刃の場合、32Aを500口切断すると切断時間が約2倍になります 実測値)

3・1・2　ねじ切り機搭載型メタルソーカッタ

　メタルソーカッタは、超鋼カッタとも呼ばれます。メタルソーは、図1・3・5のように金属製の丸のこ刃の回転による切断機です。

　建築設備では、ねじ切り機に搭載されたメタルソー切断に使用されています(図1・3・6)。

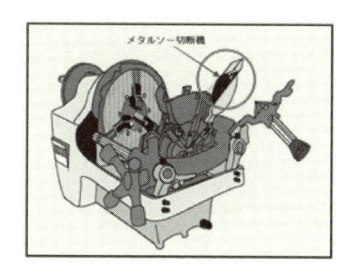

図1・3・5　メタルソーカッタの刃　　図1・3・6　ねじ切り機搭載形メタルソー切断機

（1）特徴
　①刃の材質に超硬合金を使用し、切れ味が鋭いものが多く、切断時間が早い。
　②刃の回転と逆方向へ鋼管が回転し、切断機の自重で直角切断が出来ます。
　③「超硬カッタ」、「丸のこ」とも呼ばれています。

（2）切断上の注意点
　①鋼管はしっかりとチャックで固定します。
　②切断は、出来るだけチャックに近い所で行ってください。

③切り始めはメタルソーの刃を軽く鋼管にそわせ、切れ目が入り安定してから、メタルソー切断機から手を離してください、後は自重で切り込んで行きます。
④メタルソーを手で鋼管に押し付けて、切断しないでください。
⑤切断時間が長くなれば（通常の約２倍）、メタルソーを交換して下さい。

３・１・３　ねじ切り機搭載型押し切りカッタ

押し切りカッタはパイプカッタとも呼ばれ安価で、直角切断が出来、配管用炭素鋼鋼管の切断が出来ますが、一般的には、使用が禁止され、ほとんど使用されていません（但し、ガス配管等では使用）。

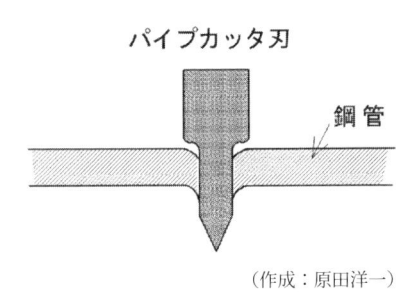

（作成：原田洋一）
図１・３・７　押し切り切断

（１）特徴
　①直角切断が出来ます。
　②カッタハンドルを回し、鋼管にパイプカッタ刃を押しつけ切断します（図１・３・７参照）。
　③構造が簡単で寿命が長い。
（２）切断上の注意点
　①押し切りカッタで切断した「切断面」は、鋼管内側に「まくれ（かえり）」ができ（図１・３・８）、内面ライニング鋼管等では、問題が生じますので、切断に使用できません。
　②急激に押し切りすると切り口が変形します。押し込み適量は、管一回転に対し、カッタハンドルを９０°（1/4回転）程度です。

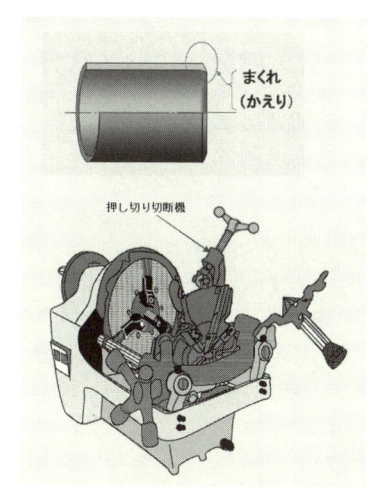

(作図:山岸龍生)

図1・3・8　ねじ切り機搭載の押し切り型切断機

管の切断の注意点

　国土交通省 公共建築工事標準仕様書(機械設備工事編)2010年(平成22年)版では、下記のように記載されています。

第2編 共通工事　第2章 配管工事　第5節 管の接合　2.5.1 一般事項
(a) 管は、すべて、その断面が変形しないよう管軸心に対して直角に切断し、その切り口は平滑に仕上げる。
(b) 塩ビライニング鋼管、耐熱性ライニング鋼管、ポリ粉体鋼管及び外面被覆鋼管は、帯のこ盤またはねじ切機搭載形自動丸のこ機等で切断し、パイプカッタによる切断は禁ずる。また、切断後、適正な内面の面取りを施す。
※ 当マニュアルでは上記のことより、帯のこ盤またはねじ切機搭載形自動丸のこ機等を推奨いたします。

第1部　第3章　鋼管の切断

【知っておきたい豆知識！（5）】

三分・四分・六分・八分

記：安藤紀雄
絵：瀬谷昌男

　配管の口径は、25Aとか1Bとか表現するが、前者を「A呼称」、後者を「B呼称」といい、数字は配管の「内径」を示して、「A呼称」は「ミリメートル」で、「B呼称」は「インチ」で表している。

　ちなみに、「1インチ」は、メートルに換算すると「25.4ミリメートル」なので「1B」を「25A」とも言うのである。配管は、明治時代にイギリスから「ヤード・ポンド法」の工業技術が導入された「歴史的背景」があり、かつては管径を「インチ単位」で表現していた。今では「メートル単位」、すなわち「A呼称」に統一されており「インチ」を「メートル単位」で換算すると。「小数点以下」の端数がでるが、切り捨てて表示することになっている。

　参考までに、身近に使用されている配管の「A呼称」と「B呼称」を記すと、「10A＝1／8B」・「15A＝1／2B」・「20A＝3／4B」・「25A＝1B」のようになる。このため、昔の配管職人には、今でもそれぞれ、「3／8B＝三分」・「1／2B（4／8B）＝四分」・「3／4B（6／8B）＝六分」・「1B（8／8B）＝八分」の配管を、「さんぶ」・「よんぶ」・「ろくぶ」・「はちぶ」などと呼ぶ習慣が残っている。

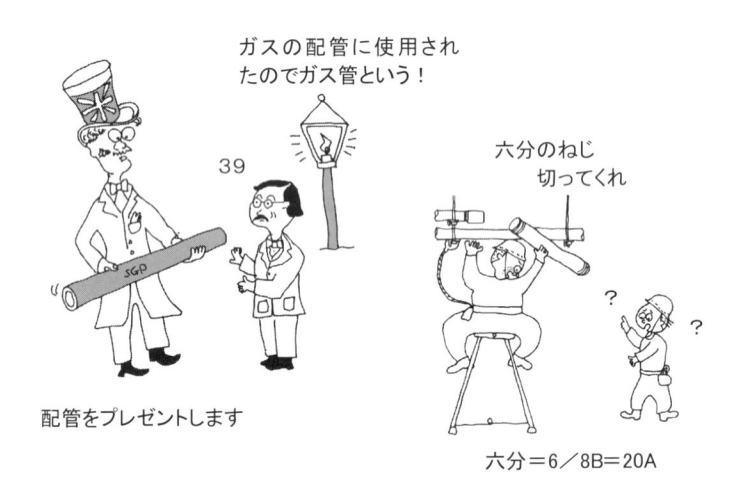

ガスの配管に使用されたのでガス管という！

配管をプレゼントします

六分のねじ切ってくれ

六分＝6／8B＝20A

第Ⅰ部　第4章　ねじ切り機の選定と名称・事前点検

　ねじ切り機には多くの種類がありますが、一般に多く使用されていると思われるねじ切り機（自動切り上げダイヘッド付き）について説明します。
　ねじ切り機は、ダイヘッドにチェーザ(ねじ切り刃)を取付け、管を回転させ、ねじ切り加工を行います。

4・1　ねじ切り機の選択
4・1・1　モータの選択
　ねじ切り機のモータには、シリース・モータとコンデンサ・モータがあり、それぞれ下記の特徴があります。
（1）シリース・モータ付ねじ切り機
　①鋼管50Aまでのねじ切り機に主に用いられている。
　②持ち運びが容易で、作業場所の移動が多い工事現場に向いている。
　③軽い、安価。
　④変速操作は必要ない（負荷に応じて回転数が変わる）。
　⑤ねじ切り機がコンパクトにできているものが多く、切り粉が直ぐ溜まり、除去作業が面倒。
　⑥シリース・モータはカーボン粉が出て、油を含むと、漏電の危険性がある。
　⑦加工時の運転音が相当大きい。
　⑧モータ温度が高くなる。
　⑨シリース・モータは、「ユニバーサルモータ」または、「直巻整流子電動機」とも呼ばれています。
（2）コンデンサ・モータ付ねじ切り機
　①コンデンサ・モータは構造が簡単なため、故障しにくい（壊れにくい）。寿命が長い。
　②漏電の心配が無い。
　③加工時の運転音が小さい（静か）。

④100Vまたは200V単相が選択使用出来る。

⑤ねじ切り口径に適した変速操作が必要。

⑥シリース・モータ品よりモータのハウジング(外枠)が大きく、重い。

⑦連続しての加工口数が多い加工に向いているが、価格が高い。

⑧ねじ切り機が大きくできているものが多く、切り粉を相当ためることができ、除去作業回数が少なくて済む。

⑨転造ねじ加工にも向いている。

表1・4・1　シリースとコンデンサ・モータの比較

モータの種類	製品重量	運搬作業	漏電	メンテナンス性	運転音	耐久性	価格
シリース・モータ	○	○	×	×	×	△	○
コンデンサ・モータ	△	△	○	○	○	○	△

4・1・2　安全対策上の選択

①指詰め（潰れ）対策がされているものを選ぶ。

　1983年（昭和58年）以前製造のものは、注意を要する。

　2000年代のものは、対策がされている。

②シリース・モータ付ねじ切り機はブレーキ付きのものを選ぶ。

4・1・3　その他の選択

ねじ切り機は、ねじを切る鋼管径対象で下記のように分類されます。

ねじ切り機選択の一例として、レッキス工業(株)製を案内します。

標準仕様の最小サイズは、15Aで、オプションで8A～10Aが選択出来ます。

①鋼管径：8A～50A用

　シリース・モータ付ねじ切り機が多い。

　コンデンサ・モータ付もある（60AⅢ＊2010は、現在生産中止）。

　シリース・モータ付ねじ切り機（約45kg）は、運搬が容易で工事現場持ち込みに適している。

　《参考》

　　・NS25AⅢ（15A～25A）　　標準価格￥214,000.・

- S40AⅢ（15A～40A）　　　標準価格￥336,000.・
- S50AⅢ（15A～50A）　　　標準価格￥426,000.・

注：2013年9月現在の価格を示す。以下同じ。

②鋼管径：8A～80A用

国内は80A用まで切れる、ねじ切り機の需要が多い。

シリース・モータ付、および、コンデンサ・モータ付がある。

シリース・モータ付ねじ切り機は、コンデンサ・モータ付ねじ切り機より、約30kg軽いので、運搬が容易で工事現場持ち込みに適している。

関西地区は、シリース・モータ付（比較的安価）が多い。

関東の住宅地区では、コンデンサ・モータ付が音が静かなため「90AⅢ」の採用が多い。

《参考》
- S80AⅢ（15A～80A）　　　標準価格￥532,000.・（シリース・モータ）
- 90AⅢ（15A～80A）　　　標準価格￥609,000.・
  （コンデンサ・モータ（100V・200V兼用））

③鋼管径：8A～100A用

コンデンサ・モータ付ねじ切り機が多い。

大量加工に向いているため、プレファブ加工業者の採用が多い。

《参考》
- N100A（15A～100A）　　　標準価格￥903,000.・
  （コンデンサ・モータ（100V・200V兼用））

④鋼管径：65A～150A用

コンデンサ・モータ付ねじ切り機。

150Aまでのねじ切り機を生産しているのは、現在、国内では一社。

《参考》
- 150A（65A～150A）　　　標準価格￥1,408,000.・
  （コンデンサ・モータ（100V・200V兼用））

【知っておきたい豆知識！（6）】
ねじ配管とシール材

記：安藤紀雄
絵：瀬谷昌男

　ねじ配管継手は、「ねじ切削の精度」から、「雄ねじ」・「雌ねじ」の取り付けだけで、気密性（air-tightness）や水密性（water-tightness）を保つことは不可能である。従って、「気密性」・「水密性」確保の目的で、必ず「シール材」を使用して「ねじ接合」を行う必要がある。日本で現在、一般的に採用されているシール材には、①スレッドコンパウンド（thread compounds）と②テフロン製シールテープ（Teflon seal tape）がある。

　前者は、粉末状のシール材を水に溶かして、ねじ接合部に刷毛などで塗布し使用するもので、配管職人の間では、その商品名で「ヘルメチック」または、「ヘルメシール」と呼ばれている。

　一方、後者は配管職人の間では、単に「シールテープ」と呼ばれており、ねじ加工部に二重巻程度に巻き付けて使用するものである。

　ちなみに、「テフロン」とは、「フッ素」を含むオレフィンの重合で得られる「合成樹脂（synthetic resin）」で、「ポリテトラフルオラエチレン（PTFE）」から命名した、米国デュポン社の商品名である。

　ところで、かつて日本でも「ねじ込み配管」の「シール材料」として、「ヤーン（麻の織り糸：yarn）」が使用されていた時代がある。小生は、今のうちにその「ヤーンシール材」の使用経験者の日本人から、ヤーンシール材の「施工体験談（施工方法）」を是非お聞きして記録に残しておきたいと思って探しているのだが、今ではその経験者はなかなか見つからない。

　現在でも、東南アジアの国（中国・ベトナムなど）では、盛んに使用されている。できるだけ早い内に、日本の「現在のシール技術」の技術移転（technical toransfer）をしてあげるべきだと思う。

注意事項：シールテープは、ねじ山の切上がり部の1.5〜2.0山には巻くべからず！
　　　　　理由は、シールテープには、「防錆効果」がないので、その部分の腐食の確認が困難となるからである。

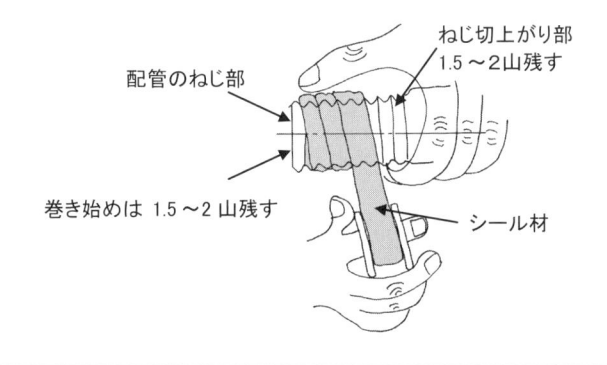

- ねじ切上がり部　1.5〜2山残す
- 配管のねじ部
- 巻き始めは 1.5〜2山残す
- シール材

4・2 ねじ切り機各部の名称

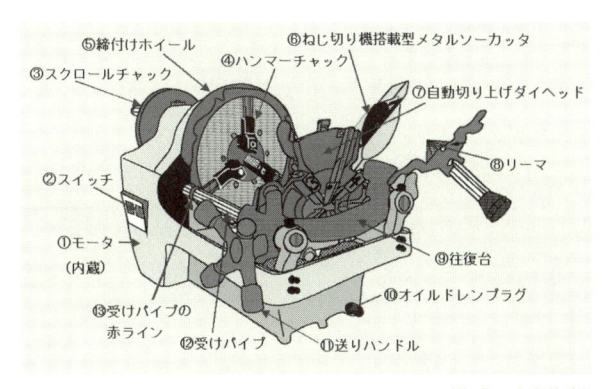

図1・4・1　各部の名称

（作成：山岸龍生）

4・2・1 本体各部の名称と働き

①モータ

　ねじ切り時に、管を回転させるためのものです。

②スイッチ（操作パネル）

　モータをON、OFFするスイッチです（図1・4・2）。

（作成：山岸龍生）

図1・4・2　スイッチ（操作パネル）

③スクロールチャック

　管をねじ切り機の中心に保持します。

④ハンマーチャック

管をねじ切り機のチャック中心にセットし、締付ホイールで締付け、加工時に管がすべらない（空回りしない）ように保持します。
⑤締付ホイール
　ハンマーチャックで締付けるための、はずみをつけるホイールです
⑥ねじ切り機搭載型メタルソーカッタ
　丸のこ刃の回転により管を切断するカッタです。

> 注意：押切りパイプカッタは、内面ライニング鋼管の場合は使用しないでください。

⑦自動切り上げダイヘッド
　ねじ切り機用のチェーザを組み込み、管用テーパおねじを加工する時、ねじが切れると自動的にチェーザが開く装置です。

> 注意：ねじピッチおよびねじ径の違いにより、管径50Aまでですと「1／2B〜3／4B」用と「1B〜2B」用の2種類あります。

備考：公称は、JISと同じく、管は内径近似値のミリ（A）呼びとし、ねじはインチ（B）呼びとします。

⑧リーマ
　管内面の面取りをするために使用します。

> 注意：内面ライニング鋼管の場合は使用しないでください。

⑨往復台
　ダイヘッド、カッタ、リーマを取付け、これらを左右に移動させる台です。
⑩オイルドレンプラグ
　オイル交換時にタンク内のオイルを抜くためのプラグです。
⑪送りハンドル
　切断の位置決めをしたり、チェーザを管に食いつかせたりするための往復台を移動させるのに使用します。
⑫受けパイプ
　往復台が、左右に移動するときに保持するパイプです。
⑬受けパイプの赤ライン
受けパイプに赤色で印された線です。ねじ切りの開始時に往復台がこれより右

になければいけないことを示す線です（図1・4・3）。

※メーカーによってはない機種もあります。

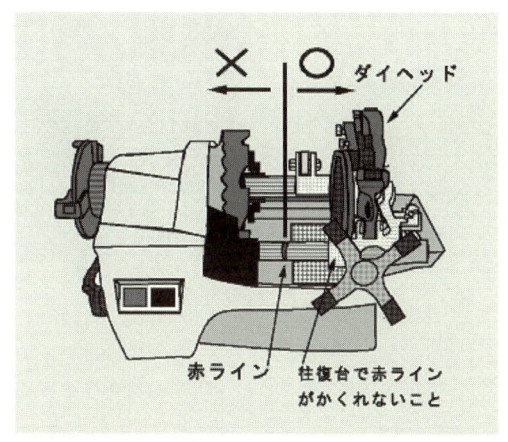

（作成：山岸龍生）

図1・4・3　受けパイプの赤ラインの確認

> 注意：この赤ラインが往復台で隠れる位置にあると、ねじ加工が進んだときダイヘッドがハンマーチャックにぶつかって破損したり、モータの焼損につながったりします。最近の製品には自動停止機構がついているものもあります。

4・2・2　自動切り上げダイヘッドの名称と働き

　ダイヘッドは、「チェーザ(刃)を保持」したり、「管径の切替え」をしたり、「ねじ径の微調整機構」があり、精密に製作され、ねじ切り機では重要な働きをします（図1・4・4　図1・4・5）。

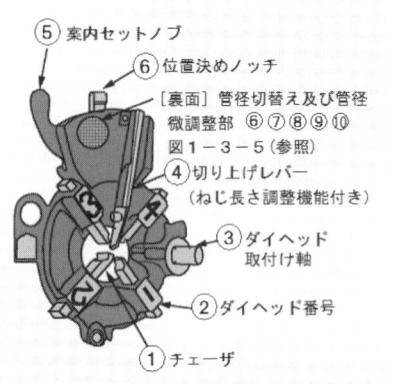

図1・4・4
自動切り上げダイヘッド各部の名称

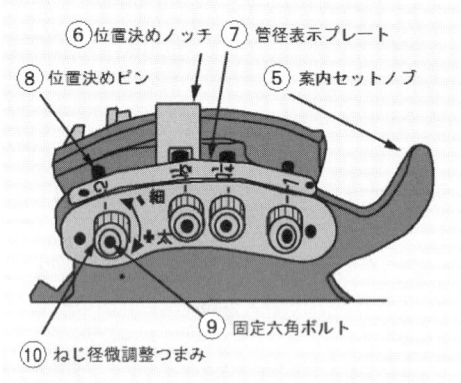

図1・4・5
調整部詳細管径切替えおよび管径微

> 注意：落としたり、強い衝撃を与えたりしないように注意してください。特にダイヘッド取付け軸の精度が狂うと不良ねじが切れる原因になります。

①チェーザ

　ねじ切り加工に用いられる専用の刃物で、刃の形状と役割が違う4枚1組になっています。

> 注意：チェーザに不純物（切り粉・ゴミ等）が付着していないか確認をしてください。

※チェーザの種類は、「鋼管用」と「ステンレス用」があります。

②ダイヘッド番号

　ダイヘッド番号にチェーザの番号を合わせてセットします。番号を合わせることにより正確な管用テーパねじが切れます。

③ダイヘッド取付け軸

　往復台に取付けるための軸です。

④切り上げレバー（ねじ長さ調整機構付き）

　ねじ加工長さが所定の寸法になったら、チェーザを開かせるためのレバーです。

ねじ長さを任意に調整できます。
⑤案内セットノブ

自動切り上げ時に、ダイヘッドを開放状態からねじ切り状態(ねじ切りセットという)に手で戻すための取手です。

※必ず、ねじ切り上げ後「カチッ」と音がなるまで押し上げます。

> 注意：開放状態とは、ねじが切り上がり、チェーザが開いた状態をいいます。

⑥位置決めノッチ

管径を選択するノッチ(溝)で、ねじ切りをする管径のチェーザ位置を決めます。

裏面管径切替えおよび管径微調整部説明

⑦管径表示プレート

管径の位置決めノッチをセットする位置を表示するプレートです。

⑧位置決めピン

ねじ切り径の位置決めノッチをたおすことにより、位置決めピンにはめ合わされます(図1・4・5、図1・4・6)。

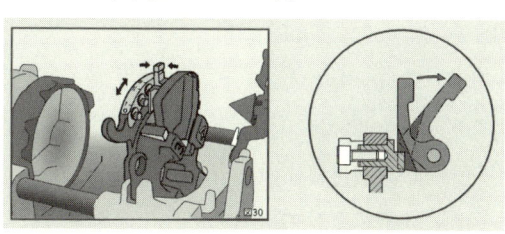

(作成：高橋克年)

図1・4・6　位置決めノッチと位置決めピンの関係

⑨六角穴付ボルト

位置決めピンとねじ径微調整つまみを固定するボルトです。

⑩ねじ径微調整つまみ

ねじ径の微調整に使用します。六角穴付ボルトをゆるめ、ねじ径微調整つまみを「−」側に回すとねじ径が細くなり、「＋」側に回すと太くなります。管

径調整後は、必ず、六角穴付ボルトを確実に締めます。

コラム「鋼管の呼び径について」

　鋼管や管継手の規格によって記載内容の呼び方が、「呼び径」「呼び」「管径」「径称」と異なっていますが、設備業界では「呼び径」と記載されるのが一般的です。

　「A」表示は、管内径のミリ(mm)を表し、
　「B」表示は、管内径のインチ(W)を表します。

呼び径	
A	B
10	3/8
15	1/2
20	3/4
25	1
32	11/4
40	11/2
50	2

4・3　ダイヘッドの取付け

（1）ダイヘッドの種類

　50Aまでのダイヘッドは、次の2種類があります。

- 15A（1／2B）～20A（3／4B）用
- 25A（1B）～50A（2B）用

管径に合ったダイヘッドを使います。

①ダイヘッドにチェーザを取付けます。

　新品のダイヘッドには組込まれているので、その必要性はありません。

②ダイヘッドを往復台へ取付けます

- 手　順・1

　ダイヘッドを右手人差し指、あるいは中指で持ち上げ、左手で下から支えます（図1・4・7）。

- 手　順・2

　ねじ切り機の正面に立ち、ダイヘッド取付け軸をダイヘッド取付け穴にあてがい、左手で押し込みます（図1・4・8）。

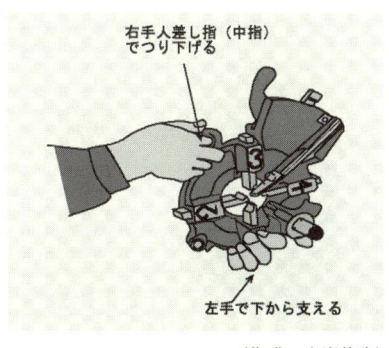

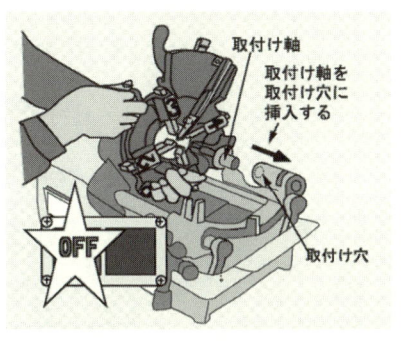

(作成：山岸龍生)　　　　　　　　　　　　　(作成：山岸龍生)

図1・4・7　ダイヘッドの持ち方　　図1・4・8　ダイヘッドを往復台に取り付ける

• 手順・3

押し込んだら、静かにダイヘッド取付け溝にセットします（図1・4・9）。

(作成：山岸龍生)

図1・4・9　ダイヘッドのセット

4・4　設置上の注意
4・4・1　養　生
①床養生

ねじ切り中の切り粉による「はね」や、ねじ切り時に管の内外面に付着した「ねじ切り油」の「たれ」によるねじ切り機周囲汚れ防止のため、ねじ切り機真下および周囲の養生をします（図1・4・10）。

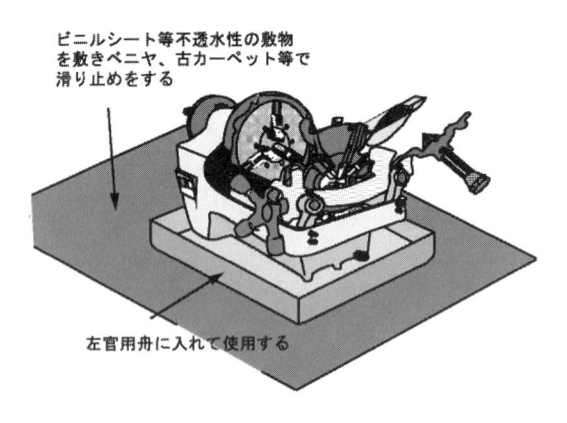

(作成:山岸龍生)

図1・4・10　養生の例

②養生材上での滑り防止

　ビニールシートを敷き、その上に左官用舟を置き、床に油が飛散するのを防ぎ、周囲2mにベニヤ板、または、古カーペット等を配し、足の滑り防止を行います。

③油のたれ防止

　管をねじ切り機から取り出す時は、管内外面に付着したねじ切り油が床にたれないように専用のバケツ等に受けます(図1・4・11)。

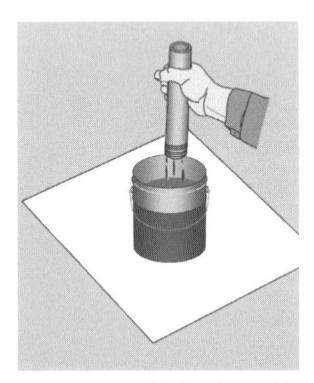

(作成:山岸龍生)

図1・4・11　油のたれ防止

4・4・2　水平な場所への設置

①正しい設置

　ねじ切り作業中、ねじ切り油がパイプ内に流れ込むのを防止するため、ねじ切り機は水平、もしくは、スクロール側が若干高くなるように据え付けます（図1・4・12）。

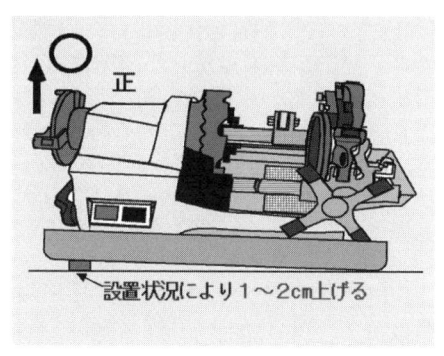

（作成：山岸龍生）

図1・4・12　正しいねじ切り機の設置

②誤った設置

　ダイヘッド側が高いと、ねじ切り油が管内に流れ込み管内の汚染と、ねじ切り油の消耗を多くします（図1・4・13）。

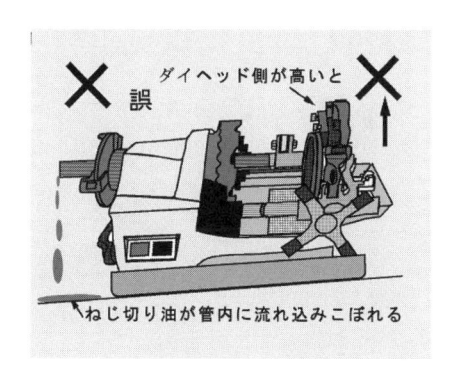

（作成：山岸龍生）

図1・4・13　誤ったねじ切り機の設置

【知っておきたい豆知識！（7）】
ネパールでの見聞記：ねじ配管継手の歩留まり

記：安藤紀雄
絵：瀬谷昌男

　今から10年以前のことになると思うが、小生がJSPE（給排水設備研究会）の一行と共に、東南アジア研修旅行でネパールを訪れた際に得た一知見を紹介しておきたい。ネパールの「カトマンドゥ」から「ポカラ」に移動し、ホテルの新築工事現場を見学させて貰った時のことである。

　見学したホテル現場内で、15A〜25A程度の「スプリンクラー消火配管（黒ガス管採用）」を見つけた。この配管の接続には、「ねじ接合法」ではなく、日本でも珍しい「酸素アセチレン溶接法」が採用されていた。

　工事を請け負っている、日本の現場担当員に、その採用理由を率直に聞いてみた。すると、その担当員はこう答えたのである。当初は、「ねじ接合法」を採用して「スプリンクラー消火配管工事」を進め、水圧試験をしたところ、殆どの「ねじ継手」から漏水し、"ジャージャー洩れ"の状態であったという。

　その漏水を止めるためには、元からねじ配管を全部「バラ」さねばならず（「地獄配管」の項参照）、とてもやってられないので、「溶接継手」を購入し「酸素アセチレン接合」に切り替えざるをえなかった由。

　もう少し詳しく尋ねると、「ねじ継手」は、すべてインドからの輸入だそうで、なんとその「歩留まり（yeild rate）」は「約20％」であるとの由。

　そんな継手が堂々と出回っているなんて、世の中には、本当に信じられないような話があるものだと、当時ビックリしてしまった経験がある。

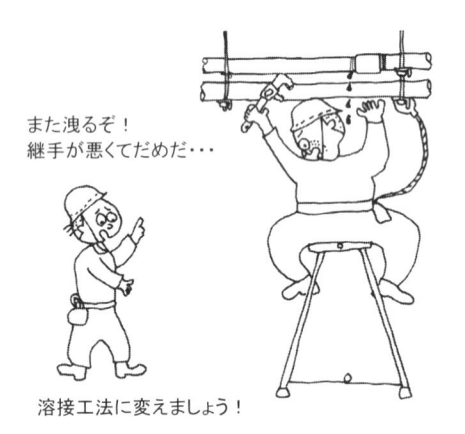

また洩るぞ！
継手が悪くてだめだ・・・

溶接工法に変えましょう！

4・5 電源関係
4・5・1 電源
①ブレーカ容量

　20A（アンペア）ブレーカの回路を使用します。

　ねじ切り機1台と他の電動工具との同時使用は行わないこと。同時使用すると、ねじ切り中にモータが停止し、焼損する恐れがあります。

②延長コード制限

　コンセントからのコードリール（別称：電工リール・電工ドラム）による延長は公称断面積2㎜^{2}（2□）の場合30mが限界です。

　ケーブルの延長が長くなると使用時に電圧が下がり、ねじ切り中にモータが停止し、焼損する恐れがあります。

③ねじ切り機の電気容量

　最大ねじ切り径50Aですと、ねじ切り時の電流は、15A（アンペア）程度の電流が流れます。

4・5・2 電圧降下
①ねじ切り機のモータ特性

　50A以下の鋼管対応ねじ切り機には、シリース・モータが使われています。

　シリース・モータは、小型で粘り強いモータですが、「負荷が大きくなると、負荷電流が大きくなり、電圧が下がり回転が遅くなる」特性があります。

②モータの焼損原因

　40A以上の鋼管にねじを切るとモータの負荷が大きくなります。

　コードリールが長く（30m位）、かつ、細いケーブル（1.25㎜^{2}）を使用している場合は、負荷電流が大きいために、電圧降下が大きくなります。したがって、ねじ切り中に回転が極端に遅くなった時は、すぐスイッチを切らないとモータの焼損原因になります。

③不良ねじの発生原因

　電圧降下でモータの回転が遅くなると、ねじ切り機に組み込まれている切削

油給油ポンプの吐出量も少なくなります。吐出量が少なくなると、チェーザの切削性が悪くなり、切削されるねじ山に「ざらつき」「山欠け」現象が発生しやすくなります。

④ライニング鋼管内面の樹脂部剥離

切削油吐出量が少なくなると、ねじ切り時の発生熱が大きくなり、ライニング鋼管の場合、発生熱により鋼管と内面樹脂部の剥離（図1・4・14）が生じる危険があります。

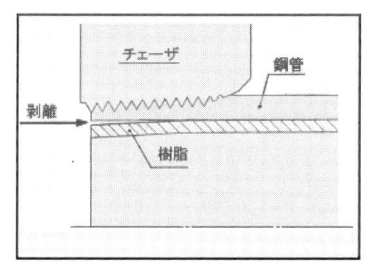

(作成：円山昌昭)
図1・4・14　樹脂部の剥離

4・5・3　感電対策

①電源のブレーカは、漏電遮断器付きであることを確認します

電源には、電気設備技術基準、および労働安全衛生法で漏電遮断器の設置が義務付けられていますので、漏電遮断器の設置を確認することが必要です。

②漏電遮断器が組み込まれたコードリールを使用

漏電遮断器が設置されていないときは、漏電遮断器が組み込まれたコードリールを使用します（図1・3・15）。

③接地（アース）工事が必要

水気のある場所で使用する場合は、接地（アース）工事が必要になります。

接地（アース）工事は法律で電気工事士でなければ施工できませんので、電気工事士に依頼します。

4・5・4 コードリール

①漏電遮断器、および接地極（アース）

　コードリールは漏電遮断器付または、プラグ部分に接地極付のものを使用

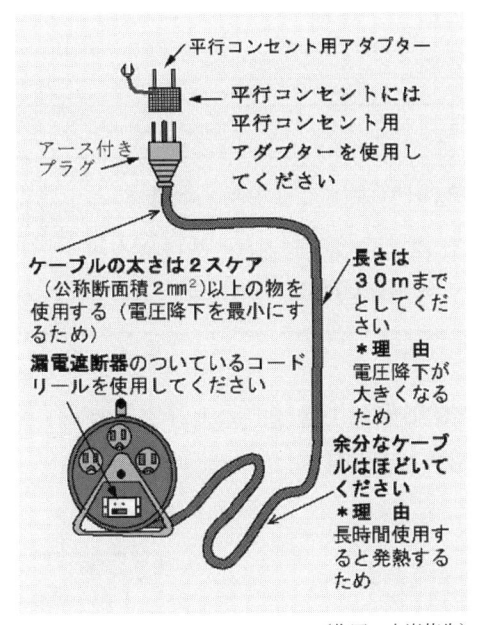

図中テキスト：
- 平行コンセント用アダプター
- 平行コンセントには平行コンセント用アダプターを使用してください
- アース付きプラグ
- ケーブルの太さは2スケア（公称断面積2mm²）以上の物を使用する（電圧降下を最小にするため）
- 漏電遮断器のついているコードリールを使用してください
- 長さは30mまでとしてください　＊理由　電圧降下が大きくなるため
- 余分なケーブルはほどいてください　＊理由　長時間使用すると発熱するため

（作図：山岸龍生）

図1・4・15　コードリールの注意事項

して接地（アース）してください（図1・4・15）。

②ケーブルの太さ

　ケーブルは、公称断面積2mm²のものを使用します。太いケーブルのコードリールがこれに相当します。

③ケーブルは全てほどいて使用

　コードリールに巻かれているケーブルは、使用時に全てリールからほどきます。巻いたまま長時間使用しますと、発熱しケーブル線が融け、大きな事故につながります（図1・4・15）。

参考資料

コードリールを使い、ねじ切りした時の電圧降下は、次に示すように2 mm²のケーブルの方が、1.25mm²のケーブルを使った時より電圧降下は少なくなります。

ねじ切りサイズ	30m(メートル)		30m+30m	
	1.25mm²	2.0mm²	1.25mm²	2.0mm²
1 1/4インチ	9.6V	6.2V	19.3V	12.4V
2 インチ	13.8V	8.8V	27.6V	17.7V

上記の電圧降下は計算式により求められます

電圧降下（A）＝2×負荷電流（A）×電線の抵抗（Ω／km）
　　　　　　　×電線の長さ（m）÷1000

4・5・5　電源と漏電遮断器の確認、およびコンセントの形状

図1・4・16～図1・4・18に示します。

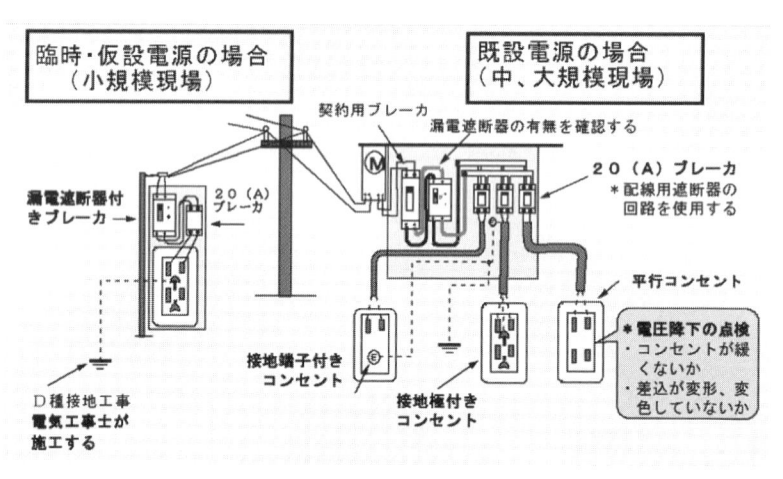

図1・4・16　電源と漏電遮断器の確認、およびコンセントの形状

第Ⅰ部　第4章　ねじ切り機の選定と名称・事前点検

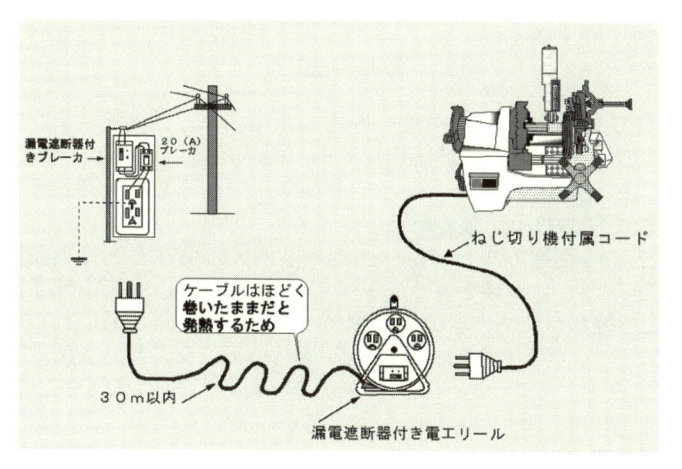

(作成：山岸龍生)

図1・4・17　臨時・仮設電源の場合(小規模現場)

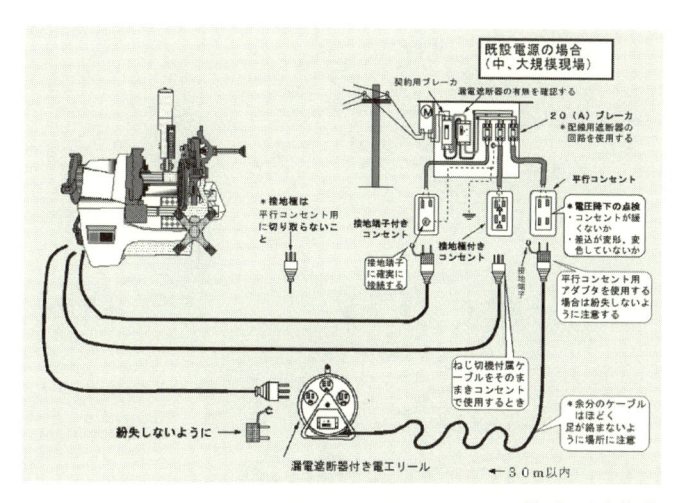

(作成：山岸龍生)

図1・4・18　既設電源の場合（中、大規模現場）

※図1・4・17と図1・4・18に記されている、コードリールについては、第Ⅲ部 資料Ⅰ・7「コードリール（電工ドラム）名称」を参照ください。

【知っておきたい豆知識！（8）】

おしゃか？

記：安藤紀雄
絵：瀬谷昌男

　製品を作りそこねて、「ハネ物」を出した時、よく「ああ、またお釈迦になっちゃった！」という。建築現場でも、職人用語（jargon）として、"お釈迦配管"・"お釈迦ダクト"などのように、現在でも配管職人・ダクト職人の間でよく使われる言葉である。

　そもそもこの用語のルーツは、土器・陶器・磁器などを作る時に、窯の焼成温度が、うっかり焼きすぎて高くなり失敗することに由来する由。これは、"火が強かった！"という言葉が、訛ったものだともいわれている。

　「ヒガツヨカッタ！」の"ヒ"を、「江戸訛り」で"シ"というが、これが「シガツヨカッタ！」の"シガツヨ"の部分を、四月八日の花祭り、「お釈迦様降誕の日」にこじつけたなのだそうである。皆さんには、はたしてこの説にご賛同いただけますでしょうか？

ヒガヨカッター→シガヨカッター→シガツヨッカ→四月八日（花祭り）

4・6 事前点検
4・6・1 ねじ切り油の種類と品質

ねじ切り油の働きは、ねじ切り時にチェーザ刃先の「潤滑と冷却」を行い、「チェーザの摩耗」と「構成刃先（刃先に管の切り粉が溶着する）」の発生を抑さえる働きをします。

また、チェーザの寿命を延ばし、ねじの仕上がりを安定させる重要な役目をもっています。

（1）種類

ねじ切り油は、「上水用」と「一般配管用」に分けられます。

一般配管用には、「鋼管用」と「ステンレス鋼管用」があります。

① 「上水用」：「水で洗い流せる」油です。ねじ切り時にパイプ内に入った油を水で洗浄できるものです。
　　一般配管用としても使用できます（但し、ステンレス鋼管用には使用できません）。

② 「一般配管用」：水では洗い流せません。水に「油の臭い」がつきますので、上水用配管には使用できません。

表1・4・2　ねじ切り油の適用

管材・用途 ねじ切り油種	鋼管の用途		ステンレス鋼管
	上水配管用	一般配管用	
上水用	◎	○	×
一般配管用	×	◎	×
ステンレス用	×	×	◎

注意：ステンレス鋼管用ねじ切り油で鋼管にねじを切ると、ねじの仕上面は良くなりますが、「多角ねじ」が発生しやすくなり、漏れの原因になりますので使用しないでください。

（2）品質

① ねじ切り機メーカーの純正ねじ切り油を必ず使用して下さい。

> 理由

   a．ねじ切りの主要部であるチェーザは、純正なねじ切り油を使用したときに最大の性能を発揮するように設計されています。
   純正以外のねじ切り油を使用すると、ねじの仕上がり精度に悪影響を与える場合があります。
   b．用途の違う切削油（一般工作機械用切削油等）を使用すると、ねじ切り時にチェーザ刃先から煙が発生しチェーザの寿命が著しく減少し、ねじ精度にも悪影響を及ぼします。

②ねじ切り油の劣化と見分け方

   a．ねじ切り油の缶のふたを開け直射日光の当たる場所（高温）に1年以上置いていた場合。
   結果：ねじ切り油の色は少し黒っぽくなり、ねじを切ると焼けたような「臭い」がします。
   b．ねじ切り機の油タンクの中に雨水等の水分が入り、使用しない状態で1年以上置いていた場合。
   結果：上記の状態でねじ切り機を使用した時、ねじ切り油は白っぽく濁った状態になり、「異臭（腐った様な酸っぱい臭いがする）」が発生します。

（3）ねじ切り油の交換時期

①ねじ切り油の状態（表1・4・3、写真1・4・1　参照）

  a．一般配管用（油性）

   油性のねじ切り油は、油タンクの中に水が入ると、水が沈み上部に油が浮き、水と油は分離しますが、運転状態にはポンプで循環されるため白濁します。
   1日くらい停止状態になると油性の油はタンクの上下に分離して、油は元の色に戻ります。
   水と油が分離した状態でねじ切り機のスイッチを入れると始めに水が出てきて、しばらくすると油が出てき、その後で油が白濁してきます。

ｂ．上水用（水溶性）

　　　水溶性のねじ切り油の使用前は、澄んだ色(琥珀色)をしていますが、水の混入率が５％くらいになると白濁し始め、澄んだ色には戻りません。

②「ねじ切り油」の交換時期（表１・４・３、写真１・４・１　参照）

　下記のような現象が発生したら「ねじ切り油」の交換時期です。

　ａ．切られたねじの仕上がり面で判断

　　　切られたねじの仕上がり面は、使用されたチェーザとねじ切り油に左右されます。

　　　ねじ切り油に影響され、ねじ山仕上げ面に現れる現象としては、主として「ねじ山が極端にざらつく、むしれる、またはねじ山欠け」があり、このような現象が現れたら、ねじ切り油をチェックし交換するか、チェーザを交換し切られたねじの仕上がり面を確認することが必要です。

　ｂ．ねじ切り油で判断

　　１）白濁した場合

　　　ねじ切り油の中に水が混入しているためです。

［目安・１］

　10％くらい水が入っていると、ねじ切り時にチェーザの刃先から煙様に水蒸気が発生し、チェーザの寿命が約１／３に減少し、ねじ精度にも悪影響を及ぼします。「ねじ切り油」の交換時期です。

［目安・２］

　20％くらいの水分が混入すると、チェーザの寿命は、約５分の１になります。「ねじ切り油」は交換します。

注意：作業中や運搬中、または、作業小屋などでねじ切り機に雨水等が入らないように気をつけてください。

2）キラキラした場合

微細なヘドロ状の金属粉が「ねじ切り油」中に混入している証拠です。

そのような場合に油タンクの底に沈殿していますので、ヘドロ状の金属粉を取り除きます。

また、油タンクの中に永久磁石を投入しておくと金属粉を吸着し、掃除が楽になります。（永久磁石は、ねじ切り機メーカーから販売されています。）

表1・4・3 ねじ切り油の交換時期（一般配管用、上水用）

混入物	混入量	交換時期	チェーザ寿命	油の色
水　分 (雨水等)	5％以下	必要なし	変化なし	茶褐色が少しにごる
	10％	速やかに全量交換する	約1/3	茶褐色が白くにごる
	20％	速やかに全量交換する	約1/5	茶褐色が白くにごり、牛乳色に近づく
	50％	速やかに全量交換する	約1/10	牛乳状になる
金属粉	5％以上	速やかに全量交換する	短くなり、ねじがざらつく	黒く濁り油がキラキラする

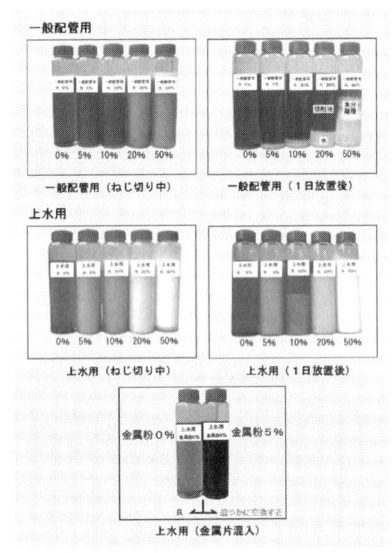

（作成：円山昌昭）

写真1・4・1　水および金属粉混入ねじ切り油色見本（巻末カラーページ参照）

(4) ねじ切り油の保管

ねじ切り油缶は、しっかり蓋をし、密封状態にして冷暗所に保存します。

【知っておきたい豆知識！（9）】

ドン付け開先？

記：安藤紀雄
絵：瀬谷昌男

　この用語は、「ねじ接合配管用語」ではなく、あくまで「溶接接合配管用語」である。溶接接合配管では、直管同士や継手を接続する場合には、どうしても端部を「開先加工」して接続する必要がある。造船業界などでは、多種多様な「開先（grooving）」が存在するが、建築設備業界の溶接配管用の代表的な開先加工には、①Ｖ開先加工、②レ開先加工、③Ｉ開先加工（通称：ドン付け開先加工）がある。

　この③のＩ開先（通称：ドン付け）は、通常「突き合わせ溶接」として使用され、管軸に垂直に切断された「管端同士」を、そのまま付き合わせた状態で、溶接するものである。ちなみに、英語では、「突き合わせ溶接」を"Butt Welding"と呼んでいるが、"Butt"とは、"銃の台尻"のことである。

　どこの誰が「ドン付け」というネーミングを考案したか不明であるが、素晴らしいアイデアだと感心してしまう。

　この「ドン付け開先溶接法」は、品質的に最も劣り、採用時には「溶接裏波（penetration welding）」を出すためにも、適切なる「ルートギャップ（ルート間隔）」を確保する必要がある。

注意事項：「ドン付け開先」は、極力使用すべからず！

溶接部分の開先形状と寸法

開先形状	ℓ [mm]	a [°]	a [mm]	b [mm]	JIS G 3452 (配管用炭素鋼鋼管) の呼び径 (A)
 ドン付け開先（Ｉ開先）	2.8〜4.5		1.5		125以下
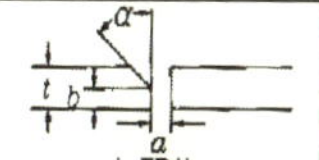 レ開先	5.0	45	1.5	2.0	150
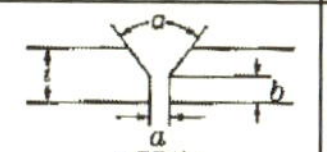 Ｖ開先	5.8〜7.9	70	1.5	2.0	200以上

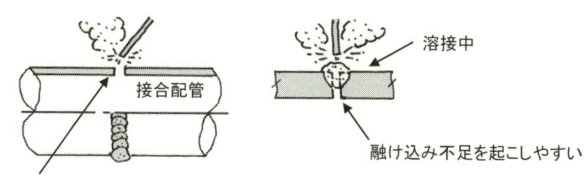

ドン付け（開先）溶接中　　接合配管

溶接中
融け込み不足を起こしやすい

第Ⅰ部　第5章　ねじ切り加工

5・1　ねじ切り機の準備と管のセット

- 手順－1

ダイヘッドの位置決めノッチを管径に合わせる。

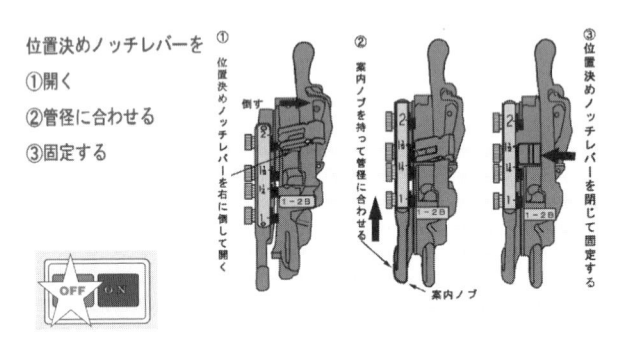

（作成：山岸龍生）

図1・5・1　ダイヘッドの位置決めノッチを管径に合わせる

- 手順－2

ダイヘッド、メタルソーカッタ、リーマを持ち上げる（図1・5・2）。

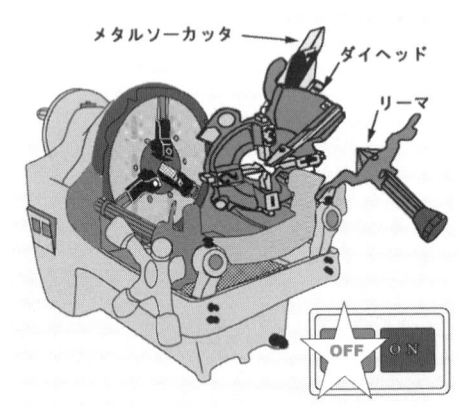

（作成：山岸龍生）

図1・5・2　ダイヘッド等を持ち上げておく

第Ⅰ部　第5章　ねじ切り加工

> **注意：手袋の使用禁止**
> - 回転機器を使用するときは、労働安全衛生規則 第111条で手袋の使用が禁止されています。
> - 手袋が回転部に巻き込まれると手も同時に巻き込まれ複雑骨折あるいは腕の骨折、身体の巻き込みにもつながり、最悪人命にかかわることもあるからです。

備考：(原文)
労働安全衛生規則　第二編 安全基準　第一章 機械による危険の防止
第一節 一般基準 　(手袋の使用禁止)
　第百十一条　事業者は、ボール盤、面取り盤等の回転する刃物に作業中の労働者の手が巻き込まれるおそれのあるときは、当該労働者に手袋を使用させてはならない。
　2 労働者は、前項の場合において、手袋の使用を禁止されたときは、これを使用してはならない。

- **手順－3**

「送りハンドル」を反時計方向に回して、往復台を右端に止まるまで移動させます（図1・5・3）。

> 注意：「送りハンドル」の回転方向と往復台の移動方向は逆になります。

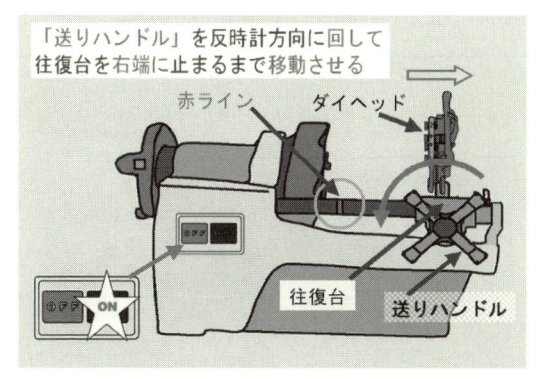

図1・5・3　往復台を右に送る

• 手順-4

　スクロールチャックとハンマーチャックは、加工する管の外径より少し大きめに開いておきます（図1・5・4）。

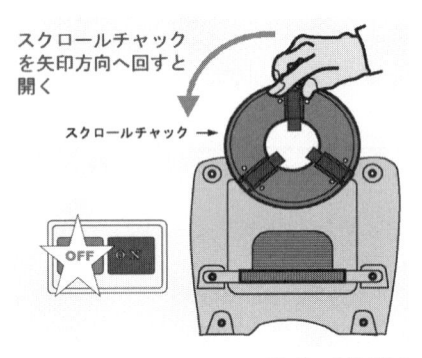

（作成：山岸龍生）

図1・5・4　スクロールチャックを開く

• 手順-5

ねじ切り機に管をセットする。

管を挿入し、ハンマーチャックのつめ先端より80mm以上出します（図1・5・5）。

注意：80mm以下だと、50Aのねじを切る時にダイヘッドがハンマーチャックにぶつかりダイヘッドの故障原因になります。

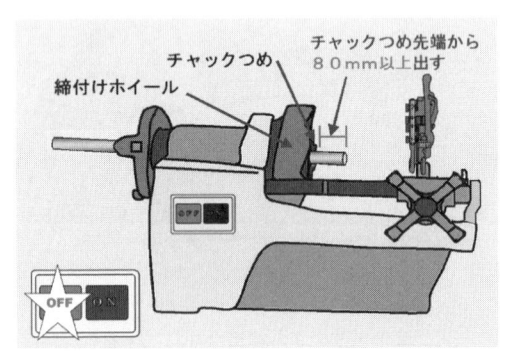

（作成：山岸龍生）

図1・5・5　ハンマーチャックからの管の出代

※ねじ切り機の機種により、ダイヘッドがチャックにぶつかる前に「往復台が主軸台」にぶつかり、ダイヘッドの故障原因になる場合があるので注意が必要です。

- 手順－6

長い管は管受け台を使用します。

スクロールチャックとハンマーチャクの長さ（L）の2倍以上管が出ている場合、管の自重による芯ぶれ防止のため管受け台を使用します（図1・5・6）。

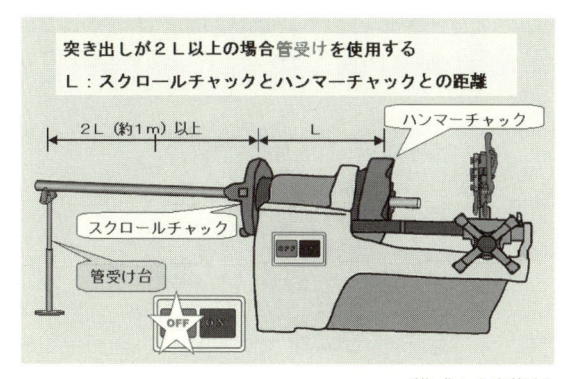

（作成：山岸龍生）

図1・5・6　管受け台を使用する

- 手順－7

スクロールチャックを手前に回して、管を締付けます（図1・5・7）。

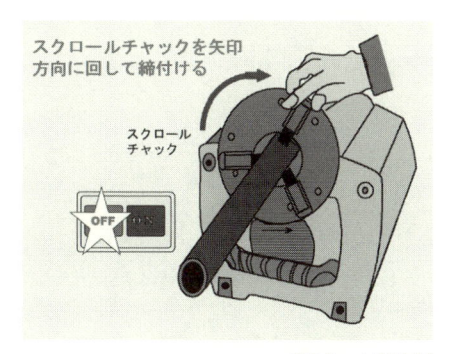

（作成：山岸龍生）

図1・5・7　スクロールチャックで管の締付け

- 手順－8

ハンマーチャックの締め付け。

①右手で下から支える。

> 注意：一般には下から支えるが長尺の場合は上から押さる。

②管を右手で保持しながら、締め付けホイールを手前に回し、管を3本の管押さえ用の爪で押さえます。管が3本の爪に当たって芯がでていることを確認します。

③締め付けホイールが回らなくなったら、締め付けホイールを45～90°戻します。

④締め付けホイールを手前に軽く2～3回たたきつけて締付けます（図1・5・8）。

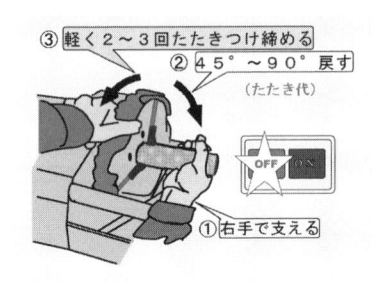

（作成：山岸龍生）

図1・5・8　ハンマーチャックで管の締め付け

5・2　ねじ加工

- 手順－1

スイッチを入れます（図1・5・9）。

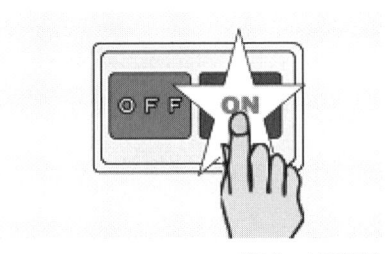

（作成：山岸龍生）

図1・5・9　スイッチを入れる

・手順－2

　管が振れていないことを確認します。管に「ふれ」が出たらスイッチを切り、管を取り外し（手順－8）、「5・1　ねじ切り機の準備と管のセット」の手順－7戻って、やり直してください（図1・5・10）。

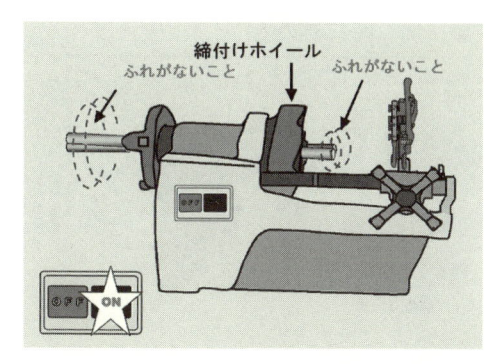

（作成：山岸龍生）
図1・5・10　管がふれていないことを確認する

・手順－3

　ダイヘッドを手前に倒し、静かにダイヘッド取付けみぞにセットします（図1・5・11）。

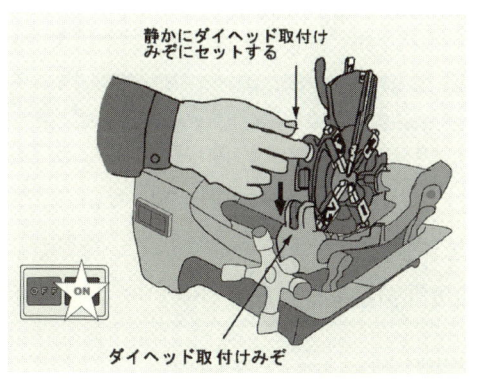

（作成：山岸龍生）
図1・5・11　ダイヘッドをセットする

- 手順－4

①ねじ切り油適量の確認

ねじ切り油が適量出ているか確認します（図1・5・12）。

> 注意：ダイヘッドからの「ねじ切り油」吐出量は、切れ目なく、かつねじ切り時に煙が出ない程度です。

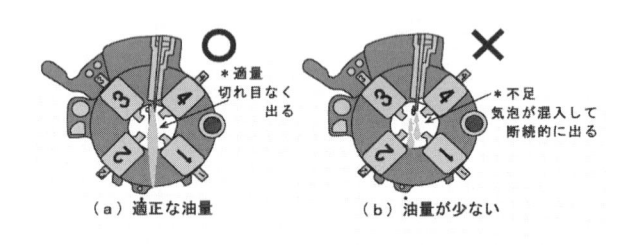

（a）適正な油量　　　　（b）油量が少ない

＊適量
切れ目なく出る

＊不足
気泡が混入して断続的に出る

（作成：山岸龍生）

図1・5・12　ねじ切り油適量の再確認

煙が出る理由
① 油量不足したとき。
② ねじ切り油に雨水等が混入したとき。
③ ねじ切り油以外の油を使用したとき。

油量が少ない時は、次に記すことを調べます
①－1　ねじ切り機のタンクの油が少なくなっていないか。
①－2　タンク内に切り粉が詰まっていないか。
①－3　油量調整して油量を少なくしていないか。
　　　（油量調整機能が付いていないねじ切り機もあります

②チェーザに不純物が付着していないか確認

チェーザに切り粉やゴミが付着していないか確認をしてください。

付着している場合は、ハケやマイナス(－)ドライバで除去してください。

• 手順－5

　送りハンドルをゆっくり時計方向に回して、ダイヘッドを左に送り、チェーザを軽く管に当て、次に「送りハンドル」を強く時計方向に回し食いつかせます（図1・5・13）。

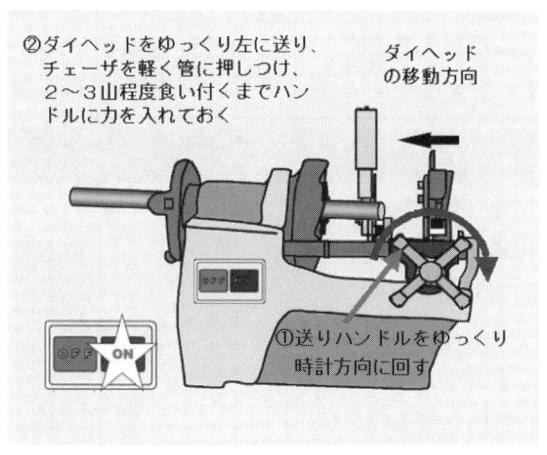

（作成：山岸龍生）

図1・5・13　ダイヘッドの送り

• 手順－6

　規定のねじが切れたら、チェーザが自動的に開き、管からはずれた状態になるのでスイッチを切ります（図1・5・14）。

（作成：山岸龍生）

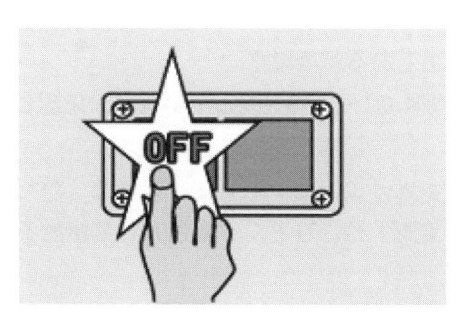

図1・5・14　スイッチを切る

第Ⅰ部　第5章　ねじ切り加工

重要ポイント
　チェーザが管に「2〜3山程度」食い付くまで「送りハンドル」に力を入れておきます。

チェーザが食い付いたら
　送りハンドルから手を離し、ねじが自動的に切りあがるのを待ちます（図1・5・13）。

もし途中でとまったら
①スイッチをOFFにする。
②管に食い付いているチェーザを外します。（図1・5・15）
　②-1　位置決めノッチをプラスチックハンマーで軽く右側にたたき、ロックを外します。
　②-2　案内セットノブをプラスチックハンマーで軽く手前にたたいて食い付いているチェーザを外します。
③ブレーカが飛んでいないか調べます（20A以上であるか再確認）。
④使用ケーブルが細くないか、熱を持っていないか確認します（ケーブルは、2mm^{2}以上）。
⑤「差込みプラグ」と「コンセント」に、大きな「がた付き」および差込みプラグ触の「変形」や、ひどく「変色」して接触不良を起こしていないかを調べます。
⑥たこ足配線で他の電動工具を同時に使用していないか調べます。
⑦今までねじ切りしたねじは切り落とし、再度始めからねじ切りします。

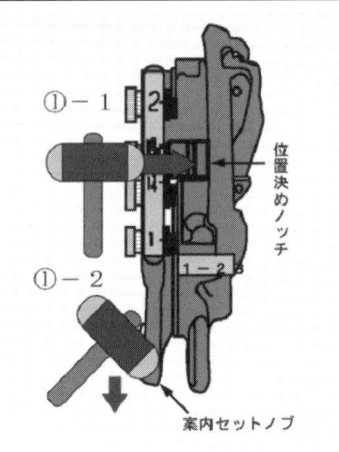

図1・5・15
管に食いついているチェーザの外し方
（作成：山岸龍生）

• 手順－7

ねじ切り上げ後、案内セットノブを「カチッ」と音がなるまで押し上げ、ねじ切りセット状態にしておきます。

> 注意：チェーザに切り粉やゴミが付着していないか確認します。
> 　　　特に管の下部、図1・5・16のチェーザ番号「1」「2」の部分が付きやすいので注意が必要です（第Ⅰ部4・2・2　自動切り上げダイヘッドの名称と働き 参照）。

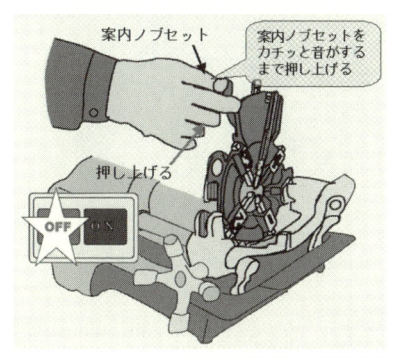

（作成：山岸龍生）

図1・5・16　ダイヘッドをねじ切り状態にセット

• 手順－8

スクロールチャック、ハンマーチャックの順でゆるめて、管をねじ切り機からはずします（図1・5・17）。

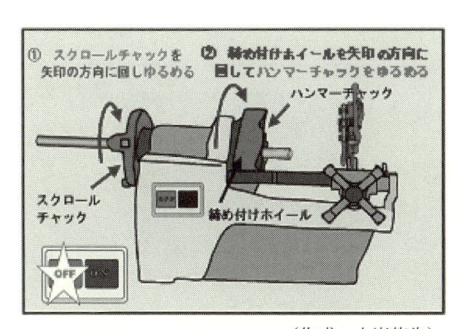

（作成：山岸龍生）

図1・5・17　管の取外し

• 手順－9

管に付着した「ねじ切り油」を床面にこぼさないように養生シート上のバケツ等に油を切り、回収し、再使用します（図1・5・18）。

注意：建築中の建物を作業場にしている場合、床面にねじ切り油が付着すると、床仕上げの時にモルタルや、仕上げ材が接着しなくなります。

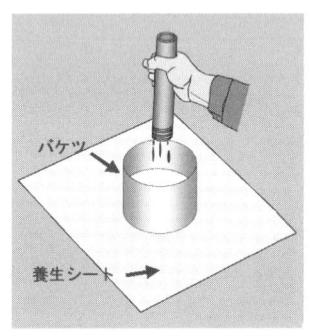

（作図：山岸龍生）
図1・5・18　バケツに「ねじ切り油」を受ける

• 手順－10

上水配管の場合は、ブラシ、小ほうき等で切られたねじ部の切り粉を掃除し、管内外面に油が残らないように水洗いし、ウエスでふき取ります（図1・5・19）。

注意：ねじ切り油が残るとシール剤がねじ表面に密着しないので漏洩の原因になります。

（作図：山岸龍生）
図1・5・19　ねじ切り部の水洗い

第Ⅰ部　第5章　ねじ切り加工

[参　考]

　管用テーパおねじの加工精度は、ねじ切り機の整備状況、チェーザ刃先およびダイヘッドの摩耗度、ねじ切り油の質、鋼管メーカーの製法等の違いにより、真円度、テーパ、ねじ径、ねじ面が変化します。

【知っておきたい豆知識！（10）】
記：安藤紀雄
絵：瀬谷昌男

ねじの日本伝来：種子島（火縄銃）の雌ねじ

　1543年に種子島に漂流した「ポルトガル人」が携えてきた2挺の小銃を、種子島領主：種子島時尭（ときたか）が大金を投じて買い上げた。

　これが、日本に伝来した最初の「火縄銃」、すなわち「種子島」であった。この伝来銃の「銃底」を塞ぐための"尾栓（雄ねじ）"およびそれがねじ込まれる銃底の"雌ねじ"がそもそも日本人が見た最初の"ねじ"であるとされている。時尭は、2挺のうちの1挺を種子島の刀鍛冶：八板金兵衛に見本として与え、その模作を命じた。

　金兵衛にとって"尾栓"の"雄ねじ"の加工は比較的容易であった。しかし、金属加工用具として、"やすり"と"たがね"しかなかった当時の刀鍛冶の技術からすれば、"銃底めねじ"の加工は難題であった。

　種々の苦心があった末、「尾栓おねじ」を「雄型」とし、「熱間鍛造法」で製作されたのではと推定されている。なお、伝来銃の銃底に加工された、"雌ねじ"は時期的に見て「タップ」を用いて加工されたものであることは、ほぼ間違いないことだといわれている。

これが火縄銃と言うものだ！
この部分の栓の加工が一寸難しいぞ

何とかやってみま～す

第Ⅰ部　第6章　出来上がったねじの検査

ねじ切りが完了したら、ねじ込み作業に入る前に、ねじの検査をします。

6・1　「出来上がったねじ」について

6・1・1　配管で使うねじ

配管で使うねじは「管用（くだよう）テーパねじ（JIS B 0203）」です。

> 注意：JISでは他との読み分け上「管」を「くだ」と読みます。
> 　　　a．管、管継手、管用部品、流体機器の接合において、特にねじ部の耐密性を主目的にしたものが「管用テーパねじ」です。
> 　　　b．ねじには、管または管継手等の外側にねじがある「おねじ」と内側にねじがある「めねじ」があります。

6・1・2　ねじの呼称

JISでは、ねじの径を「ねじの呼び」と称します。

ねじが切られる鋼管の呼びは、一般にA呼称（内径の近似値のミリ表示）で呼ばれています。

※B呼称（内径の近似値のインチ表示）で呼ばれる場合もあります。

表1・6・1　ねじの呼称

ねじの呼び	慣用呼称	対応する鋼管の呼び	
		A呼称（おもて）	B呼称（うら）
R　1/2(=4/8)	4分（ヨンブ）	15 A	1/2(=4/8)B
R　3/4(=6/8)	6分（ロクブ）	20 A	3/4(=6/8)B
R　1 (=8/8)	インチ	25 A	1 (=8/8)B
R 1 1/4	インチクォータ	32 A	1 1/4B
R 1 1/2	インチハン（インチハーフ）	40 A	1 1/2B
R　2	ニインチ	50 A	2 B

適用：「R＝管用テーパおねじ」を表します。

6・1・3　呼び径、ミリ換算とねじ山の関係

表1・6・2　インチ呼称とミリ換算とねじ山

1インチの長さを8等分した書き方	1/8	(2/8)1/4	3/8	(4/8)1/2	5/8	(6/8)3/4	7/8	(8/8)1	(1 1/8)	(1 2/8)1 1/4	(1 4/8)1 1/2	(1 8/8)2
8等分の長さ呼び方	1分	2分	3分	4分	5分	6分	7分	1インチ	1インチ1分	1インチ2分	1インチ4分	2インチ
1インチの間のねじ山数*1	28	19	19	14	—	14	—	11	—	11	11	11
ピッチ(mm)*2	0.91	1.34	1.34	1.81	—	1.81	—	2.31	—	2.31	2.31	2.31

＊1　ねじ山数：1インチ（25.4mm）の間のねじ山数
＊2　ピッチ：山と山の間隔

6・1・4　ねじ山の数え方

（1）　数え方

　ねじ山は、「管端の谷底」を「起点」として「ねじの谷から谷まで」を1山として数えます（図1・6・1）。

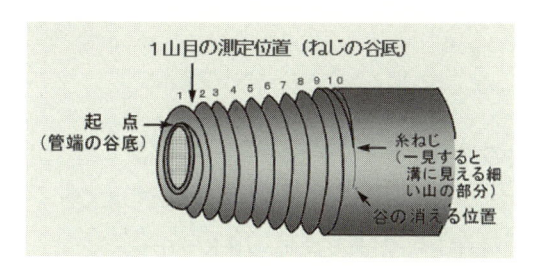

図1・6・1　ねじ山の数え方（R3/4の場合）

（2）　測定位置とねじ山の数え方

　管端正面から見て起点を真上（0°の位置）にし、ねじ山数を数え、最後に切り上げねじ山の谷底(糸ねじ)が消える位置を調べ、下記のように数え、加えていきます。

① 「0山」
　糸ねじの消える位置が 0°から90°未満の場合は、ねじ山とは数えません（図1・6・2）。
② 「0.5山」
　糸ねじの消える位置が90°から270°未満の場合は、「0.5」山と数えます（図1・6・2）。
③ 「1山」
　糸ねじの消える位置が270°から360°未満の場合は、「1」山と数えます（図1・6・2）。

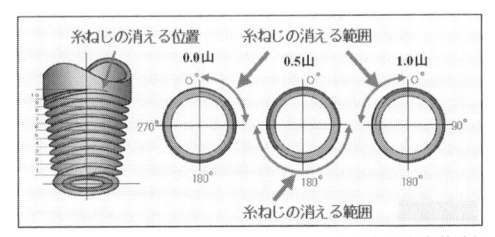

（作成：山岸龍生）

図1・6・2　山数の数え方

6・1・5　ねじ山の見方

「管用テーパおねじ」には、ねじを接合する時に使用する「有効ねじ部」と使用しない「切り上げねじ部」があります（図1・6・3）。

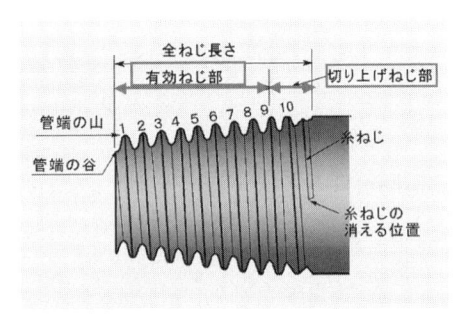

（作図：山岸龍生）

図1・6・3　有効ねじ部と切り上げねじ部（R3/4の場合）

【知っておきたい豆知識！(11)】

記：安藤紀雄
絵：瀬谷昌男

所変われば品変わる：黒ガス管と白ガス管

　日本では、「水配管」には「白ガス管」、「蒸気（往）配管・油配管」には「黒ガス管」を採用するというのが、「通り相場」であろう。

　ところが、小生がシンガポールで担当した52階建ての超高層ビル：OCBCセンタービルでは、「冷却水配管」には、「白ガス管」を採用していたが、「冷水配管」には、「黒ガス管」を使用していた。その理由は、「冷水配管」は「密閉系配管」であり、腐食のおそれがないからであるという。

　あるとき、100Aの「黒ガス管」の調達（procurement）が間に合わず、たまたま現場にあった「白ガス管」を転用したところ、設計事務所の現場監理者からケチがついてしまった。その理由は、「仕様書（スペック）違反」だというのである。逆の場合には、ケチを付ける理由も分かるが、「黒ガス管」の代わりに「白ガス管」を使用してなぜ悪いんだと、当時設計事務所とやり合った記憶がある。

　某日本人技術者が、「白ガス管」・「黒ガス管」の英語訳に、それぞれ「White Pipe」・「Black Pipe」と呼んでいたのを聞いたことがある。

　これは、「和製英語（Janglish？）」であって、英語ではあくまで「Galvanized Steel Pipe」・「Non-galvanized Steel Pipe」と表現しないと通じないので注意のこと！

白ガス管でも良いでしょうに？　　　　　　　　仕様書では黒ガス管だぞ！

きっと、白黒付けたかったのでしょう

6・1・6　ねじの長さとねじ山数の測定

ねじ込みに必要な「全ねじ長さ」および「全ねじ山数」(切り上げねじ部を含む)は、下記 表1・6・3に示します。

表1・6・3　全ねじ必要長さとねじ山数

ねじの呼び	対応する管の呼び	全ねじ必要長さ（mm）	全ねじ山数（山）
R 1/2	15A	18.6	10.5
R 3/4	20A	20.0	11.0
R 1	25A	23.7	10.5
R 1 1/4	32A	26.0	11.5
R 1 1/2	40A	26.0	11.5
R 2	50A	30.3	13.0

注：
①Rは、管用テーパおねじを示す記号。
②自動切り上げダイヘッドでねじを切ると切り上げねじ部の山数は2.0山になる。
③全ねじ山数は「ねじ山の数え方」による。
④「管の呼び」；ねじの呼びに対応する管の呼びを表す。

6・2　目視検査（外観検査）

切られたねじは、先ず、目で確認検査をし、下記のような異常があれば、原因を取り除き、切り直しを行います。

6・2・1　多角ねじ

「切られたねじの外形が多角形になっているねじ」です（図1・6・4）。

原因
①管の斜め切り
②ねじ切り時の管の振れ
③ねじ切り機の調整不良（ガタが大きい）
④ねじ径を細く切る
⑤チェーザの「働き」が悪い
⑥管の変形

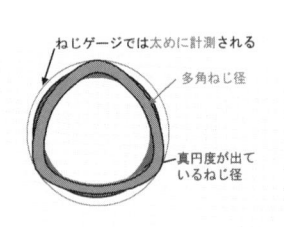

（作成：山岸龍生）

図1・6・4　多角ねじ

6・2・2 山やせねじ

「基準山形より、ねじ山がやせているねじ」です（図1・6・5）。

原因
- ①ダイヘッドの溝番号とチェーザの番号が合っていない場合
- ②メーカーでセットした以外のチェーザを組み合わせて使用した場合

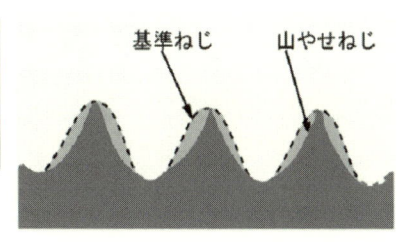

（作成：山岸龍生）

図1・6・5　山やせねじ

6・2・3 山欠けねじ

「ねじ山が欠けているねじ」です（図1・6・6）。

原因
- ①チェーザ刃先が摩耗している場合
- ②チェーザの山が欠けている場合
- ③チェーザの谷部が詰まっている場合※
- ④ねじ切り油に多量の水が混入した場合
- ⑤ねじ切り油に適した油を使用していない
- ⑥ねじ切り油の不足

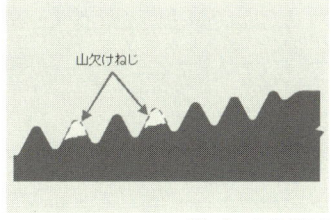

（作成：山岸龍生）

図1・6・6　山欠けねじ

※山欠けねじは、チェーザの構成刃先が成長した場合になります。
※詳細については、第Ⅲ部 資料Ⅰ・10構成刃先を参照ください。

6・2・4 偏肉ねじ

「鋼管中心に対し、ねじの中心がずれたねじ」です（図1・6・7）。

※多くの場合、鋼管内面をのぞくと片面にねじのうら写りが見られます。

原因
- ①ねじ切り時に管端が斜め切れの管を使用した場合
- ②ねじ切り時に管が振れている場合

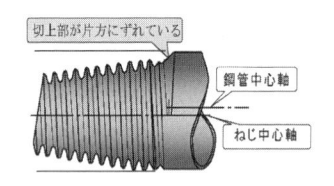

(作成：山岸龍生)

図1・6・7　斜め切断による偏肉ねじ

6・2・5　屈折ねじ

「管端ねじ部2～3山が平行で、それ以降がテーパになっているねじ」です（図1・6・8）。

※自動切り上げダイヘッドでねじを切った場合は、屈折ねじにはなりません。

原因
[①手動切上げダイヘッドでチェーザ巾
　以上にねじを切った場合]

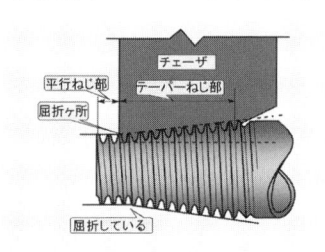

(作成：山岸龍生)

図1・6・8　屈折ねじ

※詳細については、第Ⅲ部 資料Ⅰ・2"不良ねじの発生原因と対策"を参照ください。

6・3　ねじゲージによる検査

6・2の目視検査で合格したものに対し、テーパねじリングゲージ(一般的には、ねじゲージと呼ばれている)で検査します（図1・6・9、図1・6・10）。

絶対必要　「ねじゲージ」での検査は、「おねじ」の検査の中で最も重要です。

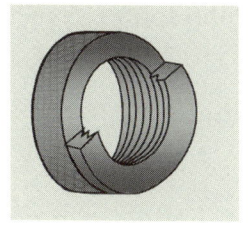

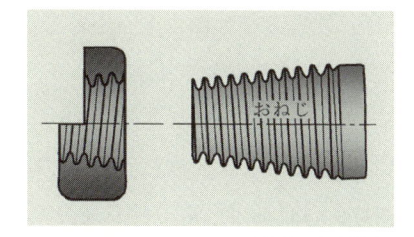

(作成：山岸龍生)　　　　　　　　　　　(作成：山岸龍生)

図1・6・9　ねじゲージ　　図1・6・10　ねじゲージ断面図とおねじ

　従来「ねじゲージ」を使用した検査はほとんど実施されておらず、その結果、ねじ接合は、漏れが多いと見なされてきました。

　「外観検査」を行い、次に「ねじゲージ」での検査に合格した「おねじ」は、普通にねじ接合を行えば、漏れるものではありません。

「ねじゲージ」による検査 を必要とする時

①ねじの切り始めの、最低3口は確認する

②ねじ切り管径が替わった時

③ねじ切り口数に応じて検査をする

　※ 25Aの場合50口程度に1回最低検査する

④ねじ切りを行う管のロット（主として、製作年月日が異なるもの）、または、鋼管メーカーが変わった時

⑤チェーザの交換時（特に新品の場合は、初期摩耗のため最低5口程度検査する）

表1・6・4　ねじゲージによる検査目安

ねじの呼び	対応する管の呼び	ねじ切り口数と検査目安数
R 1/2	15A	80口毎に1回
R 3/4	20A	60口毎に1回
R 1	25A	50口毎に1回
R 1 1/4	32A	36口毎に1回
R 1 1/2	40A	32口毎に1回
R 2	50A	22口毎に1回

作成：円山昌昭

第1部 第6章 出来上がったねじの検査

ここでは、建築設備の鋼管配管用として最も多く使われている「ねじゲージ」の検査方法について説明いたします。

6・3・1 「ねじゲージ」検査実施前の確認
① 切られた「おねじ面」に、切り粉やごみ等が付いていないことを確認します。
② 「ねじゲージのねじ部」に錆、傷がなく、切り粉やごみ等が付いていないことを確認します。
③ 切り粉やごみ等が、付いていたらきれいにブラシ等で除去します。

6・3・2 検査（合格、不合格範囲）
① 切られた「おねじ」に「ねじゲージ」を手で止まるところまでねじ込みます。軽くたたいて再度締め増しするようなことはしてはいけません。
② 止まった「ねじ先端位置」にて合否を判定します（図1・6・11）。

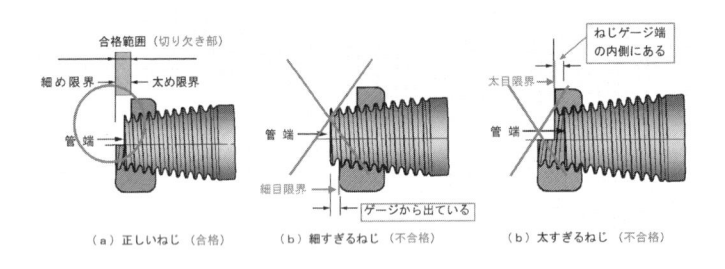

（作成：山岸龍生）

図1・6・11　ねじゲージを使った合格範囲

③ 切られたねじが不合格の場合は、ダイヘッドのねじ径微調節つまみでねじ径を調節し、新たにねじを切り直します。

6・3・3 「ねじゲージ」の手入れ・保管・点検
① 「ねじゲージ」は、錆が発生しないように薄く油を塗っておきます。
② 「ねじゲージ」は、傷が付かないように専用の箱に入れておきます。
③ 「ねじゲージ」は、2年に一度校正を受け、誤差が生じていないか確認します。

但し、次の場合は2年未満であっても速やかに校正します。
　　a．硬い床に落としたり、硬いものに強く当てたりしたとき
　　b．土・砂・異物をかみこんで、キズや摩耗の発生が予測されるとき
　　c．錆が発生したとき
　　d．その他、使用頻度が高くて摩耗が予測されるとき
※詳細については、第Ⅲ部 資料Ⅰ・1"管用テーパねじリングゲージの選定とその使用方法"を参照ください。

6・3・4　使用する管継手との「はめ合い」のチェック

おねじ
①必要ねじ長さがあるもの　②目視検査で合格　③「ねじゲージ」検査で合格したもの

めねじ
主として管継手（JIS）製品

上記、おねじとめねじを手締めすると、管継手端面よりの残りねじ山（切り上げねじ部含む）は「表1・6・5」のようになります。

表1・6・5　手締め後の残りねじ山参考値(切り上げねじ部を含む)

ねじの呼び	対応する管の呼び	最　小	標　準	最　大
R 1/2	15A			
R 3/4	20A			
R 1	25A	3.5山	6.0山	8.0山
R 1 1/4	32A			
R 1 1/2	40A			
R 2	50A	4.0山	6.5山	8.5山

注：「管の呼び」；ねじの呼びに対応する管の呼びを表す。

※詳細については第Ⅲ部 p.250「表資Ⅰ・5　自動切り上げダイヘットで加工した場合」参照。

【知っておきたい豆知識！（12）】
シンガポールでの水圧試験

記：安藤紀雄
絵：瀬谷昌男

　日本では、配管工事の耐圧試験は、「国土交通省機械設備工事共通仕様書（下表参照）」に準拠して行うのが一般的である。この表からも分かるように「試験圧力最小保持時間」は、長いもので「60分程度」となっている。
　小生が、シンガポールの超高層ビルプロジェクトで体験した「水圧試験」の「圧力最小保持時間」は、なんと「24時間」と特記されていたのである。
　実は、ここで問題が生じたのである。昼間に配管に水を張り「所定圧力」をかけ、「圧力ゲージ」を1時間ごとに読み取るのだが、夜中に圧力が低下してしまった。「どこかに漏水箇所がある？」と一晩中「目視検査」を実施したが、該当箇所は一向に見当たらない。
　そして、翌日の昼間になったら、「圧力ゲージ」は、元の状態に戻っていたのである。その原因を推察したところ、どうやら配管内の水が昼夜の温度差により、膨張・収縮したものだと判明した。
　日本では、とても体験できない貴重な経験であった。

（表－配管圧力試験：国土交通省機械設備工事共通仕様書）

配管種	試験方法	圧力（以上表示）	最小圧（MPa）	最小保持時間（分）	備考
冷温水・冷却水	水圧試験	最高使用圧1.5倍	0.75	30	
蒸気・高温水	水圧試験	最高使用圧2.0倍	0.2	30	
油	空気圧試験	最高常用圧1.5倍		30	
給水・給湯	水圧試験	最高使用圧1.5倍	1.75	60	
揚水	水圧試験	ポンプ全揚程相当の2.0倍	0.75	60	
高置タンク以下	水圧試験	静水頭相当の2.0倍	0.75	60	
排水	満水試験	3階以上にわたる汚水排水立て管		30	各階に満水試験継手
	煙試験	250Pa		15	
冷媒	窒素・炭酸ガス・乾燥空気による気密試験		法に定める値		

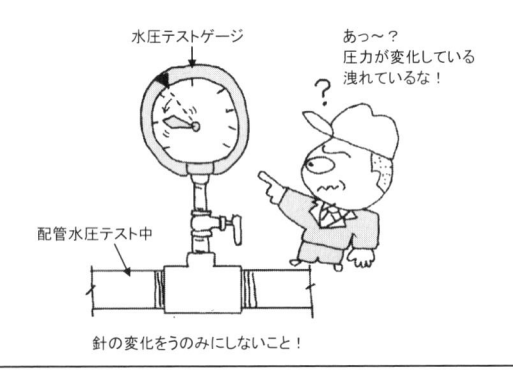

第Ⅰ部　第7章　ねじ込み前の準備

7・1　ねじ部の清掃

接合部の清掃、脱脂が十分でないと漏洩の原因となります。

①管および管継手のねじ部に付着している切粉、土砂、ごみ等の異物はブラシやウエスできれいに除去します。

②ねじ切り油などの油分は脱脂洗浄剤などで除去します。

③水で流せるねじ切り油は水で洗浄し、ウエスで水をふき取り、乾燥させます。

④ねじ部に錆が発生した場合は、使用してはなりません。

7・2　ねじの接合には、シール材が必要

（1）すき間をふさぎ、漏れを無くします。

　管用テーパねじは、ねじ部の耐密性を目的としますが、テーパおねじとテーパめねじを完全に締め込んでも、ねじ精度上、山の頂部と谷の底部との間に僅かなすき間ができ、完全な耐密は確保できません。その僅かなすき間を埋め、漏れないようにするのがシール材です（図1・7・1）。

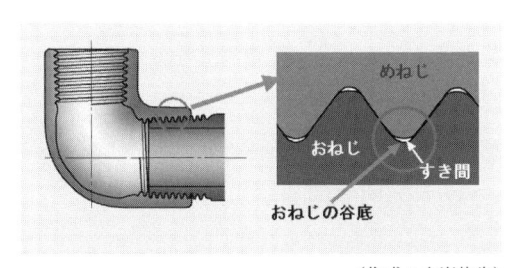

（作成：山岸龍生）

図1・7・1　ねじのすき間

（2）ねじ込みやすくする働きをします。

　シール材には、ねじ込み時の摩擦を減らし、障害無くねじ込みが出来るようにする、潤滑材の働きもあります。

7・3 シール材の種類と使用法

シール材には「液状シール剤」と「テープ状シール材」の2種類があります。

7・3・1 液状シール剤

ほとんどの接合は、液状シール剤を使用します。

(1) 用途により使用種類が異なります。

　①「上水配管用（管端防食継手使用の場合）」　防錆効果有

　　⇒「衛生的に無害であり、かつ、水質に害を与えないもの」です。

> [目安]：容器に「日本水道協会規格品（JWWA K 135)」、「国土交通省機械設備共通仕様書適合品」等で確認することが大事です。

　②「給湯配管用」

　　⇒専用のもの、または、給湯使用を明記しているものを使用します。

　（使用例：ヘルメシール55、ヘルメシールCH）

　③「排水・通気・消火・空調配管関係用」

　　⇒容器に「一般配管用」（通称「黒ヘル」といわれている）と表記されているため、上水に使用すると、飲用不適になるので注意する必要があります。排水、通気等でも誤用を避けるため「上水配管用」を使用することが望まれます。

　④「蒸気配管用」

　　⇒専用のものを使用します（使用例：ヘルメシールH-2）。

(2) 液状シール剤の取り扱い上の注意点

液状シール剤には、有機溶剤が含まれているものが多いので、「危険物の規制に関する規則」（火気注意：換気）、「有機溶剤中毒予防規則」（中毒注意）に関する注意が必要です。

(3) 塗布方法

塗布方法は、図1・7・2と図1・7・3の2種類あります。

　①上水・給湯配管

　　a．ねじ山が浮き出る程度にねじ山全面へ、むらなく、丁寧に塗布します。

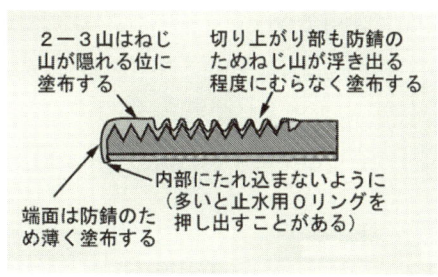

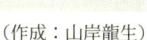

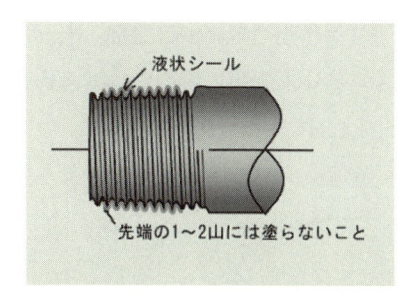

図1・7・2　上水配管用の塗布量目安　　図1・7・3　一般配管の塗布例

　b．更に、先端2～3山へは、ねじ山が隠れる位、そして、先端部（鋼管部）へは、薄く塗布します（図1・7・2）。

②排水・通気・消火・空調・蒸気配管関係

　ねじ部先端4～5山に、ねじ山が隠れる程度塗布します。ねじ込み後、残ったねじ山部へは、防錆剤（錆止めペイント等）を塗布します（図1・7・3）。

③共通（上記①、②）

　管継手には、塗布しません。

（4）塗布上の注意点

　| 一般的な有機溶剤系シール剤の注意点 |

　シール剤はメーカー等により特性が異なるので、使用するシール剤の技術資料を必ず読むこと。

①よく攪拌（かくはん）し、液を均一な状態にしてください。

②塗布量が少ない場合は、「塗布厚」が薄くなり、塗りむらができ、漏れにつながります。

③塗布量が多すぎると、管内面にたれ、ストレーナ等の詰まりの原因になり、上水配管の場合、水汚れの原因にもなります。

④ねじにシール剤を塗布した後、3分位、放置し、液状シール剤に含まれる有機溶剤（揮発性ガス）の蒸発を待ち管継手等にねじ込みます。あまり放置するとシール剤が乾燥しすぎねじ込みが難しく、漏れの原因となります。

⑤液状シール剤は、開封後、蓋はこまめに、密閉状態になるように閉めること

が必要です。缶の場合、内容量の半分位で使用できなくなってしまう場合がありますが、溶剤による希釈調整は難しいので早く使い切ることをお薦めします。

⑥写真（図1・7・4）のようなチューブ入りの嫌気性シール剤の使用も増えてきています。

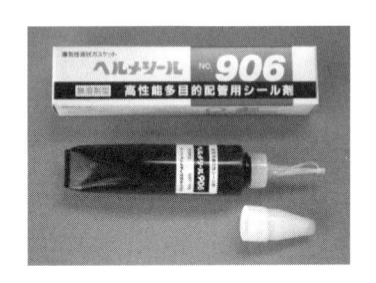

図1・7・4　チューブ入りシール剤

⑦有機溶剤系のシール剤は、密封し、冷暗所、換気の良い場所に保管します。
⑧使用できない液状シール剤
　よく攪拌し、刷毛に付けたとき、たれにくい状態になったものは、使用しないこと。状態の悪いものを使用すると漏れの原因になります。
⑨有機溶剤系液状シール剤は、シール剤が安定するまでの養生時間が必要です。
　養生時間は、一般的に24時間位です。24時間以内に通水しなければならない場合は「テープシール」または、「短時間通水に適した液状シール剤」を使用します。

7・3・2　テープ状シール材
（1）材質は、テフロン（シール用四フッ化エチレン樹脂未焼成テープ（生））テープが使用されています。
※小口径管接合や水栓金具の取付け・プラグの取付けなど、あとで施工するのに必要な箇所に主に使用します。
（2）テープシール材の巻き方

①テープは、管継手のねじ込み方向（時計方向）に管端面からはみ出さないように巻き付けます。
②テープは、2/3～3/4幅ラップさせて、しっかりと巻き、指で押さえてテープをねじ山に馴染ませます。
③ねじの切り上がり部1.5～2山は巻いてはいけません。
　理由：テープシールには、防錆効果が無いためです。

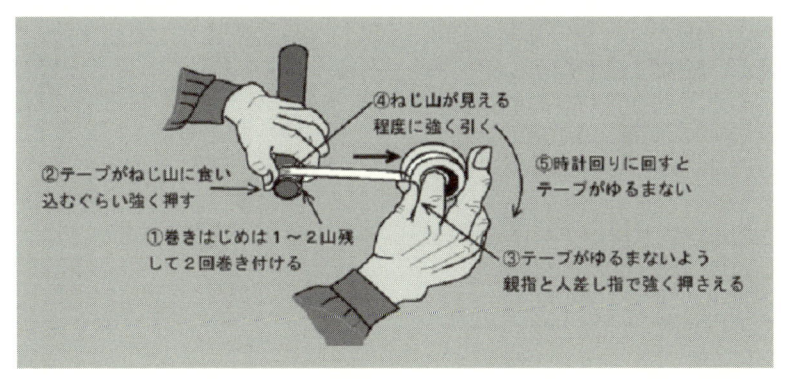

（作成：山岸龍生）

図１・７・５　テープシールの巻き方

【知っておきたい豆知識！（13）】

記：安藤紀雄
絵：瀬谷昌男

自動切り上げダイヘッド付ねじ切り機の開発

　この情報は、案外知られていないのだが、レッキス工業㈱の「切削ねじ切り機」には、「自動切上げ機能」を具備した「ダイヘッド」が搭載されている。このダイヘッド機能の開発以前は、ねじ加工長さは、その口径別に「配管工」の"KKD（経験・勘・度胸）"にもっぱら頼っていたのである。

　この機能とは、配管サイズ別に、「適切なねじ長さ」に達したら、ねじ切削が自動的に停止してしまう機能である。換言すれば、一度「配管口径」に合わせてセットし、ねじ加工を開始すると"よそ見"をしていても、適切な配管ねじ長さが確保できるという"優れ者"なのである。実は、この考案者は、本書の執筆委員でもある、円山昌昭氏（元レッキス工業）なのである。

　小生は、これはいずれは「建築設備技術遺産」に登録されるべき、「素晴らしい技術遺産」だと認識している。

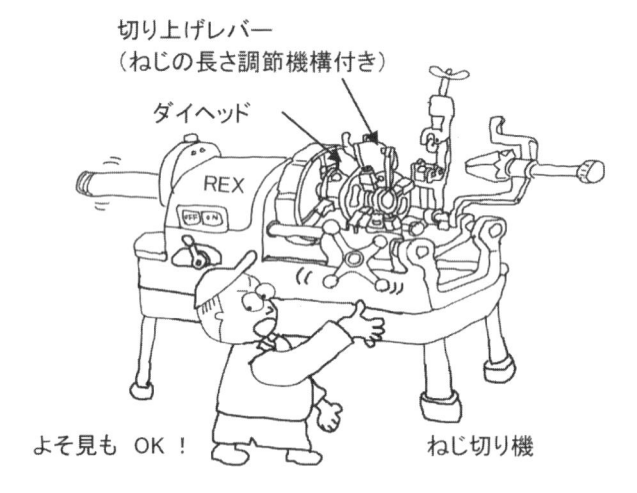

切り上げレバー
（ねじの長さ調節機構付き）

ダイヘッド

よそ見も OK！　　　　ねじ切り機

第Ⅰ部　第8章　ねじ込み作業

8・1　ねじ込みに要する工具
8・1・1　万力台（パイプバイス）
床上のねじ込み作業は、下図のような万力を使用し適正に締め込みます。

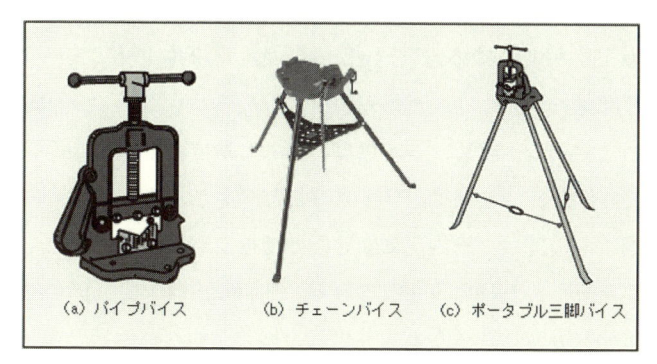

(a) パイプバイス　　(b) チェーンバイス　　(c) ポータブル三脚バイス

（作成：山岸龍生）

図1・8・1　パイプバイス

8・1・2　パイプレンチ
ねじ込み作業は、一般的には下図の様なパイプレンチを使用し適正に締め込みます（図1・8・2）。

（作成：山岸龍生）

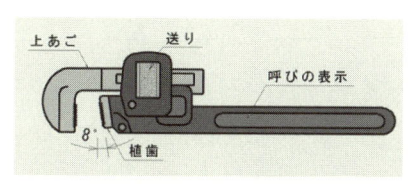

図1・8・2　パイプレンチ

※詳細については、p.251 表資Ⅰ・7 "JIS規格とパイプレンチメーカーの比較"を参照ください。

表1・8・1　パイプレンチの呼び寸法

呼び寸法(1)		JIS B 4606によるくわえられる管の外径	適用管径目安例
mm	インチ		
200	8	6〜20	20A以下
250	10	6〜26	25A以下
300	12	10〜32	32A以下
350	14	13〜38	40A以下
450	18	26〜52	15A〜50A
600	24	38〜65	25A〜65A
900	36	50〜95	50A〜90A
1200	47	65〜140	65A〜125A

※注：「呼び寸法(1)」に対し適応管径目安は、製作メーカーにより幅があります。

8・2 ねじ込み方法
8・2・1 事前注意事項
①ねじ込みは、その管径に適合したパイプレンチ等を使用して適正に締め込みます。
②外面被覆鋼管を締め込む際は被覆鋼管用パイプレンチ・パイプバイス等を使用します。
③締め込み不足および締め込み過ぎがあると一時的に液状シール剤の働きで、そのときは漏れがなくても、不完全接合のため、時間が経つと漏れます。
④角度合わせの場合、締め戻しで角度の合わせをするとシール剤等の経年変化により、時間が経つと漏れが発生することがあります。
⑤排水管継手の接続は、管内面にすき間ができないように接続しないとすき間に異物がたまり、流れを阻害するので、細心の注意を要します。
⑥防錆効果のない液状シール剤を使用した場合、ねじ込み接合後は、露出しているねじ部、パイプレンチ締め付け時にできた傷等を防錆剤で補修します。

8・2・2 手締め
①鋼管に切られたおねじに、管継手を手でねじ込みます。ねじ山同士をそわせながらねじ込むことが必要です（フランク面を接触させるため）（図1・8・3）。
②手で締め込み止まった位置が「手締めの位置」です（図1・8・4）。
手締め目安は「表1・8・2 手締め山数」の通りです。

(作図：永山　隆)

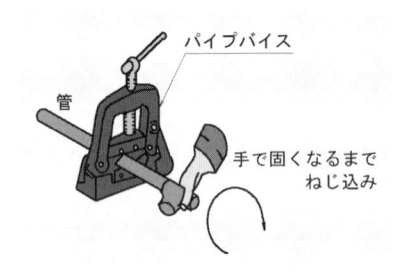

図1・8・3　手締め作業

③ストレートに入らないねじを無理やりねじ込むとねじ山を乗り越えて斜めに入り、ねじ山を破壊して、俗称「せんき」と呼ばれるねじ込み状態になります。このような場合は、ねじを切り直します。継手も交換します。

> **コラム:「せんき」(疝気)とは?**
>
> 大辞泉(小学館)には、「②正しくない系統。傍系。また、筋道を取り違えること。」とあります。ねじの場合は、「ワンピッチ超えて、斜めに入ること。」と表現すれば、わかりやすいでしょうか? でも…継手の鋳物は硬いがもろいので、継手も交換が必要になります。世知辛いご時世ですが、慌てず、確実にやりましょう。

④手締め時に、プライヤ、パイプレンチ等で無理やりねじ込むことは厳禁です。

表1・8・2 手締め山数

ねじの呼び	対応する管の呼び	最小 $\left(\dfrac{a-b-c}{P}\right)$	標準 $\left(\dfrac{a}{P}\right)$	最大 $\left(\dfrac{a+b+c}{P}\right)$
R 1/2	15A	2.5	4.5	6.5
R 3/4	20A	3.0	5.5	7.5
R 1	25A	2.5	4.5	6.5
R 1 1/4	32A	3.5	5.5	7.5
R 1 1/2	40A	3.5	5.5	7.5
R 2	50A	4.5	7.0	9.5

注:①コア内蔵継手(コア固定型)の場合、コアが障害となり25A以上では手締めでの感覚がつかみづらいメーカーのものもあります。
②手締め後、何山パイプレンチ締めという目安がたちにくいので、まず、手締めを行いその後パイプレンチ等で軽く腕の肘から先の力だけで締め、少し硬くなった時点をパイプレンチ仮締めの位置と仮称し、この位置より増し締めは0.5山程度とします。

解説「基準径」と「基準径の位置」

基準径とは：

①「平行ねじ」の場合は、どの部位をとってもねじ径は変りませんが、「円すい状に形成され、螺旋状に連続したテーパねじ」においては、部位によりねじ径が変わります。

②同じ「ねじの呼び」の場合、平行ねじの径が「テーパねじの基準径」です。

> JIS用語では、
> 　　基準径：テーパねじにおいて、直径寸法を定めるための基準となる直径。
> 　　基準径の位置：テーパねじにおいて、基準径を定めるための軸直角平面の位置。

基準径の位置とは：

①「ねじの呼び」が同じ場合、テーパねじと平行ねじの径が交わる位置を「基準径の位置」と言います。

②標準ねじの場合、テーパおねじにテーパめねじ（一般に管継手）を手でねじ込み、止まった管継手の端面がおねじの基準径の位置です。

③おねじの管端から基準径の位置までの長さをJIS規格ではaで表し、aの長さに対し許容差±bが認められています。

④JIS規格では、テーパめねじの基準径の位置は、めねじ端部で、軸方向の許容差±cが認められています。

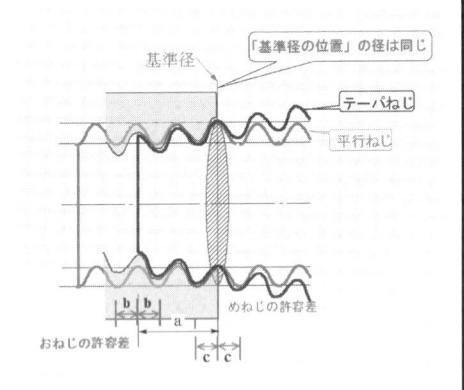

（作成：山岸龍生）

図1・8・4　テーパねじと平行ねじ

参考：手締め位置で、これだけの差が出ますのでご用心

JIS規格範囲内で加工された「おねじ」と管継手に加工された「めねじ」を手締めしても右図のように「残りねじ山」に大きな差が生じます。

残りねじ山最大

規格内最小径の管継手（細ねじ）に規格内最小径の「おねじ（太ねじ）」をねじ込むと残りねじ山は最大となります。

残りねじ山最小

規格内最大径の管継手（太ねじ）に規格内最小径のおねじ（細ねじ）」をねじ込むと残りねじ山は最小となります。

基準径の位置：テーパねじの基準になる径の位置
- めねじは、管継手の端面
- おねじは管端からaの位置

手締めの位置：継手を手で締め込み止まった位置

a：おねじの基準径の位置までの長さ
b：aの長さの許容差±b
c：めねじの基準径の位置から、長さ方向の許容差±c

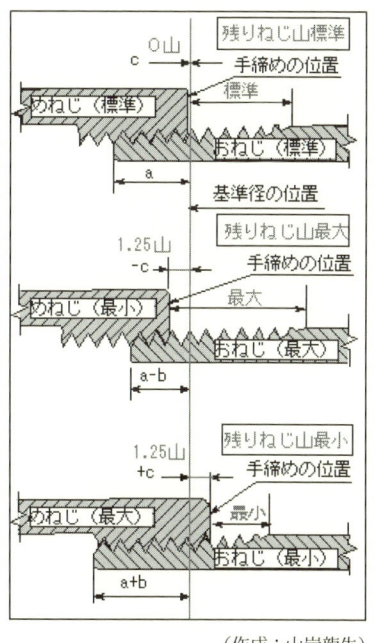

（作成：山岸龍生）

図1・8・5　手締めの位置と残りねじ山の標準、最大、最小（15A〜50A）

第1部 第8章 ねじ込み作業

> **参　考：締め込み完了位置で、これだけ差が出ますのでご用心**

JIS規格範囲内で加工された「おねじ」と管継手に加工された「めねじ」を締め込み、完了しても右図のように「残りねじ山」に大きな差が生じます。

〔(a) 残りねじ山標準〕

規格内標準径の管継手（標準ねじ）に規格内標準径の「おねじ（標準ねじ）」をねじ込むと残りねじ山は標準となります。

〔(b) 残りねじ山最大〕

規格内最小径の管継手（細ねじ）に規格内最大径の「おねじ（太ねじ）」をねじ込むと残りねじ山は最大となります。

〔(c) 残りねじ山最小〕

規格内最大径の管継手（太ねじ）に規格内最小径の「おねじ（細ねじ）」をねじ込むと残りねじ山は最小となります。

* 有効ねじの長さ：ねじ接合に使用するねじ部の長さ。
* 切上げねじ：テーパねじを加工するときに、チェーザが鋼管に食付いていくためのねじで、ねじ接合には使えないねじ山。
* 残りねじ山：締付けが完了した時の有効ねじ部と切上げねじ部の中で、締付けに使用されなかった、残っているねじ山。
* f：有効ねじ部の長さ中で、基準径の位置から大径側に向かって必要最小長さ（$f ≒ c+w$）。
* c：めねじの基準径の位置から、長さ方向の許容差（$±c$）。
* w：レンチタイト。手締め後の締め込み山数（BS（英国国家規格）21）。

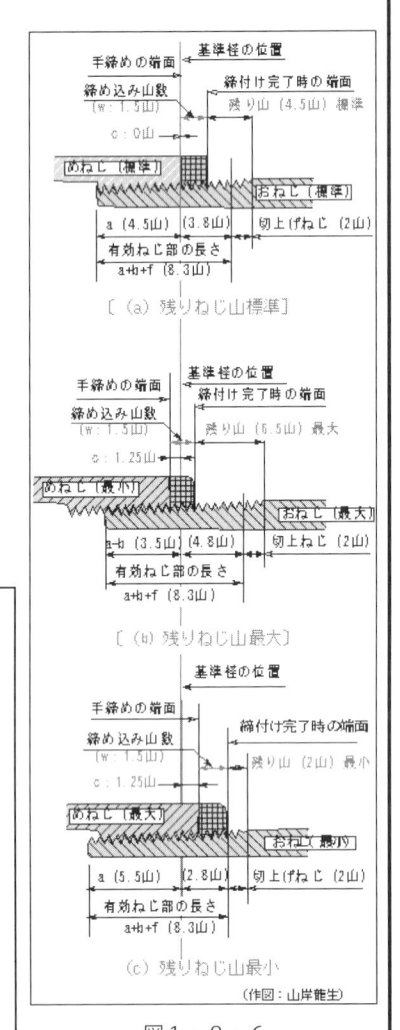

図1・8・6
締め込み完了時、残りねじ山の標準、最大、最小（記入数値は25A）

8・2・3　パイプレンチ類による締め込み

①手締めの位置からパイプレンチ等により、表１・８・３の「手締め後の締め込み山数」欄の数値を締め込むと、その位置が漏れない「適正締込位置」です（図１・８・６、表１・８・３）。

※パイプレンチの使用方法は図１・８・８～１１参照。

表１・８・３　締め込み山数と標準締付トルク

ねじの呼び	対応する管の呼び	標準手締め山数[(1)]	手締め後の締め込み山数W[(2)]	標準締め付けトルク		
				トルク(N・m)	適正レンチの呼び寸法(mm)×加える力(N)	{kgf}
R 1/2	15A	4.5(8.16)	1.5(2.7)	40	300×200	{20}
R 3/4	20A	5.5(9.98)	1.5(2.7)	60	300×290	{29}
R 1	25A	4.5(10.39)	1.5(3.5)	100	450×290	{29}
R 1 1/4	32A	5.5(12.70)	1.5(3.5)	120	450×350	{35}
R 1 1/2	40A	5.5(12.70)	1.5(3.5)	150	600×320	{32}
R 2	50A	7.0(15.88)	2.0(4.6)	200	600×420	{42}

注：(1)　標準手締め山数＝基準径の位置までの締め込み山数、（　）内は手締め長さ。
　　(2)　手締め後の締め込み山数(W)＝基準径の位置よりの締め込み山数、（　）内は手締め後締め込み長さ。
　　　※W：BS（英国国家規格）21[wrenching allowance]より。

②適正ねじ込み位置より過度に締め込みすぎるとねじ山が破壊し、漏洩につながります。（図１・８・７）

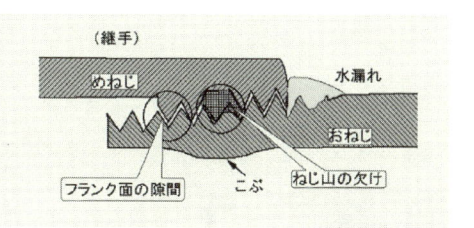

（作成：山岸龍生）

図１・８・７　締め込み過ぎによるこぶの発生

③適正締め込み完了後、さらに角度合わせが必要な場合は、１山以内の締め込み方向で調整します。

　　基本的には、戻しは行わないようにします。但し、ねじ込み作業に慣れ、ねじ込みに関する勘をつかんだ人が、液状シール剤が硬化する前に45°くらいの戻し作業は一般的に行われております。

④パイプレンチの管へのかませ方と使用方法

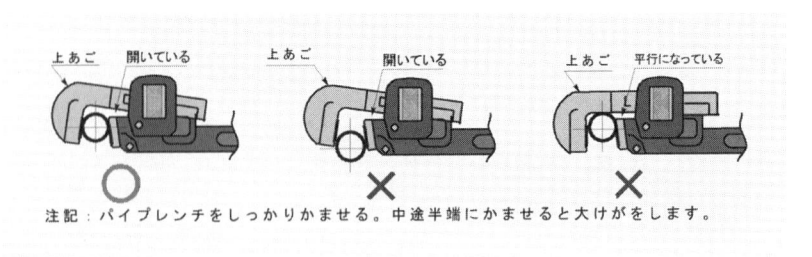

注記：パイプレンチをしっかりかませる。中途半端にかませると大けがをします。

（作成：永山　隆）

図1・8・8　パイプレンチの管へのかませ方

右手の親指で、上あごを下方へ押し下げてかませます。

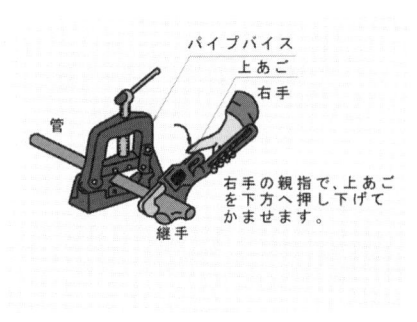

（作成：永山　隆）

図1・8・9　パイプレンチの使用法

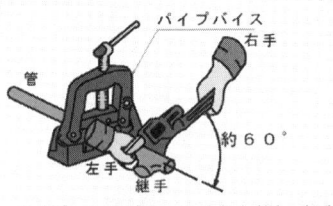

パイプレンチがしっかりかんだら、左手でパイプレンチの上あごの頭部を押さえ、右手で水平の位置から60°くらい押し下げます。再び水平の位置から押し下げ、これを繰り返して所定の位置までねじ込みます。

（作成：永山　隆）

図1・8・10
パイプレンチによる締め込み作業

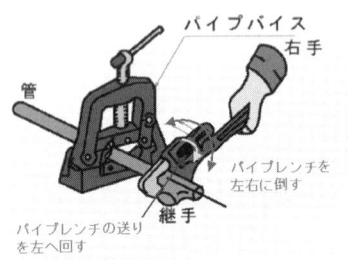

締め込み時、パイプレンチが食い込んで外れない場合は、左右へ倒しながらパイプレンチの送りを左に回します。

（作成：永山　隆）

図1・8・11　パイプレンチの取り外し

【知っておきたい豆知識！（14）】
どうしたら、洩れるねじ配管加工が可能か？

記：安藤紀雄
絵：瀬谷昌男

　小生の企画・立案で発足した、JSPE（給排水設備研究会）主催の「配管技能研修会」も関係者のご協力の御蔭で、本年（2013年）で第12回目を迎え、延べ約1000名に近い受講者が誕生しようとしている。

　正に"継続は、力なり！"である。

　この「配管技能講習会」は、3日間で構成され、講習料が非常に安いというのが、その特徴である。その内容は、第1日目：SGPの接合法（切削ねじ接合・転造ねじ接合・メカニカル接合・溶接接合）、第2日目：ステンレス管接合法・銅管接合法、第3日目：各種樹脂管の接合法となっている。

　この中で、受講者の中から面白い（返答に窮するような？）質問："どうしたら洩れるねじ配管加工が可能ですか？"を受けたことがある。

　「切削ねじ加工」の実習では、6組（一組5人程度）に別れ、共同で「課題図面」に従って、ねじ配管・メカニカル配管のモデルを組み立てた後、「水圧テスト」を受けるわけであるが、今まで「不合格（漏水あり）」となった例がないのである。その結果、上記の質問に遭遇したわけである。その理由は、何だと思いますか？皆さんで是非考えていただきたいと思います。

第Ⅰ部　第9章　ねじ切り機の点検・整備

　ねじ切り作業で一番重要なのは、ねじ切り機の事前点検・整備です。

　点検の主な作業は、「消耗品の確認と補給」、「ダイヘッドの絞り調整」です。

　ねじ切り機の点検・整備には、主に「現場持ち込み前点検」、「日常点検」、「1ヶ月点検」、「3ヶ月点検」があります。

　点検時期は、「ねじを切る径(呼び径)」、「ねじを切る口数」によっても変わりますので目安にしてください。

9・1　点検のポイント
9・1・1　消耗品
①チェーザとねじ切り油

　ねじ切り油は、チェーザで品質の安定したねじを加工するために必ず必要です。ねじ切り時にチェーザ刃先にねじ切り油がかからないと、チェーザ刃先は切削時高温、高摩擦で「摩耗・焼損」し、チェーザの寿命が短くなり、また、切れ味が悪くなるため、切られたねじは「山がむしれ」たり、「山欠け」等の不良ねじができます。

②チャック爪

　チャックの爪は、ねじ切り時に爪の先が鋼管に食い込み、すべりを止めます。「爪の先」が摩耗すると、ねじ切り中に「鋼管がすべり」ねじが切れなくなります。

(図1・9・9参照)

③カーボンブラシ

　シリース・モータには、カーボンブラシが使用されています。

　カーボンブラシは使用限度を超えて使用すると、モータが焼け、使えなくなります（第Ⅰ部9・4・2　カーボンブラシの点検　参照）。

> 注意：第Ⅰ部4・1・1モータの選択（1）シリース・モータ付ねじ切り機を参照してください。

9・1・2　補給(オイル、グリス)

　ねじ切り機は「回転している箇所」「摺動している箇所」に金属部品が使用されています。金属部品は潤滑油が無くなると摩耗し、部品と部品のガタつきが大きくなり、ねじ切り機の寿命が短くなります。

①主軸メタル部

　ねじ切り機の主軸メタルは、注油が必要です。

　油が無くなると、主軸メタル部の「焼きつき」が発生し、主軸のガタつきが大きくなり、「ねじ切り芯が管の中心より下がり」、切られたねじは「ざらついたねじ」「山欠けねじ」「偏肉ねじ」等になります。

②往復台と受けパイプ部

　金属と金属がこすられるため、油が無くなると摩耗が早くなり、ガタつきが大きくなります、そのため、ねじを切ると「四枚のチェーザが均等に働かなくなり」不良ねじが切れます。注油部は、図1・9・10参照。

9・1・3　点検・調整

①ねじ切り機の締め付けねじ

　切られたねじの品質に影響する「ハンマーチャックの締め付けボルト（9・3・1参照）」、「自動切り上げダイヘッドの固定六角ボルト（図1・9・13参照）」、「自動切り上げダイヘッドのレバー当たりボルト（図1・9・14参照）」がゆるんでいないかを、定期的に点検・調整する必要があります。

9・2　点検時期

9・2・1　現場持ち込み前点検

　現場持ち込み前にp.95「ねじ切り機チェック表」に基づき事前点検を行います。

9・2・2　日常点検

　ねじ切り作業を始める時、およびねじ切り中は次の事項を点検します。

（1）ねじ切り油の点検

ねじ切り作業を始める時、ダイヘッドから出る、ねじ切り油を確認する。

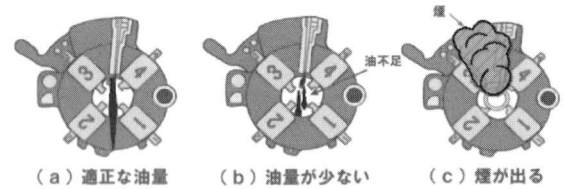

（a）適正な油量　　（b）油量が少ない　　（c）煙が出る

(作成：円山昌昭)

図1・9・1　ダイヘッドから出る油の確認

①ダイヘッドからねじ切り油が連続してでる

　連続して適量でるのが正常です（図1・9・1（a））。

②ダイヘッドから出るねじ切り油が断続的に出る場合（図1・9・1（b））

　a．ねじ切り油が少なくなっている。その時は補充する。

　b．ねじ切り油が十分入っている時。タンク内のストレーナが詰まっているので掃除する。

③ねじ切り時にチェーザ刃先から煙が出ている場合(図1・9・1（c）)

　a．ねじ切り油が少なくなっている。その時は補充する。

　b．「水（雨水）が混入したねじ切り油」または、「ねじ切りに適さない油」が混入している時は「煙が出ます」。その時は新しいねじ切り油と交換する。

ねじ切り油に水が混入した割合の色具合を図1・9・2と図1・9・3に示

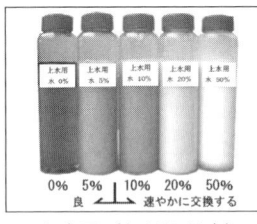

上水用（ねじ切り中）　　一般配管用（ねじ切り中）　　(作成：円山昌昭)

図1・9・2　　　　　図1・9・3
上水用ねじ切り油　　一般配管用ねじ切り油

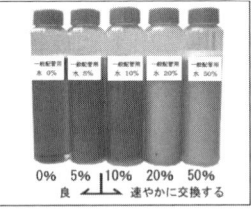

（巻末のカラーページ参照）

します。

④ダイヘッドから出るねじ切り油が白濁している場合（図1・9・2、1・9・3）。水（雨水）が混入している。新しいねじ切り油と交換する。

> 注意： a．ねじ切り油に水(雨水)が入ると、ねじ切り時にチェーザ刃先の摩耗が極端に早くなり、「山むしれ」「山欠け」等の漏れにつながる不良ねじが切れます。
> b．図1・9・2、1・9・3は、新しいねじ切り油「上水用」「一般配管用」のねじ切り中の色サンプルです。

(2) チェーザの点検

①チェーザ刃先をブラシ等で掃除し、刃が欠けていないか目で確認する1枚でも欠けている時は、新しいチェーザ（1セット）と交換する。

②チェーザ寿命の目安

正常な状態で使用した場合、一組のチェーザ寿命の目安を、ねじ切り口数で表すと表1・9・1のようになります。

表1・9・1　チェーザのサイズ別ねじ切り口数(ねじ切り切削長の比較)

ねじの呼び	対応する管の呼び	全ねじ山数	円周長さ(mm)（基準径での有効径）	1口当たりのねじ切り切削長さ(mm)	係数	ねじ切り口数
R 1/2	15A	10.5	62.2	653	1.00	2000
R 3/4	20A	11.0	79.4	873	1.34	1493
R 1	25A	10.5	99.8	1048	1.60	1250
R 1 1/4	32A	11.5	127.0	1461	2.24	893
R 1 1/2	40A	11.5	145.5	1673	2.56	781
R 2	50A	13.0	182.6	2374	3.64	549

【注意1】各サイズのねじ切り山数はR 1／2(15A)が2000口切れた時の切削長さを基準に算出する。
　　　　例）R 1 (25A) の場合、2000÷1.6(係数)＝1250口
【注意2】チェーザ寿命は次の条件により変わります。
　　　　a．ねじ切り油の状態（水が混入したねじ切り油、ねじ切り時に煙が出る油）。
　　　　b．ダイヘッドから出るねじ切り油の量（油量が切れ目なく出ていればOK）。
　　　　c．ねじ切り機のガタツキ（摩耗）の大きさ。
　　　　d．鋼管の種類。

【知っておきたい豆知識！（15）】

パッキングとガスケット

記：安藤紀雄
絵：瀬谷昌男

　配管工事では、フランジ接合などで、「漏水防止の目的」で、フランジ面間には「ガスケット（gasket）」を挿入する。日本では、昔はこの「ガスケット」という用語は、非常になじみが薄く、現場の配管職人の間では、もっぱら、「パッキン（packing）」という用語が長年使用されてきた。

　配管職人の間に浸透している、「パッキン」という用語の原義は、本来「詰め物」という意味である。その一例として、「配管技能検定学科試験」にも、次のような問題が出題されている。

　[問題] 高温高圧の「蒸気配管」に「金属パッキング」を使用する場合、銅が使用される。

　[解答と解説]：○（正解）。銅は、温度に対して耐久力があり、柔軟で密着性があるから、高温高圧の蒸気配管の「パッキング」として適当である。

　上記の出題例のように、「パッキン」が、英語の綴りに準拠して、「パッキング」になっているのは、一応の進歩であるが、海外では「ガスケット」という用語を是非使用して欲しい。

　その理由は、シンガポールで仕事をしていた時に、"君のいう「パッキン」は、「ガスケット」のことか？" と、言われたことがあるからである。

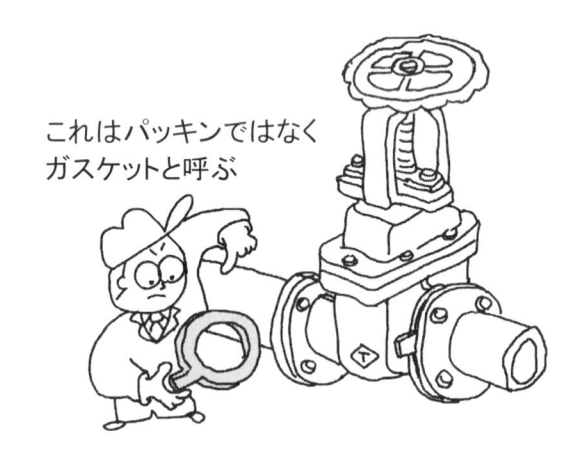

これはパッキンではなく
ガスケットと呼ぶ

9・2・3　切られたねじの確認

（1）切られたねじを目視検査し、「山欠けねじ（図1・9・4）」「多角ねじ（図1・9・5）」等の不良ねじはチェーザを交換する

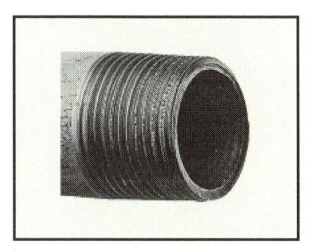

（撮影：円山昌昭）　　　　　　　　（撮影：円山昌昭）

図1・9・4　山欠けねじ　　　　　図1・9・5　多角ねじ

（2）切られたねじの長さ（または山数）を検査する。

　ねじ山の数え方は、図1・9・6に示す、「管端の谷」を起点として「ねじの谷から谷まで」を1山として数え、最後のねじ山は、切り上がり部の「糸ねじ（一見すると溝に見える細い山の部分）」まで数える。表1・9・2は全ねじ必要長さと、

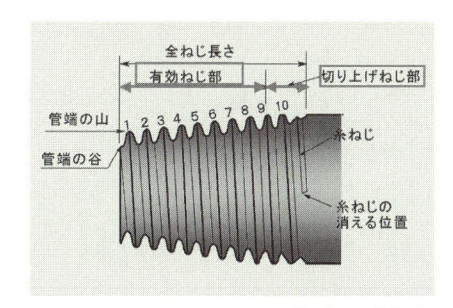

図1・9・6　ねじ山の数え方

表1・9・2　全ねじ必要長さとねじ山数

ねじの呼び	対応する管の呼び	全ねじ必要長さ（mm）	全ねじ山数（山）
R 1/2	15A	18.6	10.5
R 3/4	20A	20.0	11.0
R 1	25A	23.7	10.5
R 1 1/4	32A	26.0	11.5
R 1 1/2	40A	26.0	11.5
R 2	50A	30.3	13.0

注：
①Rは、管用テーパおねじを示す記号。
②自動切り上げダイヘッドでねじを切ると切り上げねじ部の山数は2.0山になる。
③全ねじ山数は「ねじ山の数え方」による。
④「管の呼び」；ねじの呼びに対応する管の呼びを表す。

ねじ山数を示す。

（3）ねじゲージで検査する。

　①切られたねじをねじゲージで検査する

　　a．切られたねじをねじゲージで、手で止まる所までねじ込み、ねじゲージの「切り欠き範囲（合格範囲）」に入れば合格です（図1・9・7）。

　　b．ねじゲージの切り欠き範囲に入っていない場合は、ダイヘッドのねじ微調整節つまみで（図1・9・13）ねじ径を調節し、新たにねじを切り直し、ねじゲージの切り欠き範囲に入れます。

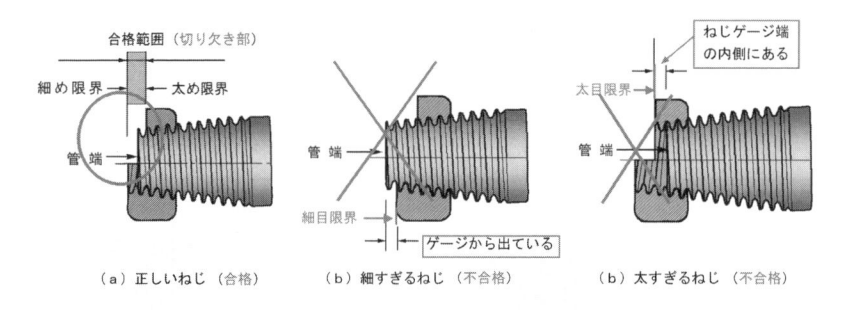

（a）正しいねじ（合格）　　（b）細すぎるねじ（不合格）　　（b）太すぎるねじ（不合格）

（作成：山岸龍生）

図1・9・7　ねじゲージの合格範囲

9・2・4　ハンマーチャック爪の点検

（1）ハンマーチャックの爪の先が欠けていないか、目で確認する。

　①ワイヤブラシで爪の先（図1・9・8）を掃除する、欠けている場合は、1セット（3ヶ）で交換します。

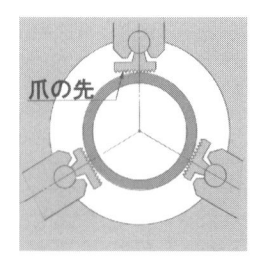

（作成：円山昌昭）

図1・9・8　爪の先

（2）爪の先の摩耗は、ねじを切り確認する。
　①ハンマーチャックで鋼管を正しく締め付け、ねじを切り、鋼管の爪あとに「すべり」（図1・9・9）がないか確認します。

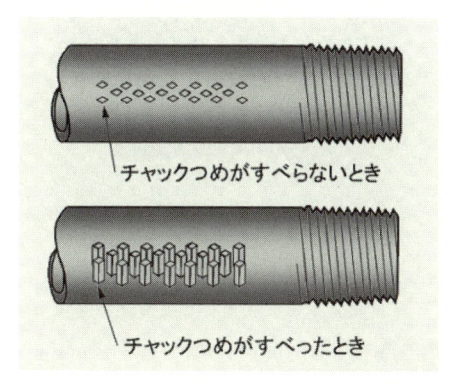

（作成：山岸龍生）

図1・9・9　チャック爪あと

a．「すべりがない」場合は爪の先は摩耗していません。
b．「すべり」がある」場合は、爪の刃先が摩耗しているので1セット(3ヶ)で交換します。

> 注意：チャックの構造はメーカーにより異なります、メーカーの取扱説明書を参照し、爪を取替えてください。

9・2・5　日常注油

　ねじ切り機は「回転している箇所」や「往復運動している箇所」には金属が使われています、それらの箇所に「油切れ」が発生すると金属が摩耗し、隙間（ガタつき）が大きくなります。その結果、ねじ切り機のねじ切り芯がずれ、「ざらついたねじ」が切れたり、「山欠けねじ」が生じたりします。

（1）受けパイプ上面に注油
　一日の作業を始める前に図1・9・10に示す、両側の受けパイプ上面に注油する（ねじ切り油またはスピンドル油、マシン油）。

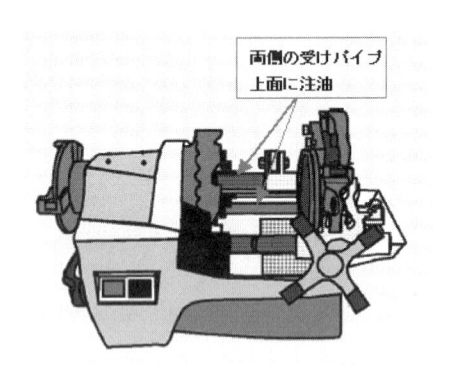

（作成：山岸龍生）

図1・9・10　受けパイプの注油

注意：
a．油は金属と金属の間に油膜を作り摩耗を抑え、ねじ切り機を安定した状態で長く使えるようにします。
b．往復台のガタつきが大きくなると、鋼管の管端にチェーザを食いつかせた時、面取が多角状になり、山欠けねじ、多角ねじが発生しやすくなります。

【知っておきたい豆知識！（16）】
バルブを「万力」で挟んで配管すべからず！
記：小岩井隆
絵：瀬谷昌男

　バルブ、特に「青銅製バルブ」では、「ねじ端部の角部」は、強度的に弱いので、決してバルブを「万力（vice・vise）」で挟んで、配管作業をしてはいけません。管を固定してから、必ずバルブをねじ込むようにしましょう！

9・2・6　ねじ切り機チェック表

以下の「ねじ切り機チェック表（1／3〜3／3）」は、事前点検、1ヶ月点検、3ヶ月点検に使用してください。

表1・9・3　ねじ切り機チェック表

ねじ切り機チェック表（1／3）　不良ねじを　作らない！！　使わない！！

機種名	
機器番号	
会社名	
所有者	
点検実施日	
メーカー名	
事業所名	
点検実施者	

検討　2011/02/23

	部位	項目	作業内容	機械の状態	チェック	処置（はいの場合）	コメント	参考：正常な状態	確認欄
1	モータ	絶縁性	電源コードのコンセント部でマシン本体の絶縁抵抗値を500メガテスターで測定する。	絶縁抵抗値が1MΩ未満である。	はい・いいえ	メーカー点検	絶縁測定が必要　異音の確認等で商品の消耗を事前確認	絶縁抵抗値1MΩ以上	
		回転状態	スイッチを入れ、30秒程度マシンを回転させて状態を確認する。	ガリガリ、ガラガラといった異常音がある。	はい・いいえ	メーカー点検		回転速度一定、回転音はほぼ一定である。	
				回転速度が一定でない。	はい・いいえ	メーカー点検			
				回転音が異常に高い。	はい・いいえ	メーカー点検			
	カーボンブラシ		3ヶ月に一度は2個のカーボンブラシの使用限度を確認し、摩耗していないか点検する。		はい・いいえ	カーボンブラシの交換	使用限度以上になると同時にはね返る場合あり、2個同時に摩耗する		
2	主軸部	メタルの摩耗	チャック部とスクロール部を持って上下、左右に軽く押す。	軸の遊び（ガタツキ）が異常に大きい。（ガタガタと音がする）	はい・いいえ	メーカー点検		若干の遊びがある。	
		スクロールの動き	スクロールを最小から最大まで、拡大を繰り返す。	最小のとき、3つのスクロールの先端が互いに接触した状態になっていない。	はい・いいえ	メーカー点検		最小のとき、3つのスクロールの先端が互いに接触する。最大のとき、爪の先端が主軸の内外径と同じになる。	
				スクロールがスムーズに動かない。	はい・いいえ	メーカー点検			
				スクロールが最大までいかず、途中で止まってしまう。	はい・いいえ	メーカー点検			
	チャック　爪あたりの摩耗		爪あたり（1.3mm）の突起の表面をワイヤーブラシで軽く磨き、表面の状態を確認する。	突起の先端が摩耗で減っている。	はい・いいえ	爪あたりの交換	爪あたりは消耗品です。爪の摩耗でパイプが滑ります	突起の先端が尖っている	
	チャック　爪あたり動き		爪あたりを手でつまんで軽く左右に倒してみる。	爪あたりにひっかかりが生じている。	はい・いいえ	爪あたりの交換		スムーズに動く	
				動かない、または動きにくい。	はい・いいえ	メーカー点検			
3	往復台	受けパイプ孔の摩耗	ダイヘッドを取外し、往復台の中心部にパイプを左右に軽く揺すってみる。	ガタガタ音が鳴るほとんに大きくつく。	はい・いいえ	メーカー点検	往復台の摩耗は、ダイヘッドの管への喰い付きが悪くない、偏心が多くなり左右上下に、ぶれや多くなり、つぶれの原因になります	若干の遊びがある	

（原案作成：大西規夫）

第1部 第9章 ねじ切り機の点検・整備

表1・9・4 ねじ切り機チェック表（2／3）

(2／3)

部位	項目	作業内容		機械の状態	チェック	処置（「はい」の場合）	コメント	参考：正常な状態
3 往復台（続き）	ダイヘッド受け溝の底面の摩耗	ダイヘッド受け溝の底面を確認する。		ダイヘッドとの接触面が摩耗して光沢がある。ダイヘッドの跡形が段差になって残っている。	はい・いいえ	継続使用可 メーカー点検	ごみや切粉がついていると溝が高くなるので確認すること	磨耗や段差がついていない
	往復台の動き	ハンドルを回わして、往復台を回復させ、途中で動きが重くなる。		両端まで到達せず、途中で動かなくなる。	はい・いいえ	メーカー点検	作業がしずらく多角になりやすい	スムーズに動く
4 切削油	切削油の劣化	ダイヘッドをセットし、スイッチを入れ、切削油の状態を確認する。		切削油が白濁している、煙が出る	はい・いいえ	切削油の交換	・刃物の寿命が極端に短くなる・ねじ仕上がりが悪い	切削油に光沢がある
5 （パイプカッタ）リーニング鋼管は使用禁止	カッタ受けの歪み	管チャックに固定し、管にカッタ刃を軽く当てた状態で管を数回回転させてから、管表面の傷の状態を確認する。		パッキンと、断続回転している。傷跡とが連続して傷がある部分がある。	はい・いいえ	カッタ刃の交換		連続的に油が出る カッタの傷あとが、ぴったりと1周ついている
	カッタ刃の欠け	カッタ刃の刃先を確認する。		小さな刃こぼれがある。刃が割れ刃欠けしている	はい・いいえ	継続使用可 カッタ刃の交換		刃割れや欠けがない
6 リーマ	リーマの摩耗	リーマの刃の部分をよく拭き、表面の状態を確認する。		ところどころに段差が生じている 刃が欠けている。	はい・いいえ	リーマ刃の交換	・野積の現場では使用しないが試用時に交換して下さい ・リーマ刃も再利用です、使いにくくなったら交換してください	段差がついていない
	リーマの欠け				はい・いいえ	リーマ刃の交換		
	リーマホルダの歪み	15Aの管を固定し、リーマを管先端に当ててみる。		リーマの先端が管の中に自ずと入らない。	はい・いいえ	メーカー点検	・リーマ芯の確認が必要	自ずとリーマが管の中に入る
7 ダイヘッド	切り上げレバーの作動	切り上げレバーを手で軽く押し上げる。管チャックに固定した状態で同時にカウンターの作動を確認する。		レバーが硬くて動きが鈍い。レバーが動かない。カウンターが回転しない。	はい・いいえ	メーカー点検 メーカー点検 メーカー点検	・ダイヘッドの動きが悪いとねじの長さやねじ山に影響します。	滑らかに作動する
8 ねじ切り作業	切削油の量	各サイズごとにねじ切りを行い、その状況を確認する。		ねじ切り中に煙が大量に発生する	はい・いいえ	切削油の追加	・左記の項目を確認できればねじの使用に助かります。	煙はほとんど発生しない
	外観	ねじの終了後、ねじの外観を確認する。		山ずれ・山めぶれ、多角ねじ、偏肉ねじ等の外観不良が有る。	はい・いいえ	メーカー点検		外観が良好である
	ねじ長さ	ねじの山数を数える。		規格値から外れている	別表1による	メーカー点検		規定値を満たしている
	基準径	リングゲージで確認する。		許容範囲から外れている		ねじ絞りの微調整		規定の範囲内にある

（原案作成 大西規夫）

第Ⅰ部　第9章　ねじ切り機の点検・整備

表1・9・5　ねじ切り機チェック表 (3/3)
別表1

		15A	20A	25A	32A	40A	50A	80A	100A
外観	偏肉ねじ	ある・ない	ある・ない	ある・ない	ある・ない	ある・ない	ある・ない	ある・ない	ある・ない
	多角ねじ	ある・ない	ある・ない	ある・ない	ある・ない	ある・ない	ある・ない	ある・ない	ある・ない
	山むしれ	ある・ない	ある・ない	ある・ない	ある・ない	ある・ない	ある・ない	ある・ない	ある・ない
	山の欠け	ある・ない	ある・ない	ある・ない	ある・ない	ある・ない	ある・ない	ある・ない	ある・ない
	山やせ	ある・ない	ある・ない	ある・ない	ある・ない	ある・ない	ある・ない	ある・ない	ある・ない
ねじ長さ	全ねじ山数※ (規格)	10.5山～11.5山	11山～12山	10.5山～11.5山	11.5山～12.5山	11.5山～12.5山	13.5山～14.5山	16山～16.5山	19.5～21.5山
基準径	リングゲージによる検査	合・否	合・否	合・否	合・否	合・否	合・否	合・否	合・否

※ 全ねじ山数は切りあがり部の不完全ねじ山も1山と数えます。
(参考)ねじの外観不良

	偏肉ねじ	多角ねじ	山欠け・山むしれ	山やせ
内容	管中心軸に対し、ねじ中心軸が偏ったねじ	ねじの円周上が角張っているねじ	ねじ山に欠けやむしれがあるねじ	基準の山形よりも、ねじ山がやせているねじ
外観	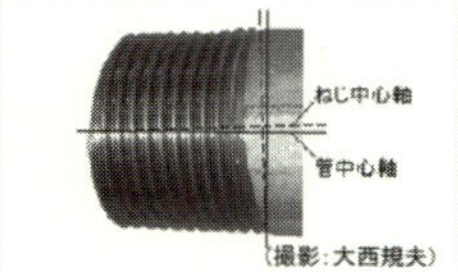 (撮影: 大西機末)	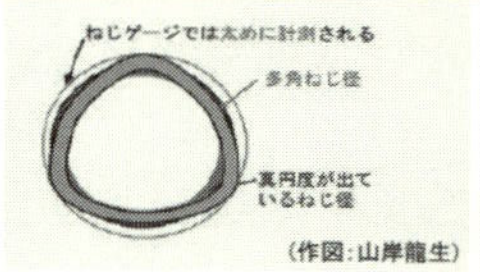 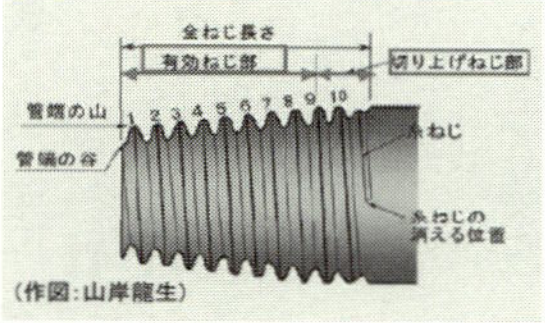 (作図: 山岸龍生)	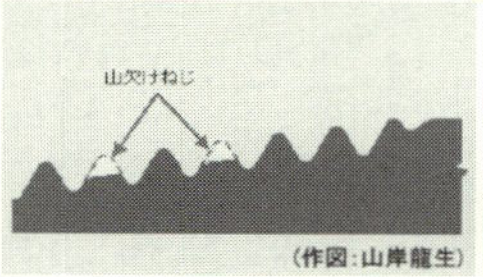 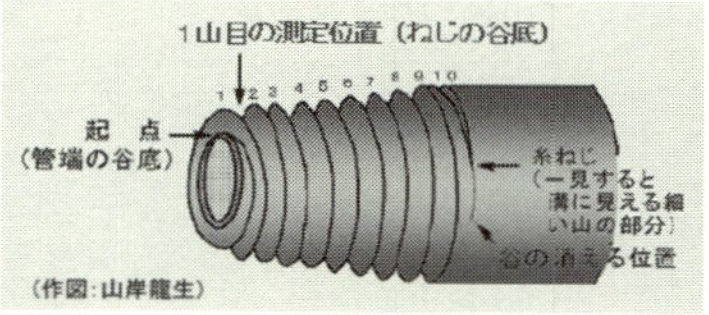 (作図: 山岸龍生)	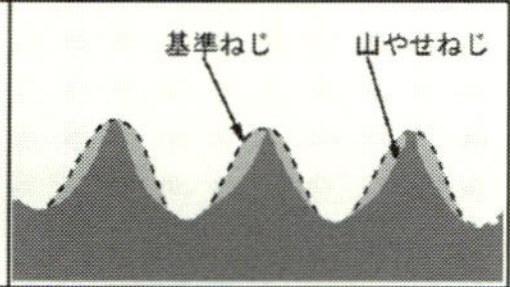 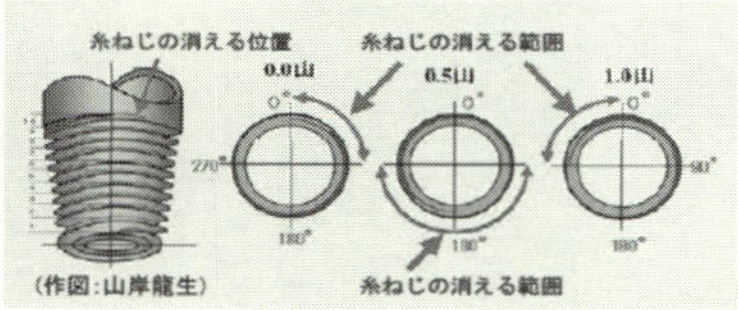 (作図: 山岸龍生)

(参考)ねじ山の合格範囲

	測定開始点	糸ねじ部の山数
	1山目の測定位置 (ねじの谷部) 起 点 (管端の合端) (作図: 山岸龍生)	糸ねじの消える位置 (作図: 山岸龍生)

【知っておきたい豆知識！（17）】

メントラーズの開発

記：安藤紀雄
絵：瀬谷昌男

　小生が、かつて「空気調和・衛生工学会」の代表委員として、「フランジJIS規格改定委員会」に出席していた時、某フランジメーカの副社長（当時）に遭遇した。その際、小生は、"フランジメーカーが現在製造販売している「亜鉛メッキ溶接用ペアフランジ」は、配管溶接工の健康状態を少しも考慮していない。"と文句をいったのである。

　そして、溶接フランジに配管を「隅肉溶接」する際に生じる「亜鉛フューム」を溶接工が吸引するのを極力少なくするためにフランジ面の「隅肉溶接部分」を薄く削って、市場投入して欲しいと要望した。

　しかも、「加工費」を上乗せせず「現状価格」で、切削生地面に「防錆油」を塗布して、市場投入すればきっと「ヒット商品」になること間違いなしと言って・・・。

　そして、これが以降「亜鉛めっき溶接フランジ」の標準品となった、「メントラーズ誕生」のきっかけとなった。この商品名：「メントラーズ（面取らず）」の名付け親となったのは、もちろん、当時髙砂熱学工業（株）の「施工技術センター長」をしていた小生なのである。

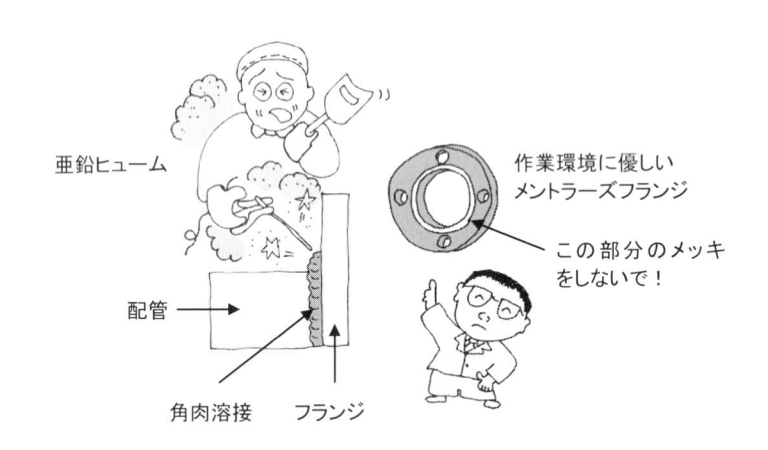

亜鉛ヒューム

配管

角肉溶接　フランジ

作業環境に優しい
メントラーズフランジ

この部分のメッキ
をしないで！

9・3　1ヶ月点検

　月に一度、次の事項を点検、整備すると、ねじ切り機を安定した状態でねじが加工できます。

9・3・1　ハンマーチャックの点検

　ハンマーチャックの締付けボルト（図1・9・12）がゆるんでいないか点検します。

注意：ねじがゆるむとねじ切り時に鋼管が大きく振れ、多角ねじ等の不良ねじが切れます。

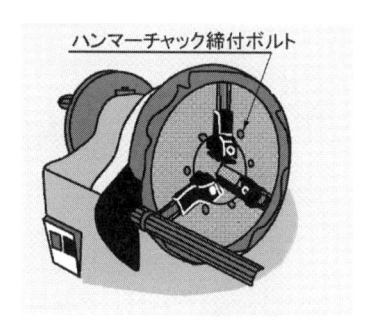

（作成：山岸龍生）

図1・9・12　締付ボルトの点検

9・3・2　自動切上げダイヘッドの点検

（1）固定六角ボルトの点検

　図1・9・13の固定六角ボルトがゆるんでいないか点検します。

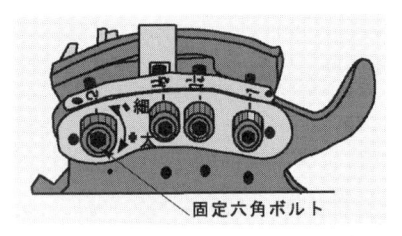

(作成：山岸龍生)

図1・9・13　ねじ径微調整ボルトの点検

(2) レバー当りボルトの点検

　レバー当りボルト(図1・9・14)がゆるんでいないか点検します。

注意：ボルトがゆるむと、切られたねじが長くなったり、ねじ径が変化したりします。

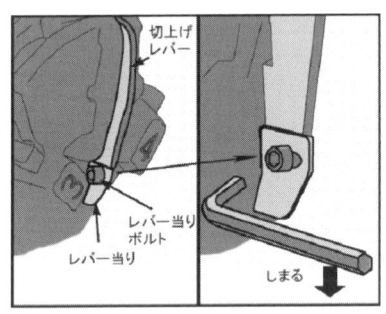

(作図：山岸龍生)

図1・9・14　レバー当たりボルトの点検

9・3・3　オイルタンクの掃除

(1) オイルタンク（図1・9・15）の切粉受、タンク上蓋の掃除。

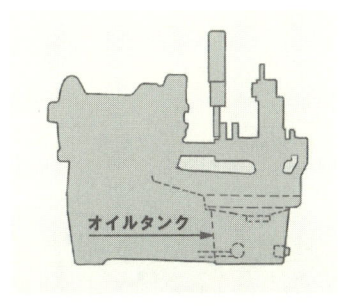

(作図：円山昌昭)

図1・9・15　オイルタンク

（2）オイルタンク内の掃除（図1・9・16）。

①オイルタンクのねじ切り油を抜く(ドレンプラグを外す、または他の方法で油を抜く)。

②オイルタンクの「切粉」「ヘドロ状の金属粉」をマグネットまたはウエスで掃除する。

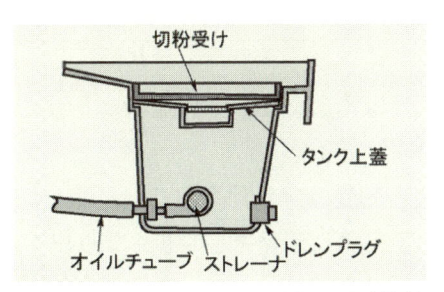

(作図：山岸龍生)

図1・9・16　オイルタンクの掃除

> 注意：オイルタンクを掃除しないと、ダイヘッドから出る油が少なくなり、その結果チェーザ刃先の摩耗が早くなり「ざらついたねじ」「山欠けねじ」が切れます。

9・4　3ヶ月点検

9・4・1　主軸台の軸受けに注油

（1）主軸台に注油口のあるねじ切り機は、「スピンドル油」を注油する（図1・9・17）。

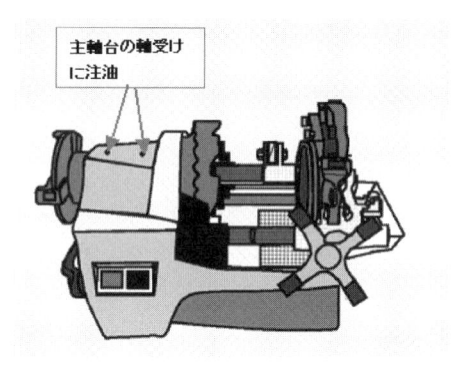

（作図：山岸龍生）

図1・9・17　主軸台の注油

（2）主軸台にグリスニップルのあるねじ切り機は、グリスポンプでグリスを注入する。

注意：
a．主軸台の軸受はねじ切り時に管をなめらかに回転させる重要な箇所です。
油が切れると軸受の摩耗が早くなり、ねじ切り芯が下がり、ねじを切ると不良ねじが発生しやすくなります。
b．注油箇所、注油方法はメーカーにより軸受構造が異なる場合があります。
取扱説明書を参照してください。

9・4・2　カーボンブラシの点検

80Aまでのねじ切り機は一般に「シリース・モータ」が使用されており、カーボンブラシが2個装着されています。また、カーボンブラシは「オートストップ付」と「オートストップ無し」の2種類がありますが、どちらも消耗品です。

「コンデンサ・モータ」が使用されているねじ切り機は（100A、150Aを切る

大口径ねじ切り機に多い)、カーボンブラシが付いていませんので、交換は不要です。
（1）オートストップ付カーボンブラシの時
　カーボンブラシが使用限度まで摩耗するとシリース・モータは自動的に止まります、そのためカーボンブラシの予備の準備が必要です。
　カーボンブラシの交換は、2個同時に交換します。
（2）オートストップの付いていないカーボンブラシの時
　3ヶ月に一度は2個のカーボブラシが使用限度まで（図1・9・18）摩耗していないか点検し、1個でも摩耗していれば、必ず2個同時に交換する。

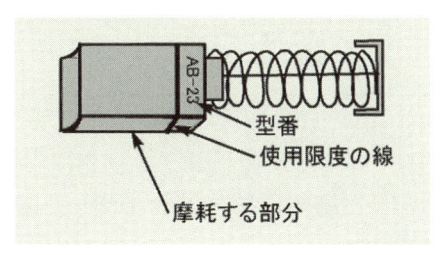

（作成：山岸龍生）

図1・9・18　カーボンブラシの使用限度

注意：
　a．「ねじ切り機に使用されているモータの種類」「シリース・モータに使用されているカーボンブラシ種類」はメーカーの取扱説明書で確認してください。
　b．カーボンブラシの取外し方は、メーカーの取扱説明書を参照してください。
　c．カーボンブラシは使用限度を超えて使用するとカーボンブラシとの回転部が焼け、モータが回転しなくなり、モータの交換が必要になります。
　d．カーボンブラシの交換は2個同時に交換し、カーボンブラシがブラシホール内を前後に「軽く動くか」必ず確認してください。
　e．カーボンブラシの摩耗は、「ねじ切り口数が多い時」「ねじ切りサイズが大きい時」に早くなります。

9・5 緊急点検

次の様な時は必ずねじ切り機メーカーで点検を受けてください。

① ねじ切り中に「ダイヘッド」がチャックに衝突した。

② ねじ切り中に「往復台」が主軸台に衝突した。

③ スイッチを入れると異常音がする。

④ ダイヘッドが往復台に取り付けられない。

⑤ 自動切上げダイヘッドが切り上がらない。

⑥ チェーザを取り換えても不良ねじが切れる。

（多角ねじ、山やせねじ、山欠けねじ、編肉ねじ等）

⑦ 切られたねじのテーパが極端にゆるい。

> 注意：
> a．ねじ切り中にダイヘッドがチャックに衝突した場合や往復台が主軸台に衝突した場合は、衝突した時の力は「ダイヘッドとチェーザ」で受けるため、ダイヘッド部品が壊れたり、チェーザの刃先が欠けたりします、また、切っている「ねじ」がつぶれる場合もあります。
> b．衝突した後チェーザを交換し、ねじを切り「9・5 緊急点検、④⑤⑥⑦」のような現象は、ダイヘッド部品が壊れています。

9・6 指詰め事故に注意

① 手袋の使用禁止（労働安全衛生規則 第111条で規定されています）。

② 回転中に回転部に触れないこと。

③ できるだけ、指詰め事故対策のねじ切り機を使用すること。

【知っておきたい豆知識！（18）】
国際技能五輪における配管職種

記：安藤紀雄
絵：瀬谷昌男

　現在でも、「ユニバーサル技能五輪大会（通称：技能オリンピック大会）」が2年に一度の割合で、世界各国で「持ち回り開催」されている。

　その競技種目は、多種多様であるが、小生はたまたま、配管工事に関する知識があり、かつ英語が話せるという理由で、2007年（平成19年）11月に日本の静岡県沼津市で開催された「第39回技能オリンピック」の「配管種目（Plumbing）（参加国：23ヶ国）」の「WSSV（Work Shop Super Visor）」として参画することになった。「WSSV」とは、端的にいうと「競技種目会場」の「会場設営係および競技材料調達係」であり、そのために第38回大会の開催された「フィンランド：ヘルシンキ大会」の視察にも出かけた。

　この「配管」というと、皆さんはすぐに「Piping」という英語訳を思い出すであろうが、ここはあくまで「Plumbing」と訳されている。その理由は、この競技種目の内容が、「衛生設備用配管」の競技だからである。

　かっては、「衛生設備配管材料」には、もっぱら「鉛管（plumb pipe）」が多用されたので、「Plumber」には、「（ガス・スチーム・上下水道の）配管工・鉛管工・水道業者」という訳があり、「Plumbing」には、「鉛管工事」・「配管工事」という訳が与えられている。

　ところで、沼津で開催された「第39回技能オリンピック」では、まさか！というような、数々の「エピソード・ハプニング」にも遭遇したが、ここでは紙面の都合上、その紹介を割愛せざるを得ないのは残念である。

　ただし、配管競技種目では、韓国選手が「金メダル」、日本の遠間潔寿選手（千代田設備）が「銀メダル」を獲得し、日本に取っては、1975年（昭和50年）の第22回技能五輪国際大会（スペイン）での銅メダル獲得以来、32年ぶりの快挙であったことだけを付記しておきたい。

ユニバーサル技能五輪大会
（2007年 NUMAZU.SHIZUOKA）

Confectioner　Ladies' Hairdressing

Plumbing　Plastering

おめでとう！
配管競技種目で
銀メダル

Work Shop Supervisor Norio Andoh

第Ⅰ部　第10章　寸法取り（管の切断長さの決定）

10・1　鋼管長さ寸法の呼び方

　配管を図面や現場に忠実に組み立てるには正確な長さに管を切断し、規格通りのねじを加工して組み立てなければなりません。

　一般に、配管施工図に記入されている管の長さ寸法は、管の中芯線と管の中芯線寸法を示し、これを「芯々(シンシン)寸法」といいます。

　それに対し、ねじ加工する管の寸法は、管端から管端までの寸法をいい、これを「先々(サキザキ)寸法」といいます（図1・10・1）。

図1・10・1　寸法の呼び方とZ記号

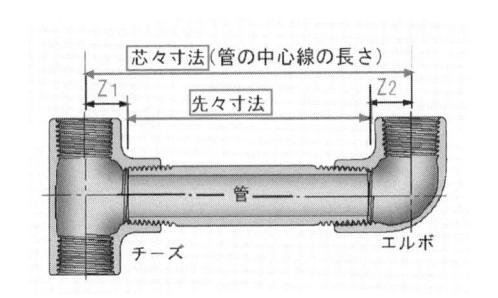

10・2　「先々寸法」の求め方

　「芯々寸法」から「先々寸法」を求めるには、管継手のZ_1、Z_2寸法を引いた長さにしなければなりません（図1・10・1）。

　Z寸法は、抜き寸法ともいいますZ寸法は、「管継手の芯より管継手の端面までの寸法（A、B、C）」（図1・10・3）から「おねじの標準ねじ込み長さ(ℓs)」を引くことにより求められます。

　図1・10・2の図中、および、$A-\ell s=Z$は、A、B、Cの代表としてのAを表します。

　　$\boxed{A-\ell s=Z}$　「芯々寸法」－(Z_1+Z_2)＝「先々寸法」

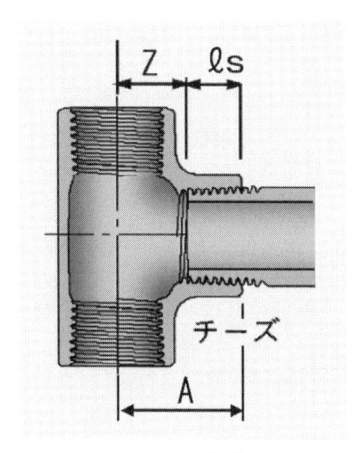

(作成：山岸龍生)

図1・10・2　管継手の長さ記号

10・2・1　おねじの標準ねじ込み長さ（ℓs）

　おねじの標準ねじ込み長さは、各管径について1種類しかありませんので、覚えるか、表を持参するようにしてください。

表1・10・1　おねじの標準ねじ込み長さ（ℓs）　　　　　　　　　　（単位mm）

管の呼び径（A）　　mm	15	20	25	32	40	50
管継手の呼び（B）インチ	1/2	3/4	1	1 1/4	1 1/2	2
おねじの標準ねじ込み長さ　ℓs	11	12	14	16	16	21

注：「おねじ」は、十分に調整されたねじ切り機で加工し、加工後、「ねじゲージ」で測定し、規格通りのねじであることを確認後、使用することが大事です。
　　規格通りでないとℓs値も変わってきます。

10・2・2　管継手の芯から端面までの長さ：A・B・C

（1）JIS B 2301での記号

　JIS B 2301「ねじ込み式可鍛鋳鉄管継手」に基づくA・B・Cは、下記の通りです。

付表 2　Ｉ形のエルボ、めすおすエルボ（ストリートエルボ）、45°エルボ及び
　　　45°めすおすエルボ（45°ストリートエルボ）

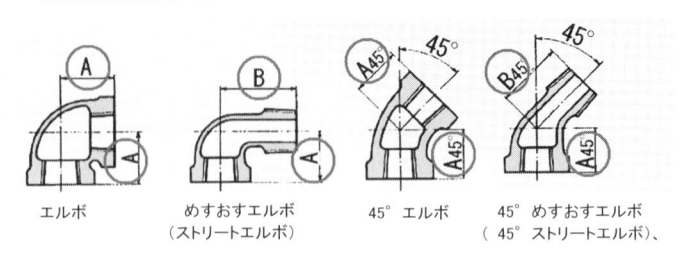

エルボ　　　　　めすおすエルボ　　　　45°エルボ　　　45°めすおすエルボ
　　　　　　　（ストリートエルボ）　　　　　　　　　　（45°ストリートエルボ）、

付表 5　Ｉ形の径違いT（枝径だけ異なるもの）　　付表 3　Ｉ形の径違いエルボ及びめすおすエルボ
　　　（45°ストリートエルボ）

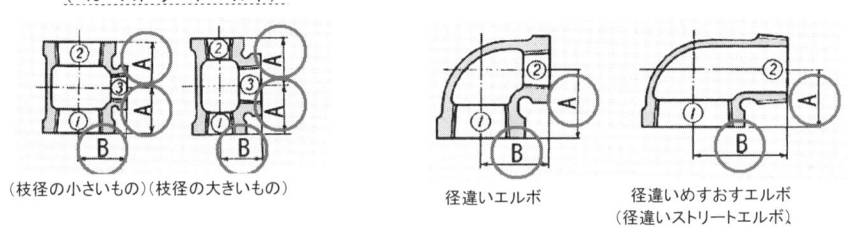

（枝径の小さいもの）（枝径の大きいもの）　　　径違いエルボ　　　　径違いめすおすエルボ
　　　　　　　　　　　　　　　　　　　　　　　　　　　　　　　（径違いストリートエルボ）

付表 6　Ｉ形の径違いT（通しの異なるもの）及び径違いおすめすT（径違いサービスT）

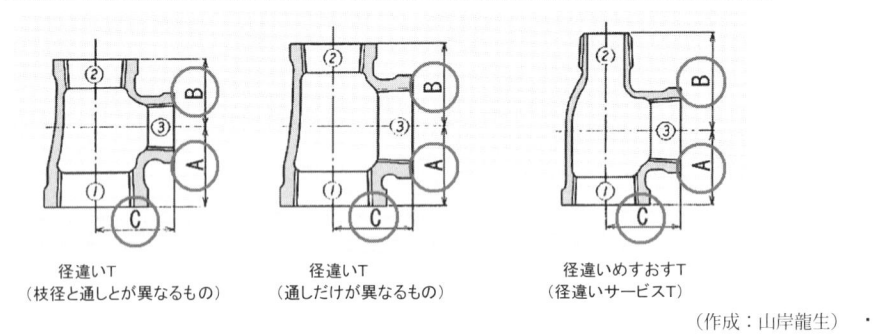

径違いT　　　　　　　径違いT　　　　　径違いめすおすT
（枝径と通しとが異なるもの）　（通しだけが異なるもの）　（径違いサービスT）

(作成：山岸龍生)

図１・10・３　ねじ込み式可鍛鋳鉄管継手　JIS B 2301：2004

（２）管継手を実測する

　図１・10・４、５に示すようにスケールを管継手に当て計測してください。

　管継手の中心にはメーカーの刻印か、サイズの刻印がありますのでそれを目安にすると良いでしょう。異径管継手の場合は、スケールが中空に浮いてしまいますが、スケールの真上から見ると正確に読みとれます。スコヤまたは、差し金（か

ねじゃく曲尺）を使用するとより正確に計測できます（図1・10・4(b)）。

①同径管継手の場合（図1・10・4）

　管継手が同径であれば全長を計測して1／2にすると良いでしょう。

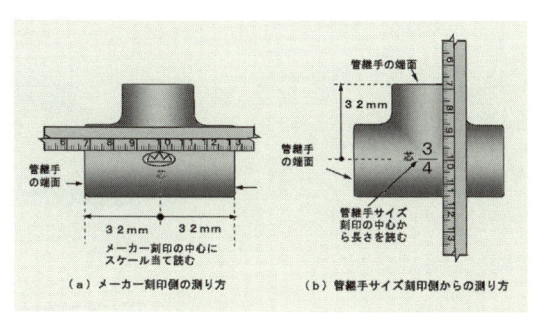

（作成：山岸龍生）

図1・10・4　同径管継手実測の方法

②異径管継手の場合（図1・10・5）

　図1・10・5(c)異径管継手の場合に示すように、端面と端面の中心に線を引き、それぞれのＺを求めます。

③45°エルボの場合（図1・10・6）

　45°エルボの場合は、図1・10・6のように測定します。

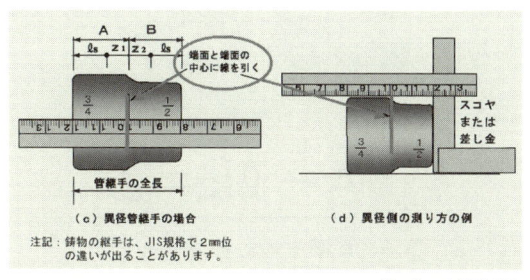

（作成：山岸龍生）　　　　　　　　　（作成：山岸龍生）

図1・10・5　異径管継手実測の方法　　図1・10・6　45°エルボ

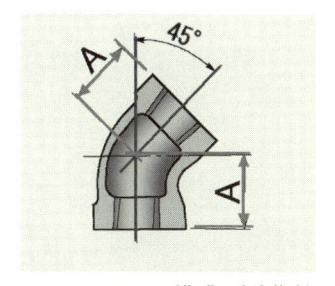

※管継手メーカーのカタログ・技術資料を見る

　一般に、管継手メーカーのカタログ・技術資料にＺ数字（メーカーによってはＡ等と記載されている場合があります）で掲載されています。

管継手の呼びの順番

1. チーズの呼びの順番

　一般に右図①②③の順番で呼びます。「3/4×3/4×1/2」のチーズ、または、「3/4の通しで枝が1/2」のチーズなどと、一番太い基準となる呼びを一番はじめに呼びます。

2. 「通り」と「枝」

　右図①②を「通り」といいます。
　③を「枝」と呼びます。

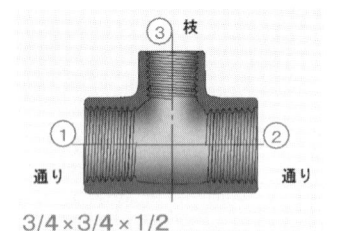

3/4×3/4×1/2

（作成：山岸龍生）

図1・10・7　管継手の呼びの順番

(3) エルボ、チーズとその他管継手の求め方例

　①90°エルボの場合の計測

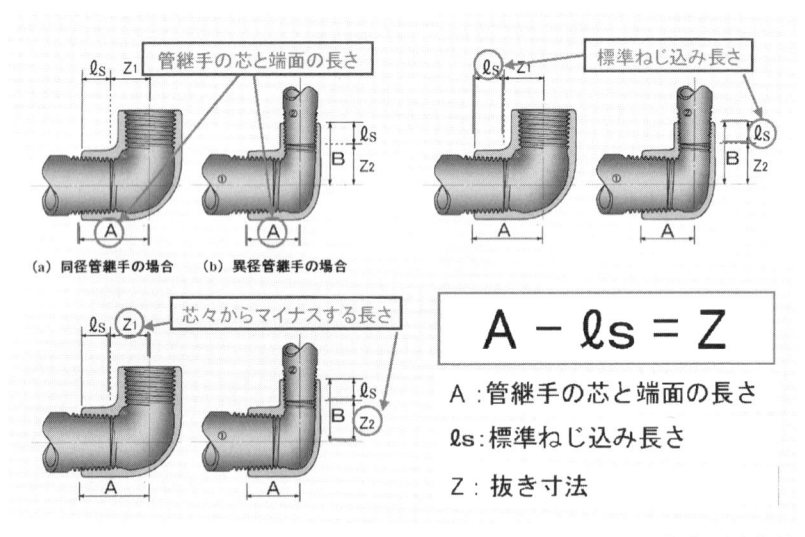

$$A - \ell s = Z$$

A：管継手の芯と端面の長さ
ℓs：標準ねじ込み長さ
Z：抜き寸法

(a) 同径管継手の場合　　(b) 異径管継手の場合

（作成：山岸龍生）

図1・10・8　エルボのZ寸法の求め方

②チーズの場合の計測

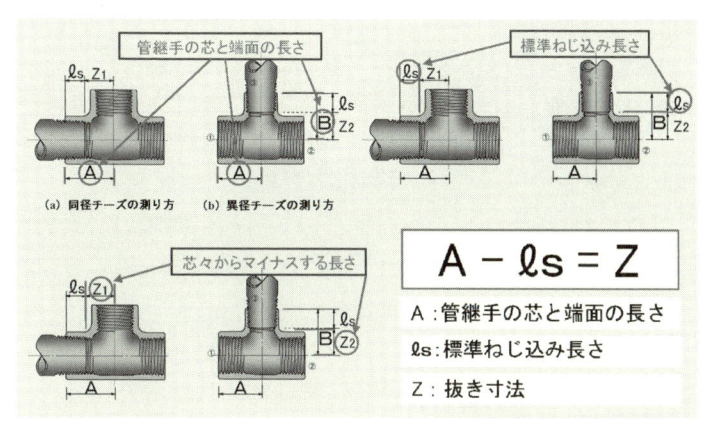

図1・10・9　チーズのZ寸法の求め方

$$A - \ell_s = Z$$

A：管継手の芯と端面の長さ
ℓ_s：標準ねじ込み長さ
Z：抜き寸法

（作成：山岸龍生）

③その他管継手の場合

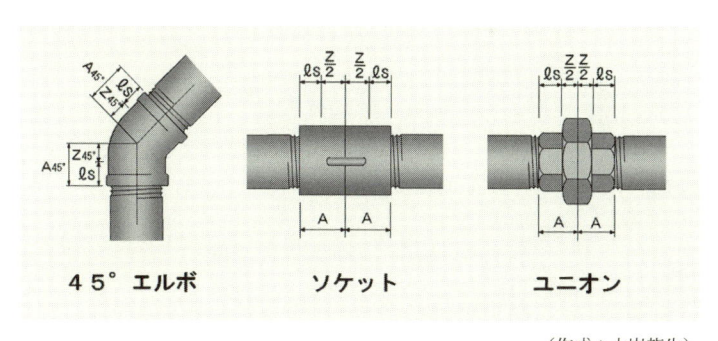

図1・10・10　その他のZ寸法の求め方

（作成：山岸龍生）

10・2・3　「先々寸法」の求め方例

図1・10・11に示す20Aの芯々長さ300mmの配管の先々寸法Lを求める。

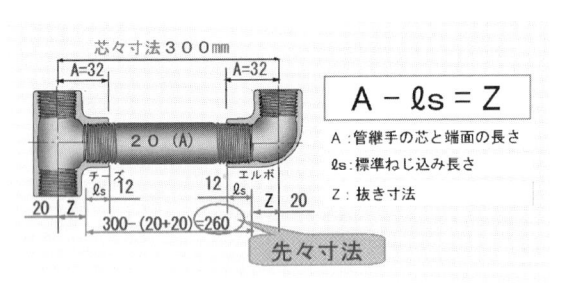

第Ⅰ部　第10章　寸法取り（管の切断長さの決定）

$$A - \ell s = Z$$

A：管継手の芯と端面の長さ
ℓs：標準ねじ込み長さ
Z：抜き寸法

（作成：山岸龍生）

図1・10・11　先々寸法Lを求める

解説

①「管継手の芯と端面の長さ：A」は、図1・10・4(b)のように32mmになります。

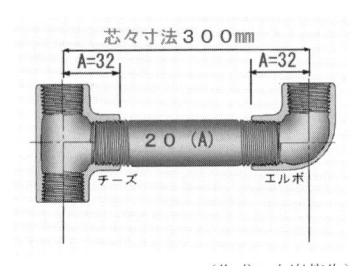

（作成：山岸龍生）

図1・10・12　管継手の芯と端面の長さ：A

②「標準ねじ込み長さ：ℓs」は、表1・10・1より12mmです。

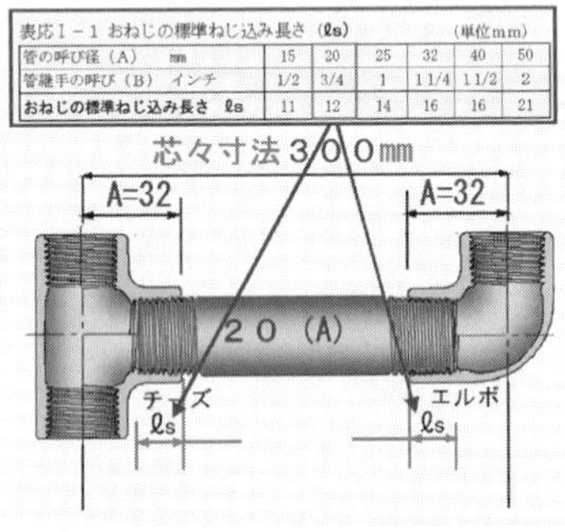

（作成：山岸龍生）

図1・10・13　標準ねじ込み長さ：ℓs

③片側の「抜き寸法：Z」は、32mm－12mm＝20mmになります。エルボ側の管継手

端面までの長さは、チーズと同じで32mmですから「おねじの標準ねじ込み長さ12mmをマイナスすると」20mmになります。

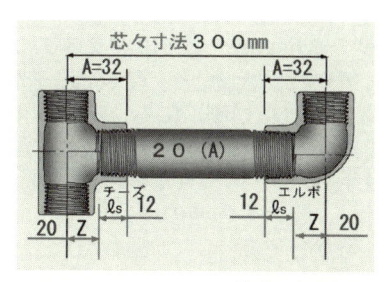

(作成：山岸龍生)

図1・10・14　抜き寸法：Z

④異径の管継手との組合せがありますので、必ず片側ずつ「抜き寸法」を計算してください。

よって、切断長さLは、300mm－(20mm＋20mm)＝260mmになります。

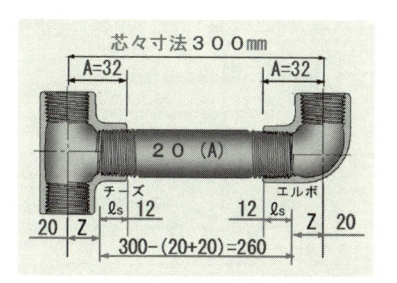

(作成：山岸龍生)

図1・10・15　抜き寸法

【知っておきたい豆知識！(19)】

ねじ配管のねじ残り山管理

記：安藤紀雄
絵：瀬谷昌男

　かつて、ねじ配管の「適正ねじ込み具合」を示す用語として、「ねじの残り山管理」という用語がまかり通っていた時代がある。これは、配管をねじ込む場合に、「ねじの残り山」を目途に「適正ねじこみ量」を判断しようという、「ねじ込み具合の管理指標」であった。

　この考え方は、一見"理がある"ように見えるのだが、実は配管のプロから言わせると、"とんでもない代物"なのである。その理由は、配管口径（雄ねじ側）にも、配管継手（雌ねじ側）にも、ある程度の公差が認められているからである。たまたま、現場に標準より「太めの配管」と、標準より「細目のサイズの雌ねじ継手」が持ち込まれた場合、「標準残り山」の場合より「ねじ残り山数」が多くなり、またその逆の場合、「ねじの残り山」は皆無になってしまうことも生じるからである。（下図参照）

　「ねじ込み作業」は、「ねじ込みトルク管理」をすべきであるが、実用的でない。したがって、我々は、手でねじ込んで行き（これを「手締め」という）、これ以上ねじ込めなくなった状態で、「パイプレンチ（パイレン）」を使用し、さらに「二山」か「二山半」程度ねじ込むというのが常識になっている。「ねじ込みの残り山管理」というのは、聞こえはいいが、あくまで「絵に描いた餅」なのである。

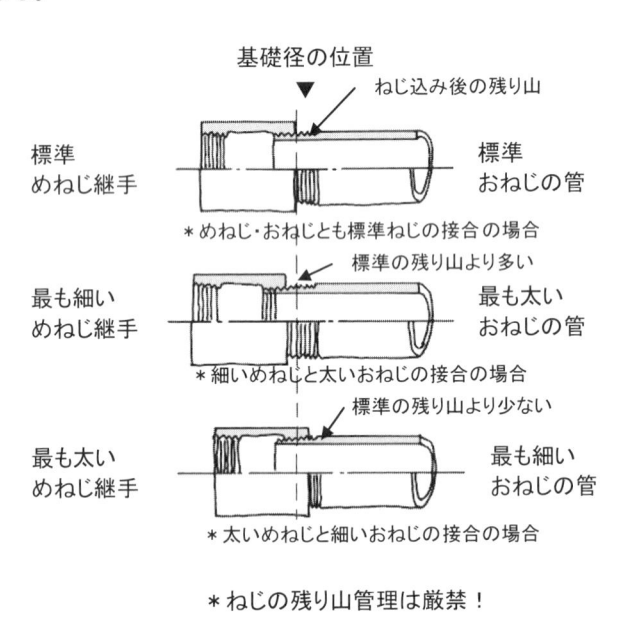

＊めねじ・おねじとも標準ねじの接合の場合

＊細いめねじと太いおねじの接合の場合

＊太いめねじと細いおねじの接合の場合

＊ねじの残り山管理は厳禁！

第Ⅰ部　第11章　技能確認試験

今まで勉強してきたことを基に、下記にて配管組立て技能確認試験を行うことが出来ます。

11・1　A案 組立作業
11・1・1　組立て図

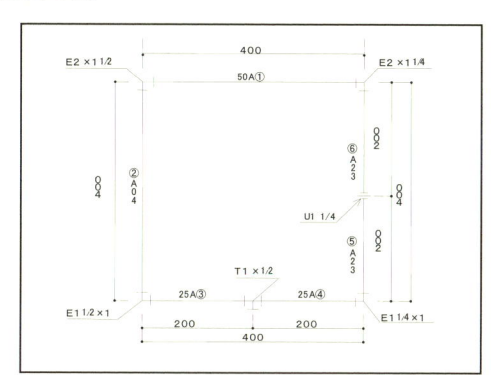

図1・11・1　技能確認用簡易ループ配管図

表1・11・1　管部材加工表　　　　　　　　　　　　　　　　　　単位(mm)

管部材	管継手の呼び	A*2	ねじ込長さℓs	Z1, Z2*3	先々寸法の計算*1	先々寸法
50A①	E 2×1 1/4	48	21	27	400-(31+27)	342
	E 2×1 1/2	52	21	31		
40A②		55	16	39	400-(39+25)	336
	E 1 1/2	41	16	25		
25A③	×1	45	14	31	200-(31+18)	151
	T 1	32	14	18		
25A④	T 1	32	14	18	200-(18+28)	154
	E 1	42	14	28		
32A⑤	×1 1/4	40	16	24	200-(24+14)	162
	U 1 1/4	30	16	14		
32A⑥	U 1 1/4	31	16	15	200-(15+38)	147
		54	16	38		
		48	21			

＊1　先々寸法(切断寸法)の計算＝芯々寸法－(Z1+Z2)寸法（図1・10・1参照）
＊2　A：管継手芯から管継手端面までの長さ（A＝Z+ℓs、図1・10・2参照）
＊3　Z1、Z2：抜き寸法(芯々寸法からマイナスする長さ)
　　（Z＝A－ℓs、図1・10・2参照）

11・1・2　組立て手順
（1）その1

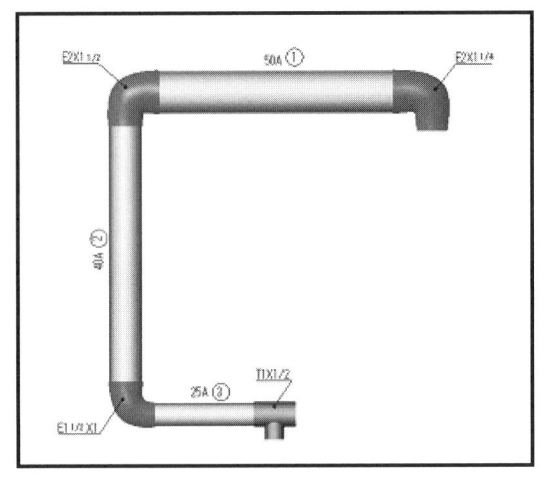

図1・11・2　技能確認用簡易ループ配管組立て手順図　その1

（2）その2

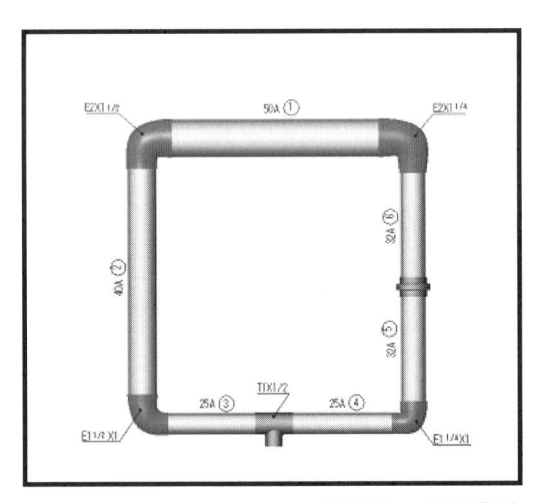

図1・11・3　技能確認用簡易ループ配管組立て手順図　その2

11・1・3 組立て用部材、消耗品・機器類表

表1・11・2 技能検定用ループ配管組立て部材用

（1セット当りの数量）

名　　称	記号	仕　様	数量	単位
配管用炭素鋼鋼管 （白ガス管）	SGP	50A	0.4	m
		40A	0.4	m
		32A	0.4	m
		25A	0.4	m

配管用ねじ込み管継手類 （可鍛鋳鉄製） 異径90°エルボ	E	2'×1 1/2'	1	ヶ
		2"×1 1/4'	1	ヶ
		1 1/2'×1'	1	ヶ
		1 1/4'×1'	1	ヶ
チーズ	T	1'×1/2'	1	ヶ
ユニオン	U	1 1/4'	1	ヶ

機器・工具・消耗品

液状ガスケット（一般用で可）		1	缶
シールテープ		1	巻
自動切上げねじ切り機	50Aまで	1	台
パイプ切断機		1	台
パイプレンチ	(600mm)	2	丁
	(300mm)	1	丁
万力台		1	台
水圧テスト用具		1	式

11・1・4 組立作業の結果確認（判定試験）

（1）衝撃試験

　組立てが完了したら、肩より上に水平に持ち上げ、床に落とし、落下試験（物理的衝撃試験）を行います。

　その後、ガタツキ検査（局所衝撃および曲げ応力試験）を行い、ねじのゆるみおよび大きな変形が無いことを確認し、修正が必要な場合は、再度パイプレンチにより増し締め等を行います。

（2）水張り

　落下試験で異常のないことを確認後、本作品に空気抜き用管継手がないため、チーズを上にして立て、そこからホースで満水になるまで注水します（満水になることにより、空気抜きが完了されたことになります）。

(3) 圧力試験

満水になったら水圧ポンプと接続して所定の圧力（一般に1.75MPa）まで加圧します。その後、接合部より漏水がなければ判定試験を合格とします。

なお、漏水が発見されたら圧力を開放後、配管内の水を抜き、配管をねじ切りからやり直し再度圧力試験を行います。

11・2　B案 組立作業
11・2・1　組立て図

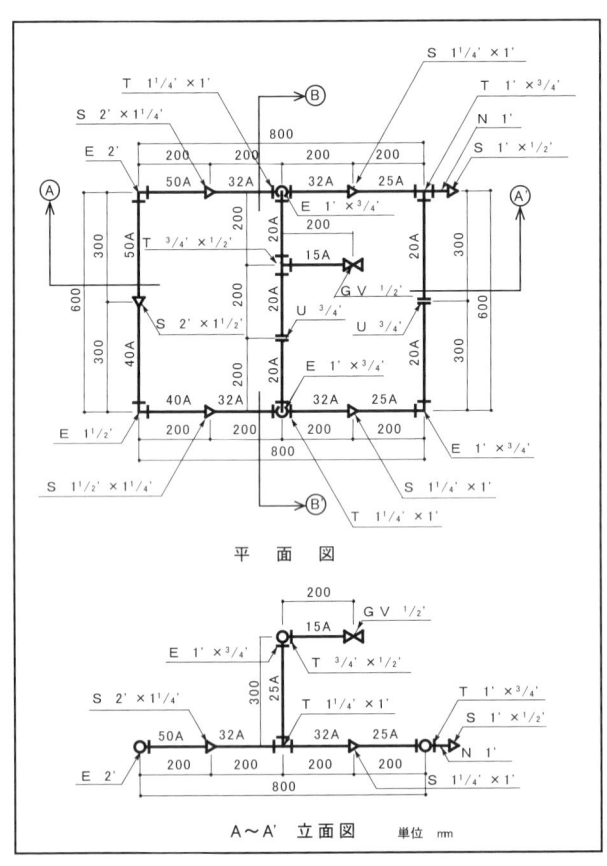

図1・11・4　技能確認試験用ループ配管図　その1

図1・11・5　技能確認試験用ループ配管図　その2

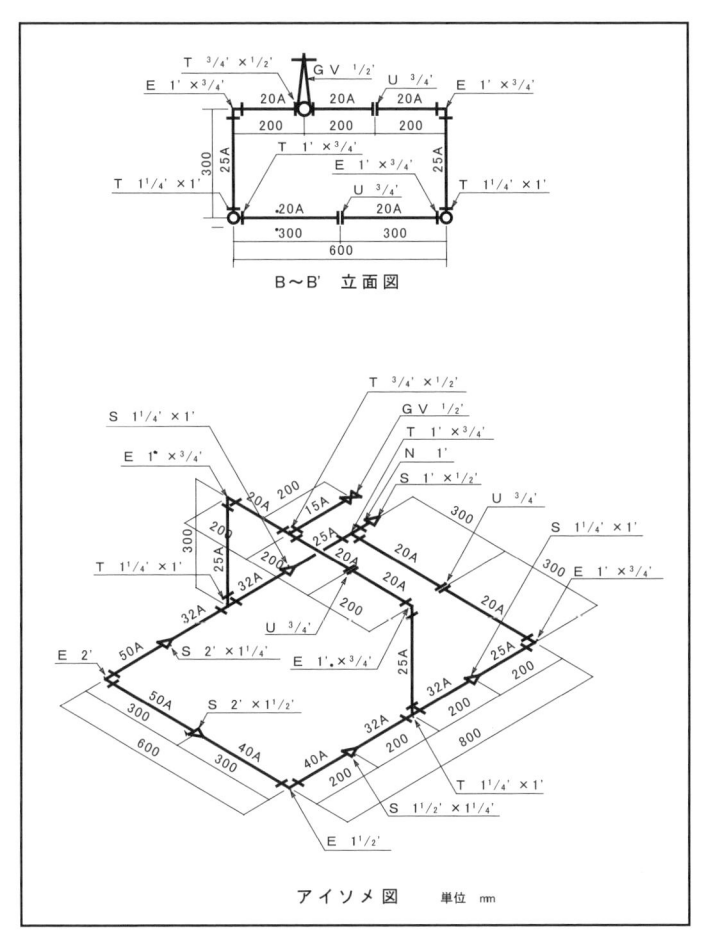

【知っておきたい豆知識！（20）】

チントンとパイレン

記：安藤紀雄
絵：瀬谷昌男

　日本では、現在「50A 以下」の配管は「ねじ接合」、「65A 以上」の配管は「溶接接合」を採用するというのが、一般的になっている。

　しかしながら、かつては衛生設備工事などでは、「雨樋配管」などの衛生設備配管に含まれていたこともあり、「消火栓設備」などでも、100A・150A といった「太物配管」は、「ねじ接合」を採用するケースが多々あった。

　このような太物ねじ配管のねじ込み作業をする際に不可欠な「ツール（道具）」が、実は首記の職人用語の「チントン」や「パイレン」であった。

　主に、「大口径配管」のねじ込み作業に使用されるのが「チントン」であり、「小口径配管」のねじ込み作業に使用されるのが「パイレン」である。

　この「チントン」とは、正式には英語の「チェイン・トン（Chain Tongue）」に由来し、直訳すると「鎖の舌ベロ」という意味である。

　また、「パイレン」とは、正式には英語の「パイプ・レンチ（Pipe Wrench）」の略称である。現場巡回に出かけ、職人の配管作業をみていると、"監督さん！そこの「パイレン」を取ってくれ！そこの「チントン」を取ってくれ！"と職人からよく声を掛けられたことがあるが、現場監督駆け出し時代は、この言葉に小生、全く"チンプンカンプン"だった。

　その他に、「ラジエータバルブ」や「FCU バルブ」などの、機器用バルブにキズを付けないように使用するものに、「イギリス」があるが、これはまた、「イギリス・スパナ（inglez spanner）」の略称である。

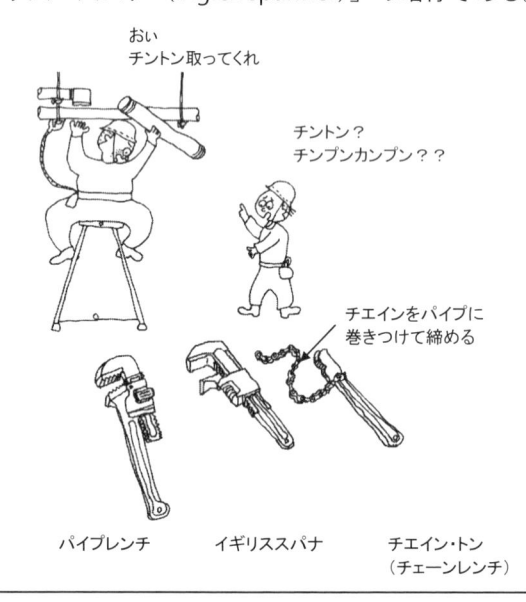

おい
チントン取ってくれ

チントン？
チンプンカンプン？？

チエインをパイプに
巻きつけて締める

パイプレンチ　　イギリススパナ　　チエイン・トン
　　　　　　　　　　　　　　　　（チェーンレンチ）

11・2・2　組立て手順

（1）その1

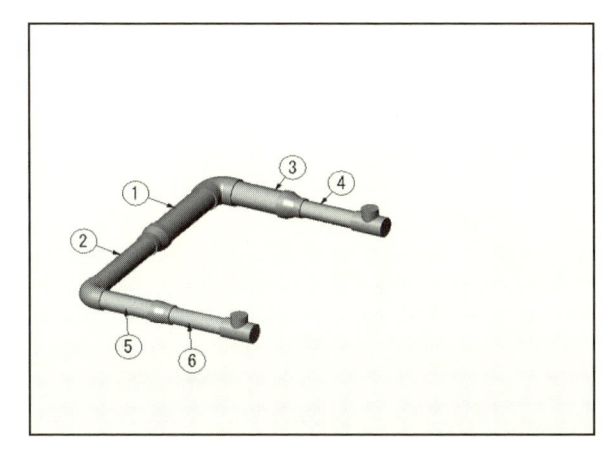

(作成：レッキス工業㈱)

図1・11・6　技能確認・検定用ループ配管組立て手順図　その1

（2）その2

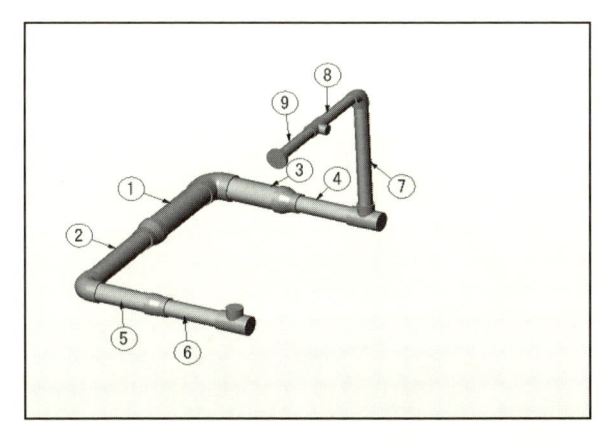

(作成：レッキス工業㈱)

図1・11・7　技能確認・検定用ループ配管組立て手順図　その2

（3）その3

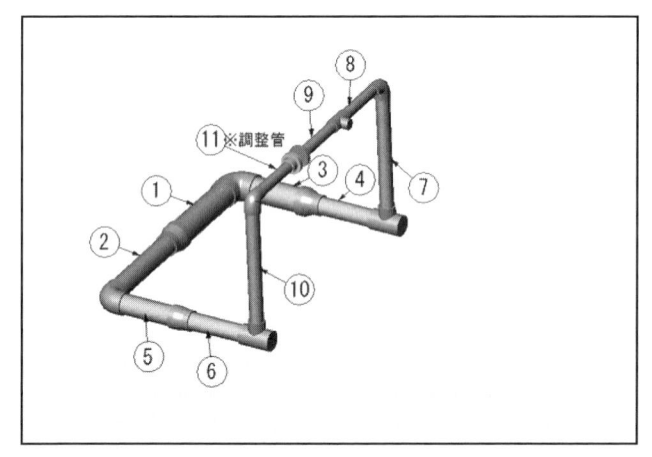

図1・11・8　技能確認・検定用ループ配管組立て手順図　その3
（作成：レッキス工業㈱）

（4）その4

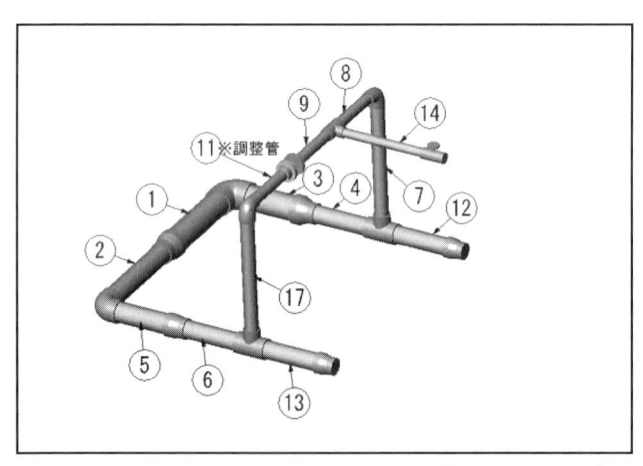

図1・11・9　技能確認・検定用ループ配管組立て手順図　その4
（作成：レッキス工業㈱）

(5) その5

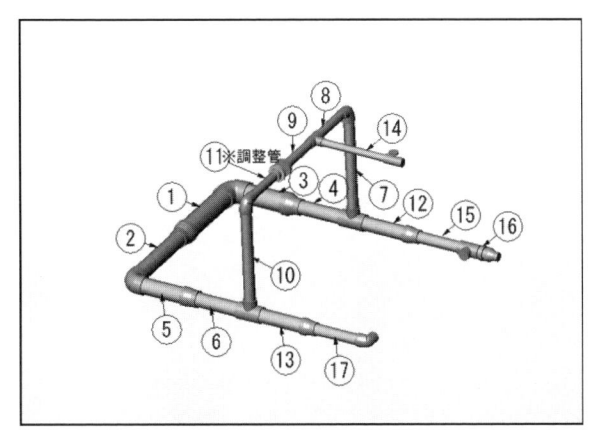

(作成：レッキス工業㈱)

図1・11・10　技能確認・検定用ループ配管組立て手順図　その5

(6) その6

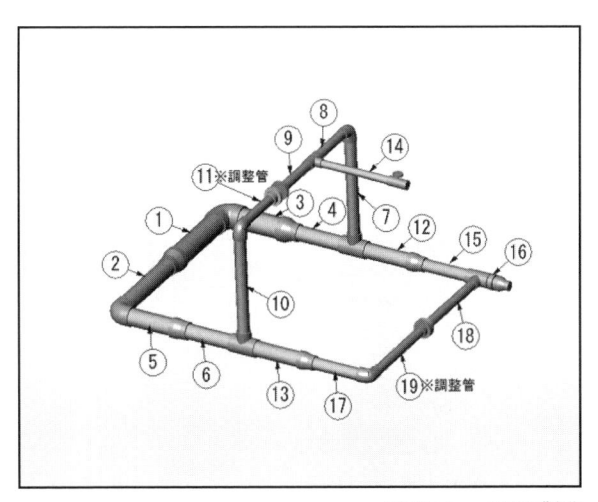

(作成：レッキス工業㈱)

図1・11・11　技能確認・検定用ループ配管組立て手順図　その6

【知っておきたい豆知識！(21)】
エルボ返しと 3 エルボ立ち上げ

記：安藤紀雄
絵：瀬谷昌男

　この配管設備の業界には、古くから配管工の間だけで通用する「特殊用語（jargon）」が存在する、いや存在した。その用語が過去のものとならないように、ここで特記しておきたい。まず「エルボ返し」という用語である。

　これは、図に示すように伸長する管の末端などに、2 個の「L 形曲管」または「エルボ」を短管を介して取り付け、配管の方向が「傘の柄」のように、「U 字型」に変えることをいうのである。

　かっては、歴史的に見て、「蒸気」や「温水」による「直接暖房方式」、いわゆる「直暖（ちょくだん）」が多かった。

　したがって、「暖房主管」から末端の「放熱器類」に接続する（床下から立ち上げる）「枝管」は、熱による配管の膨張・収縮を吸収するために、「3 エルボ立ち上げ」や「4 エルボ立ち上げ」といった、配管施工の「ノウハウ」を駆使していた。これらの配管手法を昔から、「スイベル・ジョイント（Swivel Joint）」と呼ぶこともある。

　その他に、長い直管の熱膨張・熱収縮を吸収するためには、現在では直管部の途中に「膨張伸縮継手（単式と複式がある）」が使われるケースが多いが、かっては、「タコベンド」や「U ベンド」という配管手法が、多用されていた。現在でも、敷地が広い十分な配管スペースが確保できる「工場プラント配管」では、散見されるが・・・。

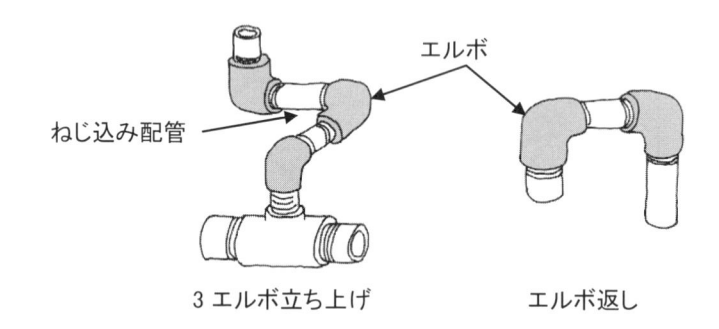

ねじ込み配管　　エルボ

3 エルボ立ち上げ　　エルボ返し

11・2・3　組立て用部材、消耗品・機器類表

表1・11・3　ループ配管組立て用部材、消耗品・機器類表

名　　称	記号	仕様	数量 (1セット当りの数量)	単位
配管用炭素鋼鋼管（白ガス管）	SGP	50A	0.5	m
		40A	0.5	m
		32A	0.8	m
		25A	1.0	m
		20A	1.2	m
		15A	0.2	m
配管用ねじ込み管継手類（可鍛鋳鉄製）				
90°エルボ	E	2'	1	ヶ
		$1^{1}/_{2}$'	1	ヶ
異径90°エルボ	E	$1' \times {}^{3}/_{4}$'	3	ヶ
チーズ	T	$1^{1}/_{4}' \times 1$'	2	ヶ
		$1' \times {}^{3}/_{4}$'	1	ヶ
		${}^{3}/_{4}' \times {}^{1}/_{2}$'	1	ヶ
異径ソケット（レジューサ）	S	$2' \times 1^{1}/_{2}$'	1	ヶ
		$2' \times 1^{1}/_{4}$'	1	ヶ
		$1^{1}/_{2}' \times 1^{1}/_{4}$'	1	ヶ
		$1^{1}/_{4}' \times 1$'	2	ヶ
		$1' \times {}^{1}/_{2}$'	1	ヶ
角ニップル	N	1'	1	ヶ
ユニオン	U	${}^{3}/_{4}$'	2	ヶ
バルブ	GV			
仕切弁（またはボール弁）	(BV)	$^{1}/_{2}$'	1	ヶ

消耗品・機器類

液状ガスケット（一般用で可）		1	缶
シールテープ		1	巻
自動切上げねじ切り機	50Aまで	1	台
パイプ切断機		1	台
パイプレンチ	600mm	2	丁
	300mm	1	丁
万力台		1	台
水圧テスト用具		1	式

11・2・4　組立作業の結果確認（判定試験）

(1) 衝撃試験

　組立てが完了したら、2人1組で肩より上に水平に持ち上げ、床に落とし、落下試験(物理的衝撃試験)を行います。

その後、ガタツキ検査（局所衝撃および曲げ応力試験）を行い、ねじのゆるみおよび大きな変形が無いことを確認し、修正が必要な場合は、再度パイプレンチにより増し締め等を行います。

（2）水張り

落下試験で異常のないことを確認後、平面図右上ソケット（S1×1/2'）に水圧ポンプを接続し、GV1/2のハンドルを開いた後、水圧ポンプより水を送り、GV1/2より水が出たことを確認し、ハンドルを閉じることにより水張りが完了します。

（3）圧力試験

水張りが完了したら、引き続き水圧ポンプにより所定の圧力（一般に1.75MPa）まで上げます。

その後、接合部より漏水がなければ判定試験を合格とします。

なお、漏水が発見されたら圧力を開放後、配管内の水を抜き、配管をねじ切りからやり直し再度圧力試験を行います。

【知っておきたい豆知識！（22）】

切削ねじ切り機と切削油

記：安藤紀雄
絵：瀬谷昌男

かって、「管端防食継手研究会」のメンバーの一員として、レッキス工業㈱の「中国蘇州工場」を訪問した時の話はご存じの通りである。

その際、当時現地駐在員であった円山昌昭氏に、「レッキス工業製の"切削ねじ切り機"の売れ具合はどうですか？」と尋ねたことがある。

すると、「中国では、価格が安いということが最優先で、品質優先（中国語では、"品質"は"質量"という）という考えが浸透していないので、販売競争はなかなか厳しいですよ！」という言葉が戻ってきた。

さらに、驚いたことに「切削油」（レッキス工業㈱では、「宮川オイル」を推奨しているが・・・）は、価格が高いので「切削油」の代わりに、「マシン油」を使用しているので「ねじの仕上がり」も極端に悪い由。

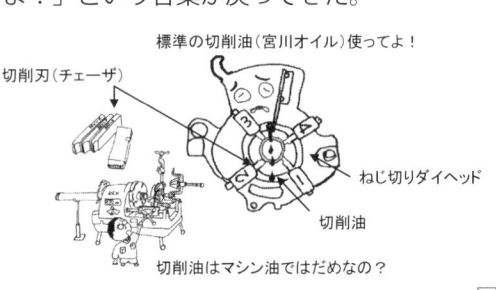

第Ⅰ部　第12章　漏洩確認試験

　配管が部分的に終了あるいは全部終了すると、排水・通気系統以外の配管の接合部の漏れの有無および耐圧を検査するため主として水圧試験を行います。

１２・１　水圧試験にかかる前の注意
　①水圧試験を行うに当っては、配管の接合部の液状シール剤が固まるための時間が経ていることを確認します（p.74　第Ⅰ部第７章７・３・１液状シール剤（４）塗布上の注意点⑨参照）。
　②漏れおよびプラグ忘れなどを確認するため空気圧試験（0.05MPa～0.3MPa）を先に予備として行う場合もあります。

１２・２　水圧試験（耐密試験）
以下に主体となる水圧試験の手順を記します。
１２・２・１　水圧試験手順

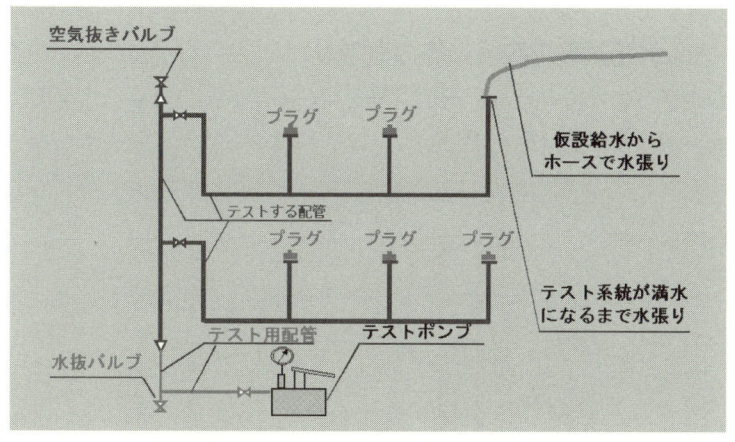

（作成：永山　隆）

図１・１２・１　水圧試験説明図

|解説|
手順-1　プラグ止め
①配管が終了した部分のうち、最上部の水張り箇所および空気抜きバルブ取付け箇所を除き、ソケット、エルボ、バルブなどにテスト用プラグをシールテープで取付けます。
②最下部には水抜き用のバルブを1ヶ所取付けておきます（図1・12・1水圧試験説明図参照）。

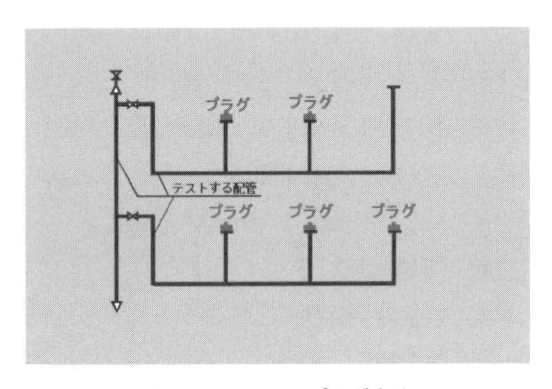

図1・12・2　プラグ止め

手順-2　水圧試験用接続口等の段取り
　配管が終了した部分のうち、水圧試験を行いやすい部分よりテスト用配管を行い、テストポンプを取付けます。

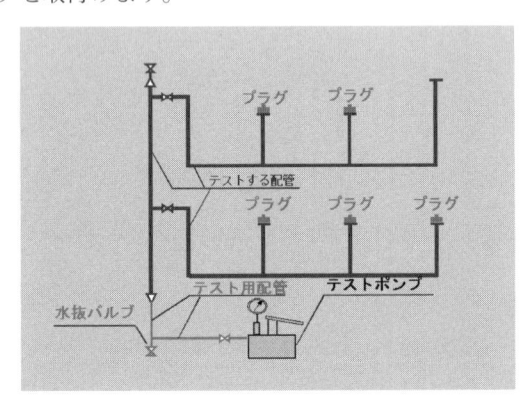

図1・12・3　水圧試験用接続口等の段取り

> 注意：a．テスト用配管とは、水圧試験用配管取出し部分を15A～20A程度に径違いソケット、ブッシング等で管径を細くし、１次側（テストポンプ側）ボールバルブ、水圧計（圧力ゲージ）、２次側ボール（試験配管側）バルブ等を取付けることをいいます。
> 　　　　b．最近は、上記のものがセットになっているものもあります。

手順－3　水張り

①水栓（清浄な水）などより、ホースにて最上部のプラグを施さなかった部分より、配管内が満水になるよう水を張ります。

②この時、配管内の空気が完全に抜けるように大気に開放した状態で水を張ってください。

③また、適所に空気抜きバルブを設け空気を完全に抜いて下さい。

④仮設配管で水を張る場合は、空気抜きバルブを十分設け空気を完全に抜いてください。

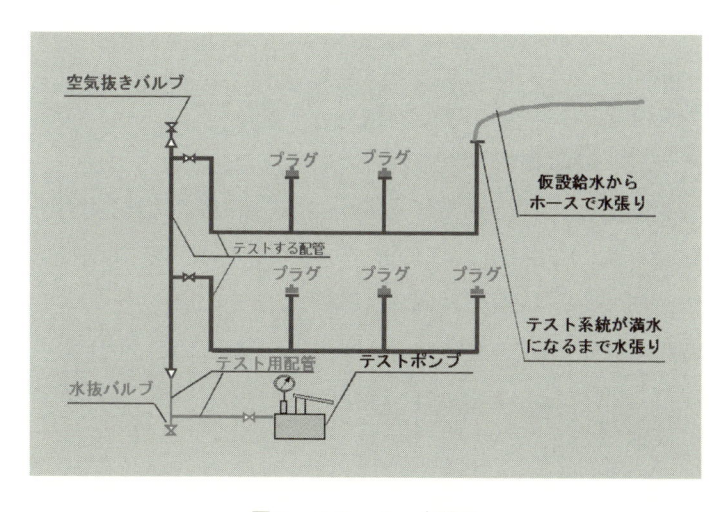

図1・12・4　水張り

> 注意：a．空気が入ったまま水圧試験を行うと、空気が徐々に水に溶け込むので正確な水圧試験が出来ません。
> b．空気抜きが十分でない場合、水抜きのとき空気銃のような作用が起き非常に危険となります。

手順－4　最上部の残りのプラグ

最上部のプラグ止め水張りが終了したら、最上部の残りのプラグを施します。

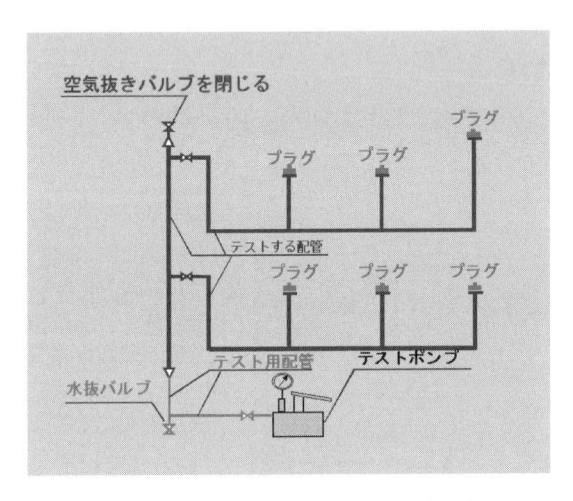

図1・12・5　最上部の残りのプラグ

手順－5　テスト開始

①圧力計を見ながら、プラグ忘れ、締め忘れ、漏洩等を確認しながら、徐々に所定値（一般に1.78MPa（17.5kgf／cm^2））まで水圧を上げていきます。

②その後、所定時間（一般に1時間）が経過するまで所定圧力をかけておきます。

③所定時間経過後、所定圧力の変化がないことを確認し終了します。

④所定圧力に変化があった場合は、漏洩箇所を探し、一度水抜きを行い、配管を直します。

⑤配管を直した後、養生時間をおいて、手順1から再度水圧試験を行います。

　注意：所定圧力および所定時間が仕様書で定めてある場合はそれに従う。

注意：a．水圧試験は、テスト範囲（系統）、開始日時、終了時間を明示した看板を用意し、圧力計が見えるように、また、テストポンプを切り離した状態で写真撮影を忘れずに行いましょう。

b．水は剛体に近いので、水圧試験用配管が満水となっていれば、少量の水を押し込むことによって、圧力は急激に上がります。

c．テスト用配管の保有水量が少ない場合は、手動ポンプにより圧力計を確認しながら徐々に圧力を上げ、所定圧力にしてください。

d．保有水量が多い場合は、電動テストポンプを使用する場合がありますが、圧力が上がりだすと直ぐに電動テストポンプの設定圧力となります。

e．電動テストポンプを使用する場合は、圧力計が振切れ壊れる場合がありますので、圧力計はテスト圧力の2倍以上のものを使用してください。

f．水圧試験圧力は1.78MPa（17.5kgf／cm^2）で行います。

手順－6　テスト終了後の圧力抜き、水抜き

①1次側バルブを徐々に開き、圧力計が静水頭になるまで圧力を下げます。
②空気抜きバルブを開けます。
③最下部より、ホース等により仮設排水等に水抜きを行います。

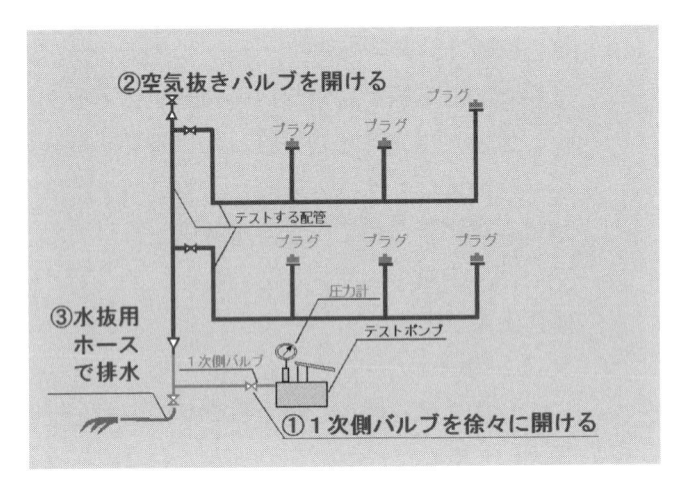

図1・12・6　テスト終了後の圧力抜き、水抜き

12・2・2　テストポンプの使用について

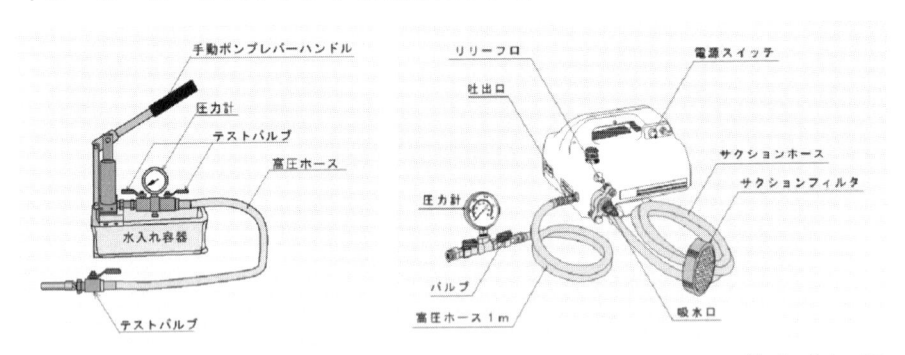

図1・12・7 手動テストポンプ　　図1・12・8 電動テストポンプ

（1）手動テストポンプの使用について

　①手動テストポンプは試験配管内を満水にしておき、配管側のテストバルブを締め圧力が上がることを確認し、配管側のテストバルブより順次徐々に開きます。

第1部　第12章　漏洩確認試験

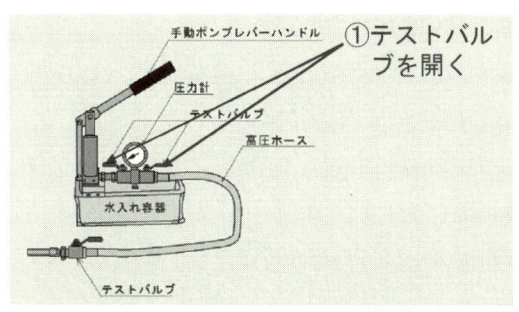

（作成：永山　隆）

図1・12・9　テストバルブを開く

②手動ポンプレバーハンドルを上下に操作し、試験配管内を所定の圧力にします。

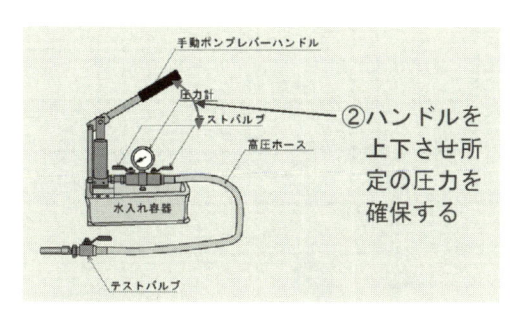

図1・12・10　ハンドル上下させる

③試験配管内が所定圧力になったら、ポンプ側のテストバルブを閉め、試験配管内の圧力を保持します。

　注意：試験終了後、保管する場合は、横側にしておきます。

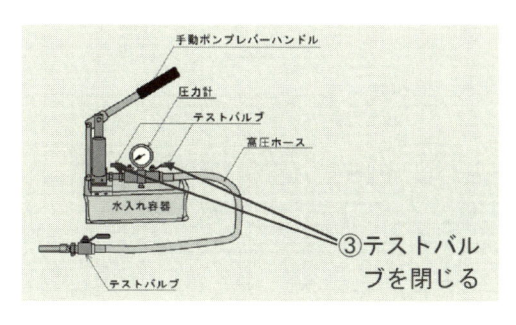

図1・12・11　テストバルブを閉じる

（2）電動テストポンプの使用について

①電動テストポンプは、給水源が近くに豊富にあれば試験配管内を満水にしておかなくても、水張りとしても使用できます。

②電動テストポンプの吸水方式は、給水直結方式とタンク等よりの自吸方式のどちらでも使用できます。

③上部での空気抜きは十分行わなければなりません。

④感電事故防止のため必ず接地（アース）してください。

⑤40℃を超える温水を使用しないでください。

⑥プラグを電源に差し込む前に、スイッチがＯＦＦになっていることを確認してください。

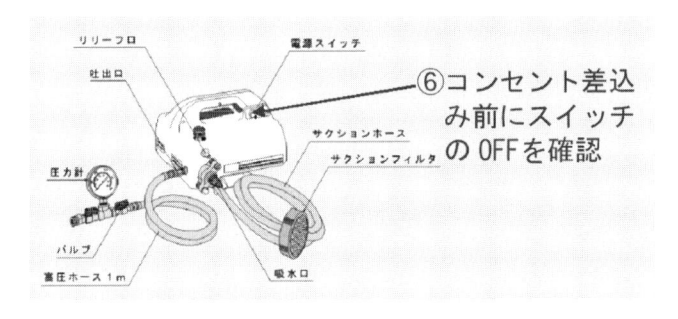

図1・12・12　スイッチのOFFを確認

⑦サクションフィルタ、リリーフホースは、バケツ、タンク等に完全に沈めてください。

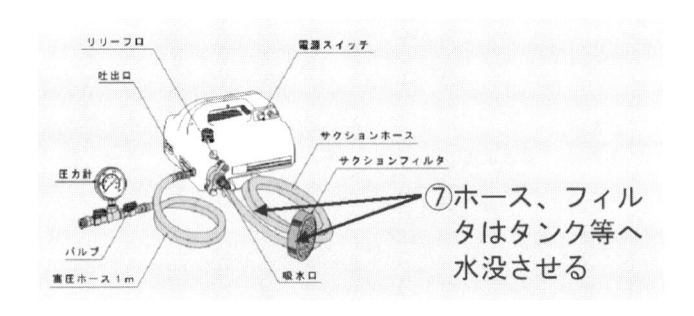

図1・12・13　ホース、フィルタはタンク等へ水没

【知っておきたい豆知識！（23）】
芯芯寸法と芯引き寸法

記：安藤紀雄
絵：瀬谷昌男

　ここで、紹介する用語も配管職人の間で頻繁に交わされる「特殊用語（jargon）」である。小生がこの業界に飛び込んだ頃（昭和40年代）は、まだまだ現場ものんびりしていたので、「施工図作成作業」の合間に配管職人と一緒に現場を歩き回った（巡回？）したものだった。

　当然ながら、配管職人のねじ配管の「寸法取り作業」にも、よくお付き合いをさせられた。配管職人が、現場で"50A 芯芯寸法 340mm、32A 芯面（ツラ）寸法 480mm"などと、次々と呼び上げる配管寸法を小生がダンボールの切れ端用紙上に書き留めてゆくのである。もちろん、"50A：SS340"とか"32A：ST480"という具合にである。

　このデータを作業場に持ち帰り、職人達は「芯芯寸法」から継手の芯から継手管端面までの寸法を考慮した「芯引き寸法（別名：先先寸法）」を割り出し、配管加工するのである。これらの寸法は、継手の種類・サイズにより決まるのだが、この「芯引き寸法（別名：先先寸法）」は、どうやら職人達の頭の中にはしっかりと、インプットされているらしい。

　これがいわゆる、配管職人の配管職人たる由縁である。

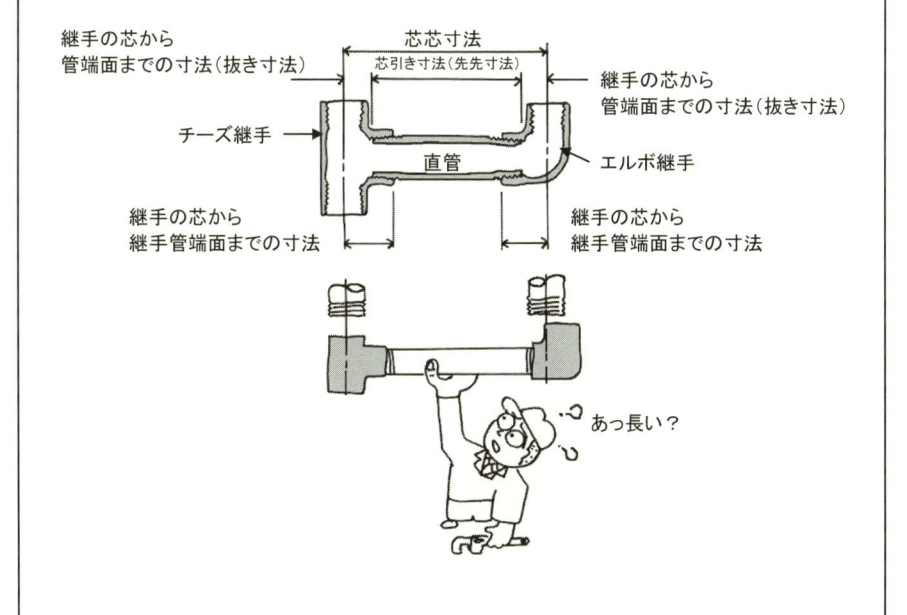

継手の芯から
管端面までの寸法（抜き寸法）

芯芯寸法

芯引き寸法（先先寸法）

継手の芯から
管端面までの寸法（抜き寸法）

チーズ継手

直管

エルボ継手

継手の芯から
継手管端面までの寸法

継手の芯から
継手管端面までの寸法

あっ長い？

12・3　満水試験

排水系統の配管が一部または全部完了したら、その系統の接合部が漏水しないかどうかを検査する目的で、満水試験が多く行われています。

12・3・1　満水試験手順

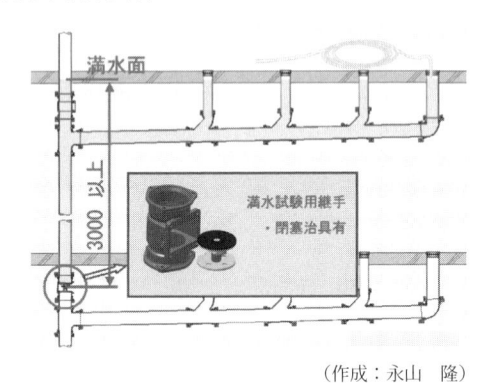

図1・12・14　満水試験説明図

解説
手順-1　満水試験用接続口等の段取り
①配管が終了した試験対象部分のうち、立て管上部を開放にし、下部に満水試験用継手・閉塞治具を立て管に挿入します。
②横枝管の各管口に閉止め治具を取付けまたは、F.Lより1m管を立ち上げます。

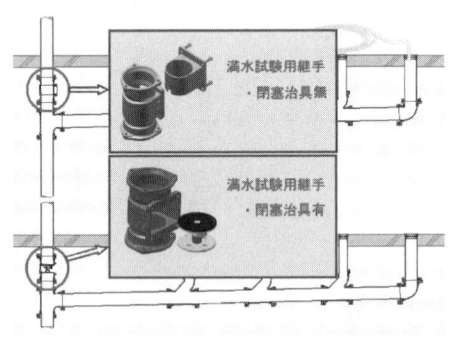

図1・12・15　満水試験用接続口等の段取り

手順－2　水張り・テスト開始

①水栓(清浄な水)などより、ホースにて横枝管の各管口に閉止め治具を施さなかった上部部分より、配管内が満水になるよう水を張ります。
②水張りをした部分にピンポン球を浮かべて写真を撮ります。
③規定推移の満水位で所定時間（一般に１時間以上）が経過するまで水を張っておきます。

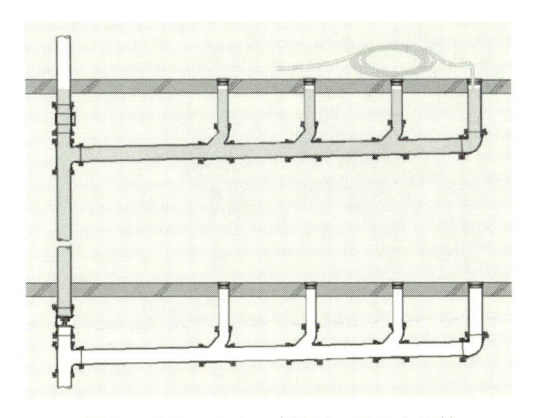

図１・１２・１６　水張り・テスト開始

手順－3　テスト終了後の水抜き

①目視チェック後、所定時間経過後の写真を撮り、ピンポン球を回収します。
②満水試験用継手・閉塞治具のバルブを徐々に開放し水抜きをします。

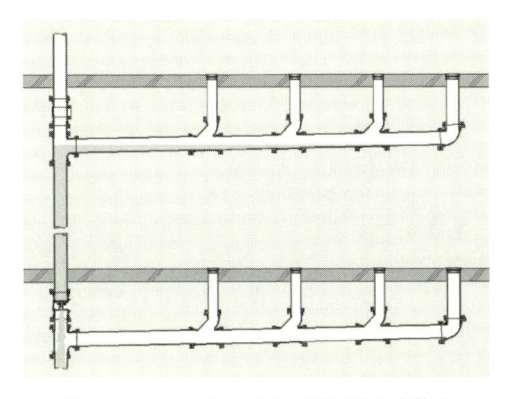

図１・１２・１７　テスト終了後の水抜き

手順－4　満水試験用継手・閉塞治具の取り外し

①水抜きが終了後、満水試験用継手・閉塞治具を取り外し、満水試験用継手・閉塞治具無（通常排水使用時の管付閉塞フランジ）に交換します。

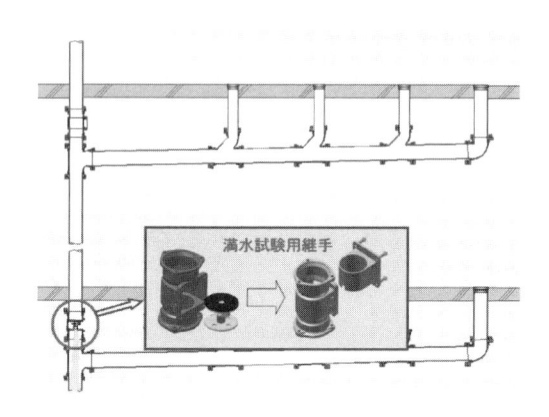

図1・12・18　満水試験用継手・閉塞治具の取り外し

【知っておきたい豆知識！（24）】
小口径バルブは、なぜ青銅製なの？
記：小岩井隆　絵：瀬谷昌男

　流体：水を利用する、配管材料選定では、管・継手・バルブは、原則として耐食性が同等の材料の組合わせを基本としている。しかしながら、鋼管・鋼製継手に対しては、バルブは一般的に「青銅製」のものが使用されている。

　バルブは、配管の機能（閉止したり、開放したり、絞ったり）を具備する部品なので、この機能を果たすための「要部（シートや弁棒など）」は、錆びてはならない。このため、ねじ込み形のサイズ範囲（小口径：通常50A程度まで）では、バルブは「銅合金材料」で本体と一体に構成される設計がもっとも経済性が高いのである。これが小口径バルブには、「青銅製バルブ」が汎用化されている理由である。

　したがって、市場では一部を除き「本体ねじ込み形鉄製バルブ」はあまり存在しない。ただし、「鋼製」や「ダクタイル鋳鉄」などの「ねじ込み形バルブ」は存在する。

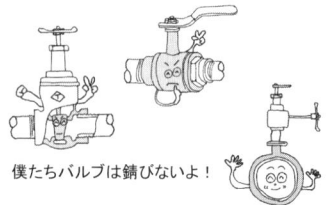

僕たちバルブは錆びないよ！

第Ⅱ部
管種別・管継手別・工法別の特徴解説

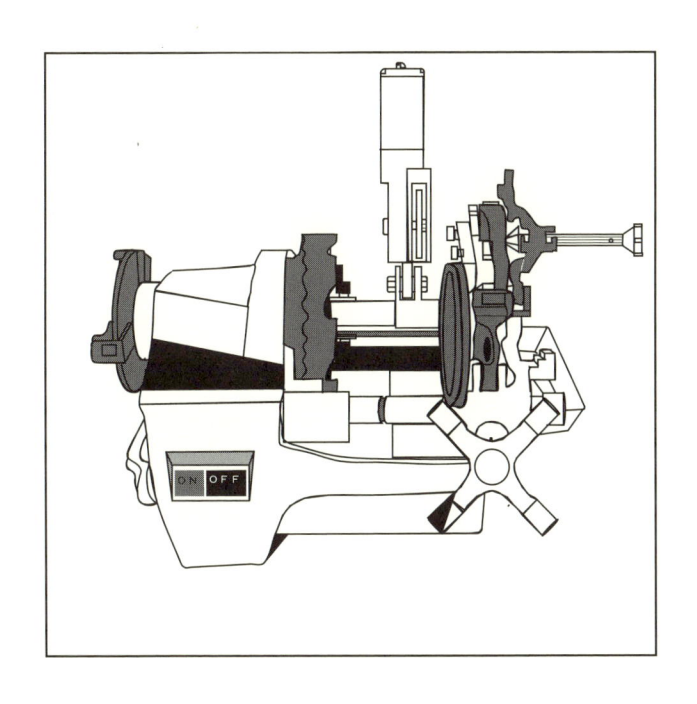

第Ⅱ部　第1章　内面ライニング鋼管と管端防食継手の接合

1・1　ライニング鋼管の種類と構成

1・1・1　水道用硬質塩化ビニルライニング鋼管「JWWA K 116」
（記号 SGP － VA、SGP － VB、SGP － VD）

①母管にJIS G 3452 配管用炭素鋼鋼管（SGP）が使用されています。

②硬質塩化ビニルのライニング厚さ15 〜 65Aは、1.5mm、80 〜 125Aは、2.0mm、150Aは、2.5mmです。

③外面仕上げ方法

　VA：一次防錆塗料仕上げ

　VB：亜鉛めっき仕上げ（水配管用亜鉛めっき鋼管と同等）

　VD：硬質塩化ビニル（図2・2・1参照）

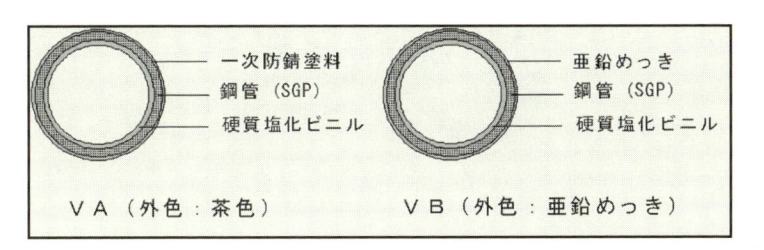

図2・1・1　硬質塩化ビニルライニング鋼管断面図

1・1・2　水道用ポリエチレン粉体ライニング鋼管「JWWA K 132」
（記号 SGP － PA、SGP － PB、SGP － PD）

①母管にJIS G 3452 配管用炭素鋼鋼管（SGP）が使用されています。

②ポリエチレン粉体のライニング厚さ15 〜 25Aは、0.30mm、32 〜 50Aは、0.35mm、65 〜 100Aは、0.40mmです。

③外面仕上げ方法

　PA：一次防錆塗料仕上げ

　PB：亜鉛めっき仕上げ（水配管用亜鉛めっき鋼管と同等）

　PD：硬質塩化ビニル（図2・1・2参照）

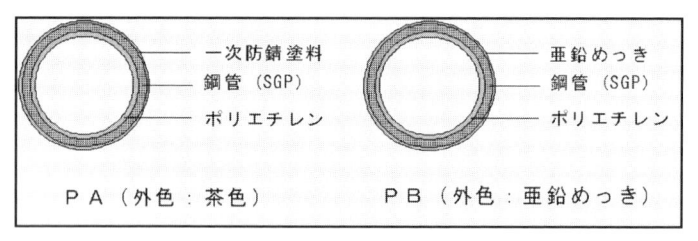

図2・1・2　ポリエチレン粉体ライニング鋼管断面図

1・1・3　水道用耐熱性硬質塩化ビニルライニング鋼管「JWWA K 140」
　　　　（記号 SGP － HVA）

①母管にJIS G 3452 配管用炭素鋼鋼管（SGP）が使用されています。
②耐熱性硬質塩化ビニルのライニング厚さ15〜25Aは、2.5mm、32〜50Aは、3.0mm、65Aは、3.5mm、80Aと100Aは、4.0mmです。
③HTLPとも呼ばれています。

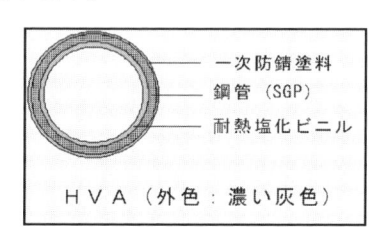

図2・1・3　耐熱性硬質塩化ビニルライニング鋼管断面図

1・1・4　排水用タールエポキシ塗装鋼管「WSP 032」
　　　　（記号 SGP － TA）

①母管にJIS G 3452 配管用炭素鋼鋼管（SGP）が使用されています。
②タールエポキシを鋼管内面に0.3mm以上塗装してあります。

［参　考］排水用硬質塩化ビニルライニング鋼管「WSP 042」
　　　　　（記号　D － VA）

①配管用炭素鋼鋼管（SGP）の外径に合わせ、肉厚を薄くした鋼管内面に、硬質塩化ビニル管をライニングした複合管で、DVLPと呼ばれています。
②DVLPは、肉厚が薄いので「切削ねじ」加工は出来ません。

【知っておきたい豆知識！（25）】　　　　　　　　　　　記：安藤紀雄
バリとバリ取り
　　　　　　　　　　　　　　　　　　　　　　　　　　　絵：瀬谷昌男

　配管工に間では、"バリ"とか"バリ取り"という言葉が、今でもよく使われている。この日本語らしくない"バリ"とは一体なんでしょうか？

　"バリ"とは、配管材料を切断機で直角に切断した際に、配管材料の内外面に生じた"管端のめくれ（ささくれ）"を意味する。

　どういう経緯で、この"バリ"という用語がこの業界に定着したか不明であるが、そのルーツは、何と英語なのである。"バリ"は、英語で"bur（r）"と綴り、"栗やごぼうの実の毬（いが）"のことを意味する。

　これから転じて、配管の切断時に配管の内面に生じた"ささくれ"を"バリ"、その"ささくれを取り除く作業"を"バリ取り"といい、日本の配管業界に残ったものと思われる。

　なお、"バリ取り作業"は、通常"リーマ工具"を使用して行う。「切削ねじ切り機」を利用して「リーマー作業」を行うこともある。

　この方法は、絶対に「内面ライニング鋼管」には適用してはいけません。

　その理由は、下図に示すように、「ライニング」が薄くなり、管が腐食しやすくなるからである。

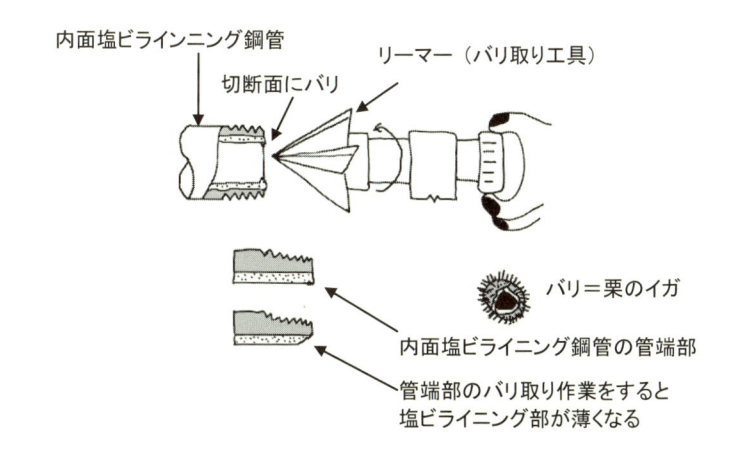

内面塩ビラインンニング鋼管
切断面にバリ
リーマー（バリ取り工具）

バリ＝栗のイガ
内面塩ビライニング鋼管の管端部
管端部のバリ取り作業をすると
塩ビライニング部が薄くなる

1・2　管端防食継手

　管端防食継手は、内面をライニング防錆処理し、管端コア(鋼管のねじ先端部を防食する役目を持つ)を有する鋼管ねじ接続用の管継手です。

　管端防食継手には、給水用と給湯用があり、管継手外面が一次防錆形と外面ライニング管対応形があります。

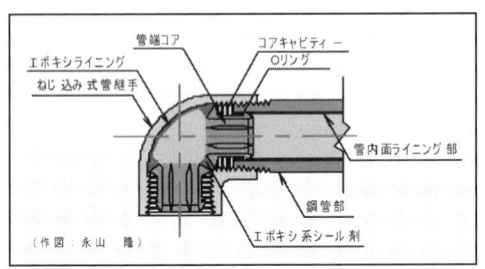

図2・1・4　管端防食継手（コア組込形線止水方式／JFE継手・シーケー金属）(注)

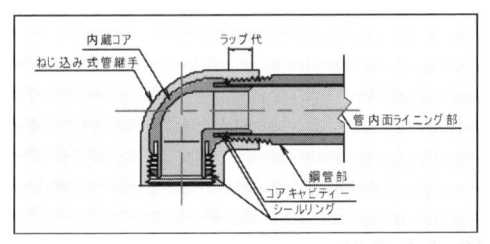

図2・1・5　管端防食継手（コア内蔵ゴムリングタイプ／三菱樹脂・日立金属・リケン・東亜高級継手）(注)

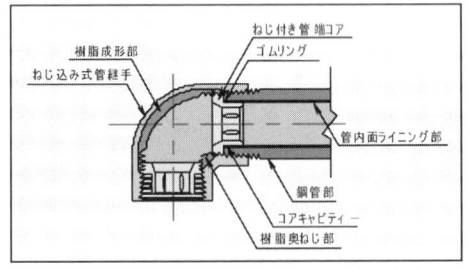

図2・1・6　管端防食継手（コア可動式線止水方式／吉年）(注)

注：会社名は、日本水道鋼管協会発行水道用ライニング鋼管配管施工方法(平成13年4月版)による。ただし、日本鋼管は、JFEとした

第Ⅱ部　第1章　内面ライニング鋼管と管端防食継手の接合

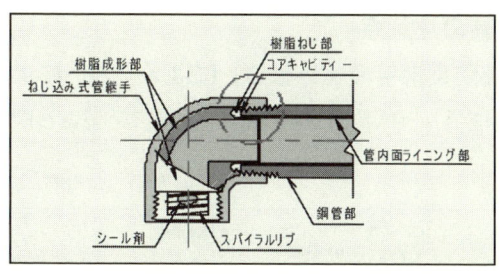

（作成：永山　隆）

図2・1・7　管端防食継手（コア内蔵シーラントタイプ／積水化学工業・東尾メック・帝国金属）^{（注}

1・3　ライニング鋼管の行ってはいけない切断と処理

1・3・1　高温を生じさせる切断

　切断部が局所的に高温になる切断を行うと、ライニング部に、焼け、変質、鋼管とライニング部が剥離する等の欠陥が生じます。

　例：高速砥石切断機による切断。

1・3・2　パイプカッタでの切断（押し切り切断）

①パイプカッタでの切断を行うと、切断面が内側に変形（まくれが生じる）し、管端コア部へ正常に挿入出来なくなります。

　パイプカッタでの切断は、行わないでください（図2・1・8参照）。

②ねじ切り機に搭載されているリーマで内面に出来たまくれを取ると、ライニング面を取りすぎ、コア部とのラップ不足が生じ防食効果が減じることがあります。

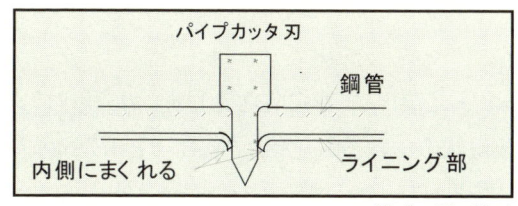

（作成：原田洋一）

図2・1・8　押し切り切断による「まくれ」

1・4 接合作業の注意点
1・4・1 管端防食継手の「めねじ」にはメーカーにより狙い目がある

4社の管端防食継手（20A）の「基準径の位置」を調査し図2・1・9にまとめました。

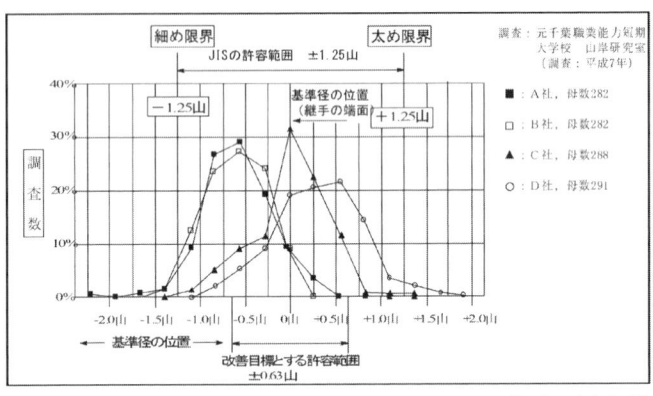

図2・1・9 管端防食継手と許容範囲（20A）

①太め狙いのメーカー

コアとのラップ代を得ることを重視し、「めねじ」を太めに仕上げ、「おねじ」が奥まではいるようにしてあります。

②細め狙いのメーカー

コア奥部を突き破られないよう「めねじ」を細めに仕上げ、「おねじ」が奥まで入らないようにしてあります。

> 注意：このように、現在の管端防食継手は、メーカーにより「めねじ」の仕上げに「狙い目がありますので」注意して「寸法取り」および、「ねじ加工」をすることが必要です。

「参　考」

そこで、我々は、平成7年に、管端防食継手メーカーに対し、管端防食継手のねじ加工許容差を現状の±1.25山（20Aで1.81（1山）mm×1.25＝2.26mm）を±0.625山（20Aで1.81（1山）mm×0.625＝1.13mm）にするよう働きかけました。±0.625の許容差でめねじ加工することはJIS指定工場なら難しいことで

はなく、許容差が±0.625になれば、狙い目は基準値とせざるを得なくなり、メーカーによる「めねじの差」は、ほとんど無くなると思われます。

> メーカー毎の「めねじの差」が無くなると、鋼管の寸法取りが容易になりねじ込み時の「残りねじ山目安（管理）」も解りやすくなり、水漏れ等の事故発生確率も少なくなると思われます。

1・4・2　ライニング鋼管と管端防食継手のラップ代に注意

①ねじ込み過ぎるとコアを痛めます。

上記の通り、「細め狙いの管端防食継手」に「細めのおねじ（基準内でも）」をねじ込みますと、管端防食継手のコアを破損する可能性が大ですから注意が必要です。

②ねじ込みが足りないとラップ代が不足します。

「太め狙いの管端防食継手」に「太めのおねじ」をねじ込みますとラップ代が不足になります。

> 注意：ライニング面をねじ切り機備え付けのリーマで面取りすると面を取りすぎるので使用しないことです。

1・4・3　ライニング鋼管の内面取り

鋼管ねじ切り部に管端防食継手をスムースに挿入するため、ライニング厚さの1/2程度の面取りをスクレーパなどの面取り工具を使用し、軽く面取りを行います。

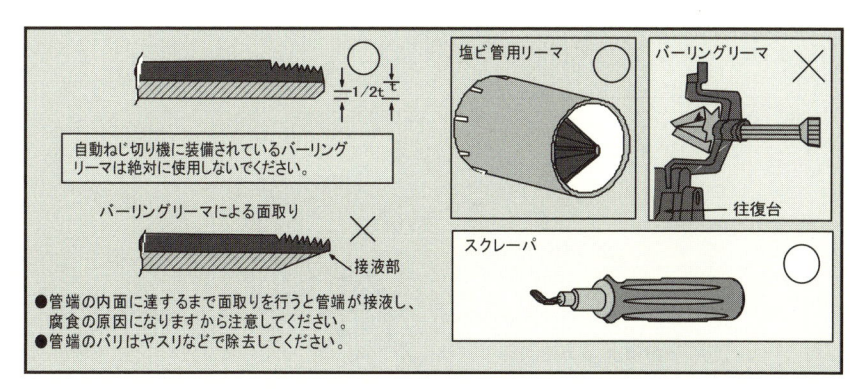

（作成：山岸龍生）

図2・1・10　面取りと工具

【知っておきたい豆知識！（26）】
鋼管の定尺長：5.5m の不思議？

記：安藤紀雄
絵：瀬谷昌男

　日本では、「配管用炭素鋼鋼管（SGP管）」の「定尺（Unit Length）」は、なぜか従来から、「5.5m」と決まっていた。聞くところによると、その経緯は、1912年（大正元年）頃、ガス管の製造設備をドイツから輸入した際、「デマーク社」の仕様が「5.5M」になっていたので、「5.5M定尺」が定着（定尺？）してしまった由。

　一方、「銅管」・「SUS管」などは、「4m定尺」を採用している。建築現場などで、現場内に配管材料を搬入する際、「4m定尺」の銅管は問題ないのだが、「5.5m定尺SGP管」は、揚重機に載せられず、問題となり、現場内に「5.5m定尺」のまま搬入するのには、非常なる苦労を要した。

　「ライザーユニット方式」を採用している超高層ビル現場では、「5.5m定尺」のSGPをそのまま搬入できるが、普通の高層ビルなどでは、「階高（floor height）」が4m程度が多く、「5.5m定尺」のSGP管をそのまま持ち込むことは難しい。

　小生が、かって施工していた某ビルなどでは、「5.5mSGP定尺管」を現場搬入前に、わざわざ「半切管：2.75mSGP管」に切断し、それらを搬入後パイプシャフト内で、「半ソケット溶接」をするというような「ムダ」なことを平気で行っていたこともある。「5.5mSGP定尺」の誕生は、白ガス管を製造する「亜鉛ドブ漬けめっき槽」のサイズの関係であると耳にしたこともあるが、定かではない。鋼管メーカーに聞いたところによると、海外のプラント工事向けに出荷するSGP管は、通常「12m定尺」で輸出されるという。

　それならば、国内のビル建設用には、「12m定尺管」を半分に切断した、「6m定尺管」や1/3に切断した「4m定尺管」を供給したらどうか？と進言したことがある。その結果、太物配管では、「5.5m定尺SGP管」は姿を消したはずであるが、現状はどうであろうか？

SGP の定尺長さ 5.5 m

銅管定尺長さ 4.0 m

現場の搬入が困難！

搬入が容易だよ！

第Ⅱ部　第2章　外面被覆鋼管のねじ加工

2・1　ライニング鋼管の種類と構成

2・1・1　水道用内外面硬質塩化ビニルライニング鋼管「JWWA K 116」
　　　　　（記号　SGP － VD）

①母管にJIS G 3452 配管用炭素鋼鋼管（SGP）が使用されています。

②硬質塩化ビニルの内面ライニング厚さ15 〜 65Aは、1.5mm、80 〜 125Aは、2.0mm、150Aは、2.5mmです。

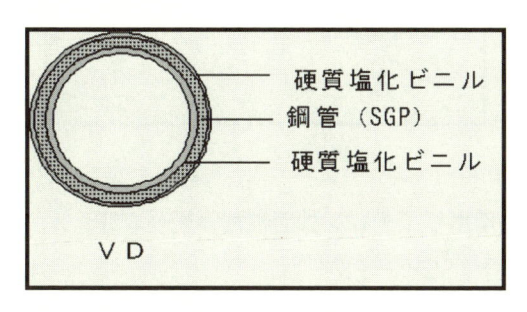

図2・2・1　VD

2・1・2　水道用内外面ポリエチレン粉体ライニング鋼管「JWWA K 132」
　　　　　（記号　SGP － PD）

①母管にJIS G 3452 配管用炭素鋼鋼管（SGP）が使用されています。

②ポリエチレン粉体の内面ライニング厚さ15 〜 25Aは、0.30mm、32 〜 50Aは、0.35mm、65 〜 100Aは、0.40mmです。

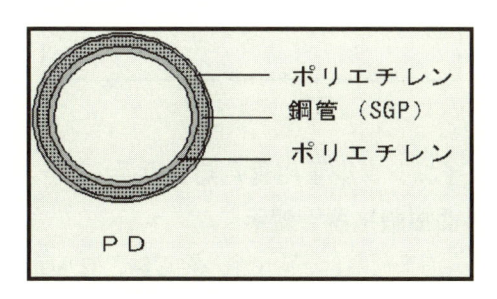

図2・2・2　PD

2・1・3　消火用硬質塩化ビニル外面被覆鋼管「WSP　K　041」
　　　　　（記号　SGP − VS）
①母管にJIS G 3452 配管用炭素鋼鋼管（SGP）が使用されています。
②硬質塩化ビニルのライニング厚さ15 〜 20Aは、1.5mm、25 〜 80Aは、1.2mm、100 〜 150Aは、1.5mmです。

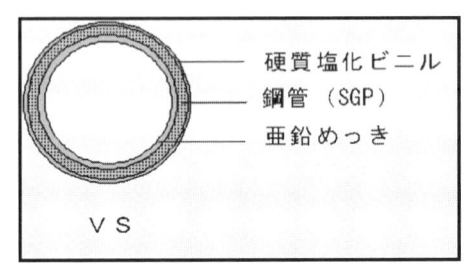

図2・2・3　VS

2・1・4　消火用ポリエチレン外面被覆鋼管「WSP　K　044」
　　　　　（記号　SGP − PS）
①母管にJIS G 3452 配管用炭素鋼鋼管（SGP）が使用されています。
②ポリエチレン被覆のライニング厚さ15 〜 20Aは、1.7mm、25 〜 80Aは、1.5mm、100 〜 150Aは、1.6mmです。

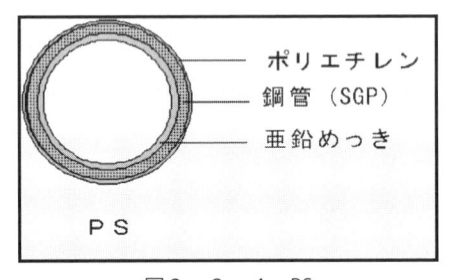

図2・2・4　PS

2・2　内外面ライニング鋼管用管端防食継手
　　　　および外面樹脂被覆管継手

　地中埋設配管等に外面被覆鋼管を使用するときは、内外面ライニング鋼管用管端防食継手（第Ⅱ部1・2参照）および、外面樹脂被覆管継手を使用します。

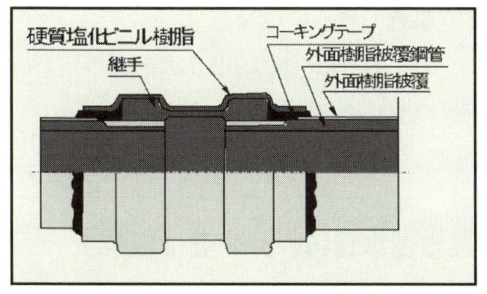

図2・2・5　外面樹脂被覆管継手

2・3　専用チャックを使用

管継手をねじ込むためにバイスに外面被覆鋼管を固定するときは、専用バイスを用い、外面被覆鋼管の外面ライニング層に傷を付けないようにします。

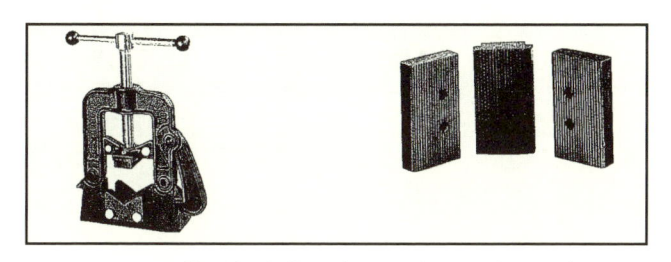

図2・2・6　外面被覆鋼管用バイスと外面被覆鋼管用バイス歯

2・4　専用パイプレンチの使用

外面被覆鋼管の締め込みには、専用の被覆鋼管用パイプレンチを使用して下さい。

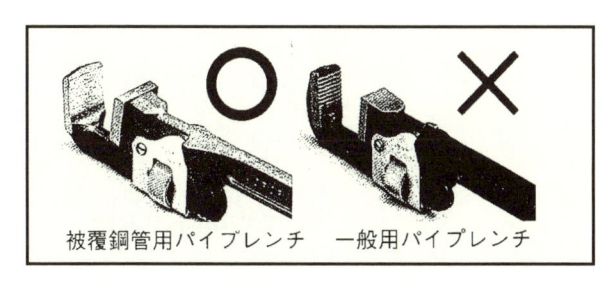

図2・2・7　被覆鋼管用と一般用パイプレンチ

2・5　接合後の被覆補修

接合後、接合部および外面被覆層に傷等が生じたら、専用の補修テープまたは補修液で鋼管地肌が完全に隠れるように補修します。

【知っておきたい豆知識！（27）】　　　　　　　　　　　　　　　記：安藤紀雄
蒸気還水管に、SGP 管は厳禁！
絵：瀬谷昌男

　ここで、取り上げることは、「ねじ配管」とは関係なく、管材の選択上の問題である。最近は、建築設備に「蒸気」を使用するケースは、「病院建築」や「ホテル」などを除いて、極端に少なくなってきている。

　「蒸気配管」に採用される配管材料は、一般的に「黒ガス管」である。

　ただし、特に留意して欲しいのは、「蒸気還水管（蒸気ドレン管）」には、「黒ガス管」にしろ、「白ガス管」にしろ、絶対に「SGP 管」を使用してはならない。その理由は、「蒸気還水管」では二酸化炭素が「覆水」中に溶解してpH を低下させることで「腐食性」が高くなる現象、すなわち「炭酸腐食」を起こし、配管布設後 2 ～ 3 年程度で「配管」が腐食してしまうからである。

　「蒸気還水管」には、是非「SUS 管」を使用するようにして欲しい。また、黒ガス管の「蒸気還水管」は、コンクリート床内に配管するようなことは厳禁である。その理由は、コンクリート床内で、配管がボロボロに腐ったら目も当てられないからからである。

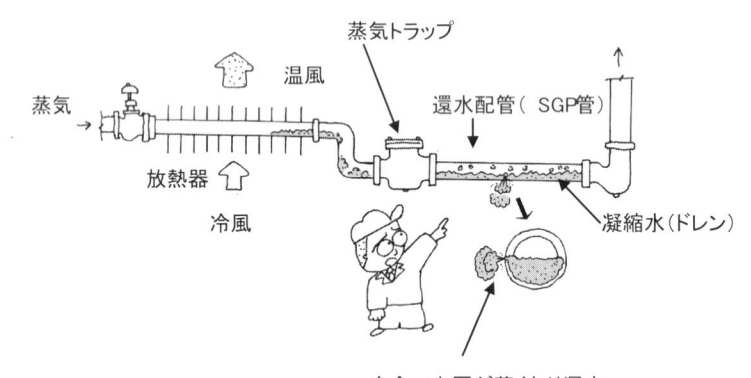

第Ⅱ部　第3章　短管ニップルのねじ加工

　短管ニップルとは、「雌ねじ継手と雌ねじ継手間」「雌ねじ継手とねじ込みバルブ間」などを最も短い間隔で接続する配管材料のことをいいます。
　ねじ切り機で加工できる最短の長さは約120㎜です。それ以下の長さの鋼管にねじを切る場合はねじ切り機に「ニップルアタッチメント」を装着し、加工することができます。

3・1　ニップルアタッチメント

　ニップルアタッチメントは「ねじ部を締め付ける方式」と「鋼管の内面押し広げ方式」の2種類があります（図2・3・1、図2・3・2）。

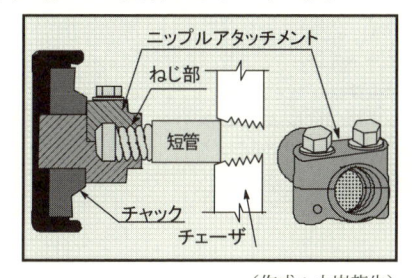

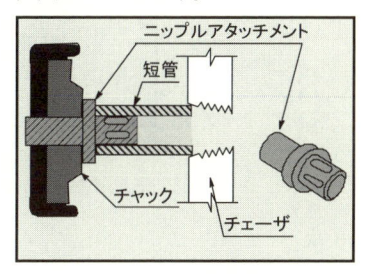

図2・3・1　ねじ部を締付ける方式　　図2・3・2　鋼管の内面押し広げ方式

①短管を利用してねじ切り機でニップルが作れます。
②ニップルアタッチメントは各管径毎に用意されています。
③ニップルが作れる最短長さは、下表です（参考値 表2・3・1）。

表2・3・1　代表的な最短ニップル長さ　　　　　　　単位：㎜

	15A	20A	25A	32A	40A	50A	65A	80A
ねじ部を締付ける方式	45	50	55	65	65	70	75	80
鋼管内面押し広げ方式	42	44	53	58	58	65	75	80

④ニップルが作れる鋼管の種類は、下表です（表2・3・2）。

表2・3・2　ニップルが作れる鋼管の種類

	白管・黒管	外面ライニング鋼管	内面ライニング鋼管	内外面ライニング鋼管	ステンレス管（スケジュール40）
ねじ部を締付ける方式	〇	〇	〇	〇	〇
鋼管内面押し広げ方式	〇	〇	×	×	〇

3・2　操作方法

ニップルアタッチメントは製作しているメーカーにより使い方が異なります。そのため使用する時は必ずメーカーの取扱説明書を読んでから使用して下さい。

3・2・1　ねじ部を締付ける方式（A社のニップルアタッチメントの場合）

手順－1　片側のねじ加工

ねじ切り機で鋼管の片側に面取り後、ねじを切ります（図2・3・3）。

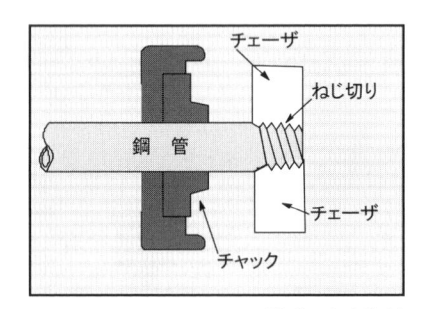

（作成：山岸龍生）

図2・3・3　鋼管の片側にねじを切る

手順－2　鋼管の切断

鋼管を必要な長さに切断します（図2・3・4）。

※A社の場合は「短管A」と表示します。

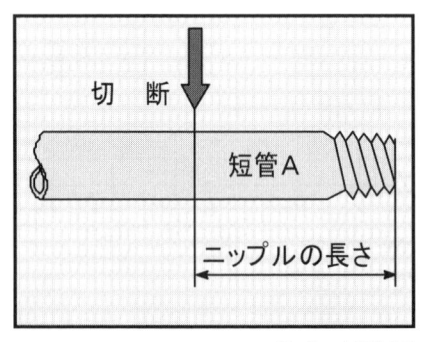

（作成：山岸龍生）

図2・3・4　切断

手順－3　ニップルアタッチメントの取付け

ねじ切り機のチャックにニップルアタッチメントを取付けます。

注意：ボルトが上に来る様に取付けます（図2・3・5）。

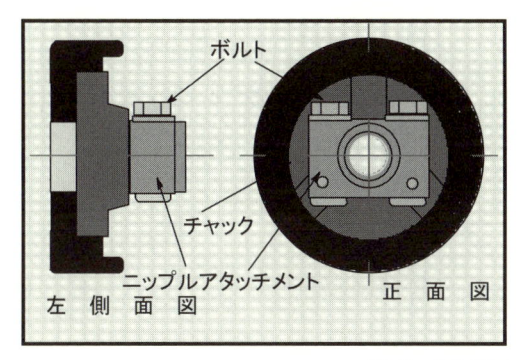

（作成：山岸龍生）

図2・3・5　ニップルアタッチメントの取付け

手順－4　反対側のねじ加工準備

ニップルアタッチメントに短管Aを取付けます。

①2本のボルトを締付けます（図2・3・6）。

②ねじを切った短管Aをニップルの中の「当り」に当るまでねじ込みます（図2・3・6）。

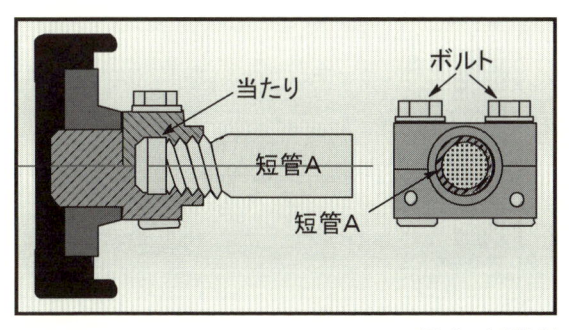

（作成：山岸龍生）

図2・3・6　短管Aの取付け

手順-5　反対側のねじ加工

ねじ切り機で管端の面取後にねじを切ります。（図2・3・7）

> 注意：当たりは使いこんでゆくと摩耗が生じますのでその時は交換してください。

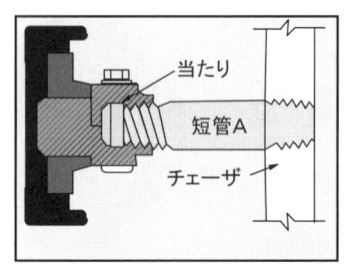

（作成：山岸龍生）

図2・3・7　短管にねじを切る

手順-6　短管ニップルの完成

ねじ切り機を止め、ニップルアタッチメントからニップル(切られたねじ)を外します（図2・3・8）。

①ボルトを2～3回転ゆるめます（図2・3・8）。

②切られたねじをつかみ反時計方向に回し取り外します（図2・3・8）。

> 注意：切られたねじが回らない場合は、ねじの切られていない鋼管部を軽くたたいてから回すと外し易くなります。

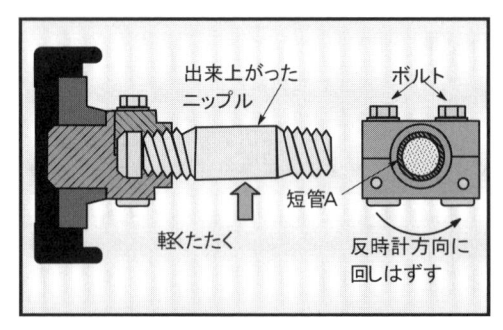

（作成：山岸龍生）

図2・3・8　ニップルを外す

【知っておきたい豆知識！（28）】

インサートと後施工アンカー

記：安藤紀雄
絵：瀬谷昌男

「インサート（insert）」とは、英語で"挿入する・挿入するもの"という意味である。建築の分野では、もっぱら「インサート金物（通称：インサート）」を意味し、「コンクリート床スラブ」を打設する以前に、「インサート金物（雌ねじ加工されたもの）」をスラブ型枠上に布設し、型枠解体後に、設備機材の吊り支持用として利用するものである。

かって、「インサート」の位置を多少融通できる「自在インサート」も存在したが、これは「鋳物製」であり、強度が弱いという理由で「使用禁止」となり、現在ではもっぱら「鋼製インサート」が使用されている。

この「鋼製インサート」は、床コンクリート打設工事以前に布設しておく必要があるので、事前に「インサート施工図」を作成し、この図面に基づき「インサート布設工事」を完了させておくことが不可欠であった。

また、「他業種」のインサートと区別するため、空調設備工事・衛生設備工事・電気設備工事等でインサート色をそれぞれ緑・赤・黒などと使い分ける工夫がなされている。

次に、比較的新しく登場してきたのが、「後施工アンカー（post-installed anchor）」である。このアンカーは、「コンクリート打設」後に、設備機器類の固定・支持目的で、コンクリートスラブの下面に「ドライピット」などの工具で打ち込むアンカーで「金属系アンカー」・「接着系（ケミカル）アンカー」・「その他のアンカー（カールプラグなど）」ある。

コンクリート打設工事とは、無関係に施工できるという利点があるが、日本のように「電線管（コンジットパイプ）」をコンクリートスラブに埋設し通線する施工法を採用している場合、「電線管」を打ち抜き損傷させてしまうという危険性をはらんだ工法である。

ちなみに、2012年（平成24年）に発生した「中央高速道：笹子トンネル」の「天井コンクリート板」の落下事故で、「天井コンクリート板」を吊り支持していた方法は、「ケミカル・アンカー・ボルト」であったようである。

しかし、建築設備工事では、重量物の吊り支持が不可欠な「メイン・プラント・ルーム（中央機械室）」には90cm程度の間隔で「格子状」に、いわゆる「かんざしボルト」を布設するのが、常識になっているのだが・・・

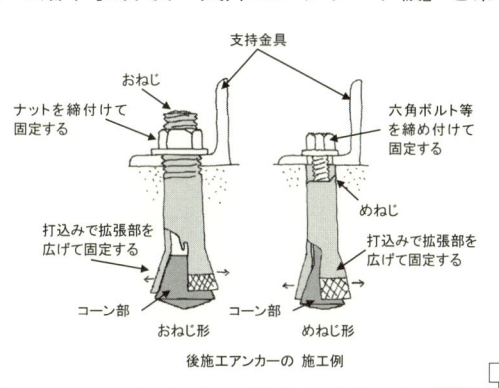

3・2・2 鋼管の内面押し広げ方式（B社のニップルアタッチメントの場合）

手順-1 切断・面取り

鋼管を必要なニップル長さに切断し、短管Bの両端の面取りを行います（図2・3・9）。

※B社の場合は「短管B」と表示します。

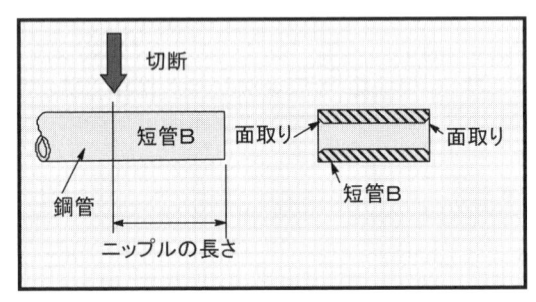

(作成：山岸龍生)
図2・3・9 切断、面取り

手順-2 片側のねじ加工準備

ねじ切り機のチャックにニップルアタッチメントを取付け、次に短管Bを取付けます（図2・3・10）。

> 注意：ニップルアタッチメントに短管Bを差し込み、同時に時計方向に短管Bが回らない事を確認します。

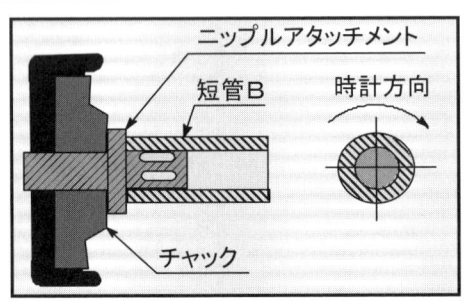

(作成：山岸龍生)
図2・3・10 片側のねじ加工段取り

手順－3　片側のねじ加工

　ニップルアタッチメントに差込まれた短管Ｂへチェーザを押し当てねじを切ります（図２・３・１１）。

図２・３・１１　片側のねじ切り

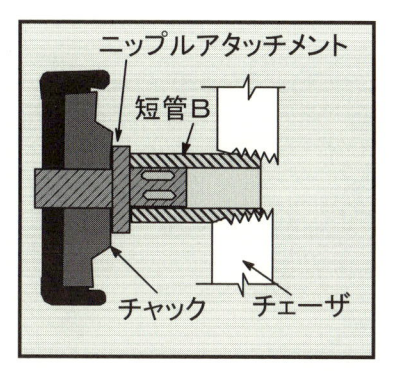

（作成：山岸龍生）

手順－4　片側のねじ加工部を取外す

　片側のねじ加工が完了したらねじ切り機を止め、ねじ加工された短管Ｂを反時計方向に回し引抜き、取外します（図２・３・１２）。

（作成：山岸龍生）

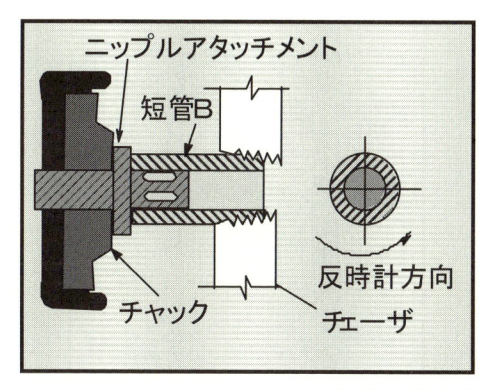

図２・３・１２　片側のねじ加工部を取外す

手順－5　反対側のねじ加工準備

ニップルアタッチメントに短管Bを取付けます（図2・3・13）。

> 注意：ニップルアタッチメントに短管Bを差し込み、同時に時計方向に短管Bが回らない事を確認します。

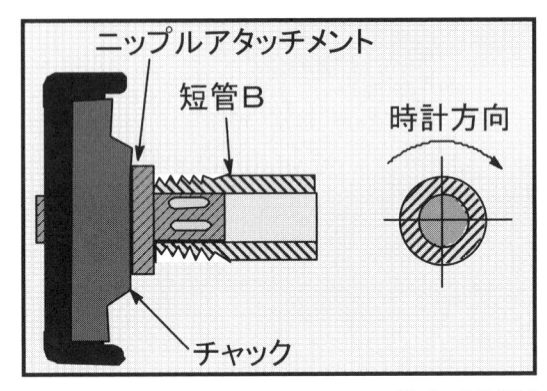

(作成：山岸龍生)

図2・3・13　反対側のねじ加工段取り

手順－6　反対側のねじ加工

ニップルアタッチメントに差込まれた短管Bへチェーザを押し当てねじを切ります（図2・3・14）。

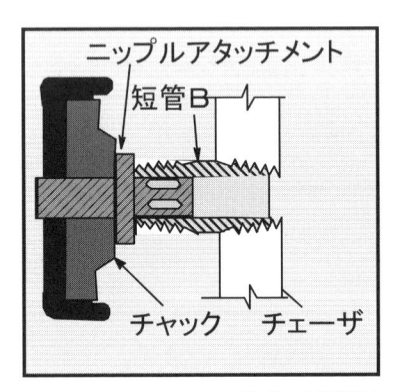

(作成：山岸龍生)

図2・3・14　反対側のねじ切り

手順－7　短管ニップルを取外す

ねじ切り機を止め、ニップルを反時計方向に回し取外します（図２・３・１５）

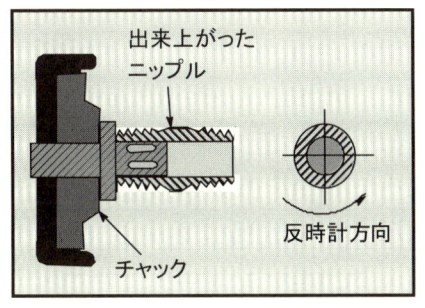

（作成：山岸龍生）

図２・３・１５　ニップルを取外す

【知っておきたい豆知識！（29）】
青銅バルブと鋼管の発錆勝負では、鋼管の負け！

記：小岩井隆
絵：瀬谷昌男

　青銅バルブと鋼管を組み合わせた場合、青銅と鋼管との間で、「異種金属接触腐食（galvanic corrosion）」が発生し、トラブルになることがある。
　特に、「樹脂ライニング鋼管」にねじ込み接続する青銅製バルブには、「管端防食コア付き仕様＝JV（日本バルブ工業会）規格品」が要求される。
　これは、「樹脂ライニング鋼管管端部」の先端部分だけ「鉄素地」が水中に露出し、錆が集中するからである。

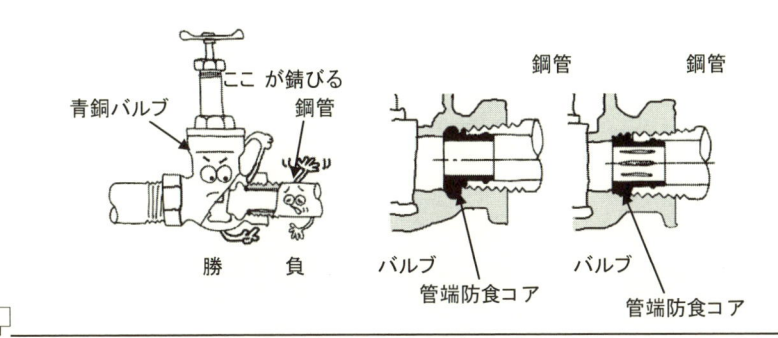

第Ⅱ部　第4章　65A～150A のねじ加工

4・1　ねじを切る方式

65A～150Aの鋼管にねじを切る方式には、次の2種類があります。

①固定式ねじ切り方式

　この方式は、50A以下と同じ方式で固定チェーザを使用し、チェーザ幅でテーパねじを加工する方式です（図2・4・1）。

注意：サイズは65Aと80Aのみです。

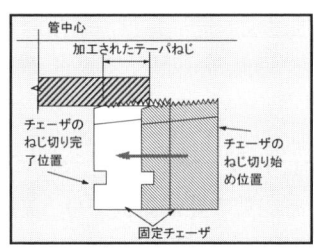

図2・4・1　固定式ねじ切り

②倣い式ねじ切り方式

　この方式は、固定チェーザ幅の約半分の倣いチェーザを使用し、チェーザを動かしながらテーパねじを加工する方式で65A～150Aのねじ切りができます（図2・4・2）。

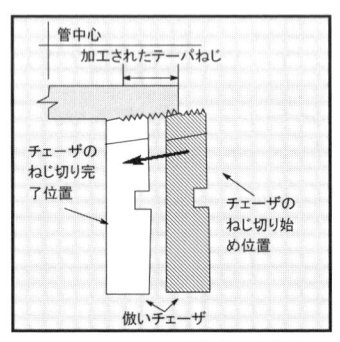

図2・4・2　倣い式ねじ切り

4・2　倣い式ねじ切り機の種類

　「倣い」という語は、一般に耳なれない用語ですが、これは「JIS B 0150」における「ならい旋盤」に由来するものです。ならい旋盤とは工作機械の旋盤の一種で、旋盤の刃物台が「模型、型板又は実物」にならって動き、それらと同じ輪郭を削り出す旋盤のことから、ならい旋盤と言われるようになりました。レッキス工業では、「ならい旋盤」の「ならい装置」の働きを参考にねじ切り機を開発し、このねじ切り機に搭載するチェーザを「倣いチェーザ」と命名しました。

　倣い式ねじ切り機には次の100A型と150A型の２種類があります。

4・2・1　100A型倣い式ねじ切り機（図２・４・３）

　ねじ切り能力は15A〜100Aで15A〜50Aは固定式自動切上ダイヘッド（以後自動切上ダイヘッドと呼びます）でねじを切り65A〜100Aは倣い式自動切上げダイヘッド（以後倣いダイヘッドと呼びます）でねじを切ります。

　①15A〜50Aの自動切上ダイヘッドは、第Ⅰ部で記述したものと同じです。

　②65A〜100Aは倣い式により、倣いダイヘッドでねじを切ります（図２・４・４）

（作成：山岸龍生）

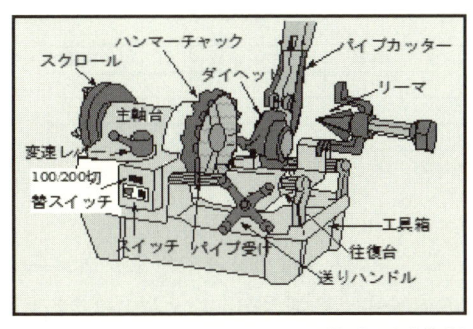

図２・４・３　100A型倣い式ねじ切り機

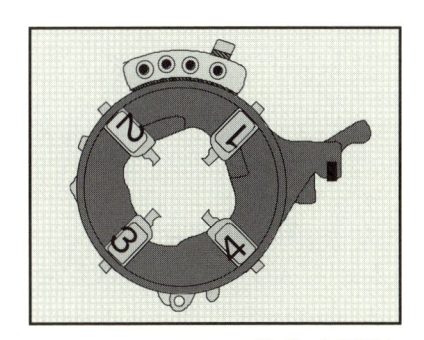

（作成：山岸龍生）

図２・４・４　100A型倣いダイヘッド

4・2・2　150A型倣い式ねじ切り機（図2・4・6）

ねじ切り能力は65A～150Aで「65A～100A」「125A～150A」の2種類の倣いダイヘッドでねじを切ります（図2・4・5）。

> 注意：100A型倣い式ねじ切り機（以後100A倣いねじ切り機）と150A型倣い式ねじ切り機(以後150A倣いねじ切り機)で使用する「65A～100A倣いダイヘッド」は兼用できませんが、チェーザは兼用で使用できます。

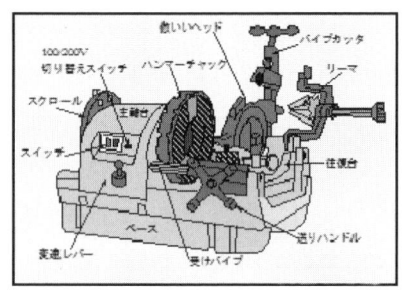

（作成：山岸龍生）

図2・4・5　150A型倣い式ねじ切り機

表2・4・1　ねじサイズと使用ダイヘッド

機　種	ダイヘッド	15A～20A	25A～50A	65A～100A	125A～150A
100A型	自動切上	○	○	※	
	倣　い			○	
150A型	倣　い			○	○

4・3　倣い式ねじ加工

ねじ切り時にモータにかかる負荷は、ねじ径が太くなるほど大きくなります。65A～150Aにねじを切る時、モータの負荷を小さく押さえ、なおかつ早くねじが切れるようにするため「倣い式ねじ加工」が生れました。

「倣い式ねじ加工」は、1／16のテーパが付くように、ねじを切りながらチェーザを動かします。チェーザを動かすのは「倣いダイヘッド」と「倣い板」です。

【知っておきたい豆知識！（30）】
片ねじ吊りボルトと全ねじ吊りボルト

記：安藤紀雄
絵：瀬谷昌男

　建築設備においては、配管やダクトや機器資材を「コンクリートスラブ」から、「吊り固定支持」する場合、かって小生がこの業界に入りたての「昭和40年代以前」は、通常「吊りボルト（hanging rod）」と屋ばれる、「鉄筋丸棒（亜鉛めっきしていない、黒鉄筋丸棒）」の片側に、いわゆる、「片ねじ」を切った「片ねじ吊りボルト」を使用していた。したがって、「黒の片ねじ吊りボルト」を現場に用意しておくと、時を見て「塗装工」がこれらに「錆び止め塗装」をしにくるような、のどかな時代であった。これを既述の「インサート」や「後施工アンカー」と呼ばれる「インサート金物」の「雌ねじ」にねじ込んで使用するのである。

　現在でも、「設備機材等」の吊り支持に「ねじボルト」を使用することは、昔となんら変わりはないが、現在では、「吊り支持棒」としては、「鉄筋棒」の全ての部分に「ねじを切った」、いわゆる「全ねじ吊りボルト（工場で亜鉛めっき済みのもの）」が使用されるようになっている。

　ここで、特に留意しておきたいことは、昔の「片ねじのボルトねじ」は、「切削ねじ」であったのに対し、現在の「全ねじ吊りボルトねじ」は、すべて「転造ねじ加工」であることである。

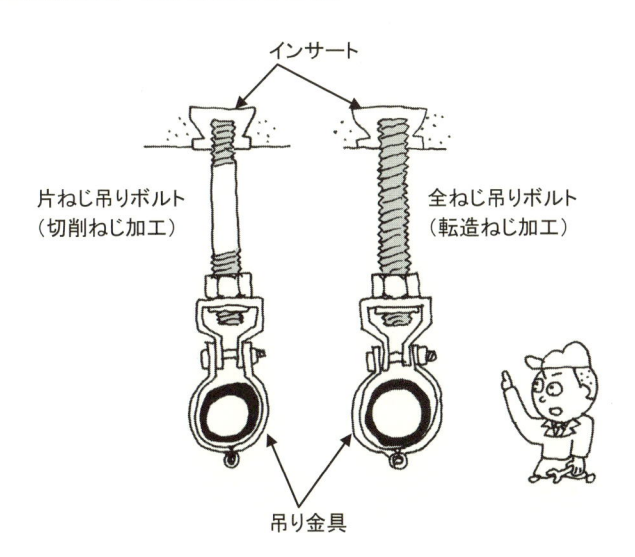

インサート

片ねじ吊りボルト
（切削ねじ加工）

全ねじ吊りボルト
（転造ねじ加工）

吊り金具

4・3・1　倣いチェーザ

　倣いチェーザは、ねじ切り時のモータ負荷を小さくするため、完全なねじが3山付いた巾の狭いチェーザです（図2・4・2、図2・4・6）。

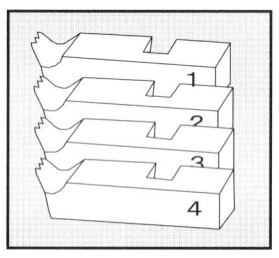

（作成：山岸龍生）

図2・4・6　倣いチェーザ

4・3・2　倣いダイヘッド

　ねじを切りながら、チェーザを動かす機構をそなえたダイヘッドが倣いダイヘッドです（図2・4・4）。

　倣いダヘイヘッドの種類は次の3種類です。

　①100A倣いねじ切り機用の「65A～100A倣いダイヘッド」

　②150A倣いねじ切り機用の「65A～100A倣いダイヘッド」

　③150A倣いねじ切り機用の「125A～150A倣いダイヘッド」

4・3・3　倣い板

　倣い板は、上面に勾配が付いた板で、往復台に装着され、倣いダイヘッドに備わった機構と倣い板との組み合わせでテーパねじが切れます（図2・4・7）。

(作成：山岸龍生)

図2・4・7　倣い板

4・4　倣いダイヘッドの名称と働き

　100A型と150A型の「65A～100A」用倣いダイヘッドは、形状、名称および働きは同一で取付け寸法が異なります。150A型の「125A～150A」用倣いダイヘッドもチェーザの取り付け枚数が異なるだけで形状、名称および働きは同じです。

　図2・4・8にもとづき各部の説明をします。

①倣いチェーザ

　倣いチェーザは、65A～100Aは4枚1組、125A～150A用は5枚1組で番号を合わせて挿入するようにチェーザには番号が刻印されています（図2・4・6）。

②ダイヘッド持ち手

　ダイヘッドをねじ切り開始位置にセットしたり、ねじ切り完了後のダイヘッドを持ち上げたりするための持ち手です（図2・4・8）。

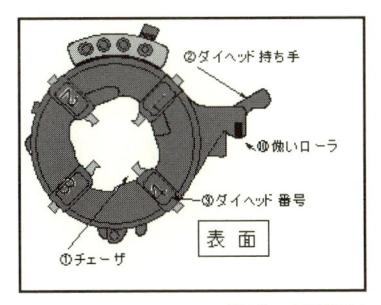

(作成：山岸龍生)

図2・4・8　倣いダイヘッドの各部の名称

③位置決めノッチ

　管径を選択するノッチ(溝)で、ねじ切りをする管の径に合わせてチェーザの位置を決めます（図2・4・9）。

④位置決めピン

　ねじ切り径を決め、チェーザの位置を固定するピンです（図2・4・9）。

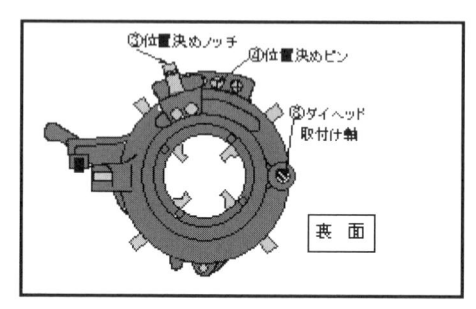

(作成：山岸龍生)

図2・4・9　サイズ位置決め部の名称

⑤ねじ径微調整つまみ

　ねじ径の微調整に使用します。固定六角ボルトをゆるめ、ねじ径微調整つまみを「－」側に回すとねじ径が細くなり、「＋」側に回すと太くなります。微調整がすんだ後は必ず固定六角ボルトを確実に締めて下さい（図2・4・10）。

⑥固定六角ボルト

　位置決めピンを固定するボルトです（図2・4・10）。

⑦管径表示プレート

　位置決めノッチのセットする位置を表示するプレートです（図2・4・10）。

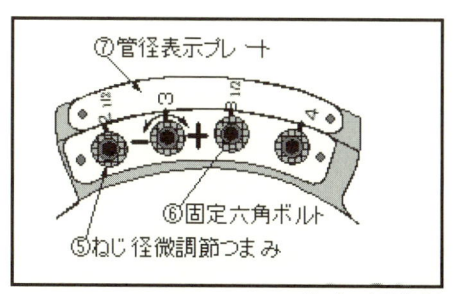

図2・4・10　ねじ径微調整部の名称

⑧ダイヘッド取付け軸

　ダイヘッドを往復台に取付けるため軸です（図2・4・9）。

⑨ダイヘッド番号

　ダイヘッドにチェーザの番号を合わせ入れるための番号です（図2・4・11）。

⑩倣いローラ

　倣い板の上面の傾斜をころがる事で、ねじにテーパをつけるためのローラです(図2・4・11）。

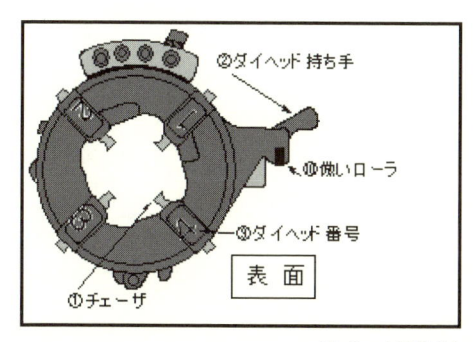

図2・4・11　ダイヘッド番号と倣いローラ

【知っておきたい豆知識！（31）】
ガスケット材とアスベスト

記：安藤紀雄
絵：瀬谷昌男

　ガスケット材（日本で一般に言われる"パッキン"）は、配管をフランジ接合する際に、フランジの面間に挿入され、気密性・水密性を確保する目的で使用される。現在のように「石綿（アスベスト）問題」が社会問題化する以前は、建築設備業界では、「アスベスト・ガスケット（アスベスト・パッキング）」を使用するのが常識であった。

　「アスベスト（石綿）」は、「耐熱性」に優れている他、いくつかの優れた特性を具備しているのが、人間にとって「有害物質」であるという理由により、現在では、その使用が制限されている。建築設備配管業界もその影響を受け、現在では、「石綿製ガスケット」は、すっかり姿を消している。その代わりに、「NAガスケット（ノン・アスベスト・ガスケット）」が一般に使用されるようになった。その主役が、現在「PTEF（テフロン）」を材料にした「ガスケット」なのである。

【知っておきたい豆知識！（32）】
ステンレス同士のねじ接合は、かじり現象が起きやすい。

記：小岩井隆
絵：瀬谷昌男

　鋼製同士や鋼と青銅などをねじ接合しても問題が生じないが、ステンレスバルブにステンレス管を「過大なトルク」や「無潤滑状態」でねじこむと、ねじに「かじり現象」を生じてトラブルになることがある。

　一旦、「かじり現象」を生じると、緩めることもできなくなるので、始末が悪い。この「かじり現象」は、高温になると「加速増大」するので、バルブの「ステンレス製シート」などでは、その防止策として、相対的に「硬度差」をもたせるさせることが行われている。

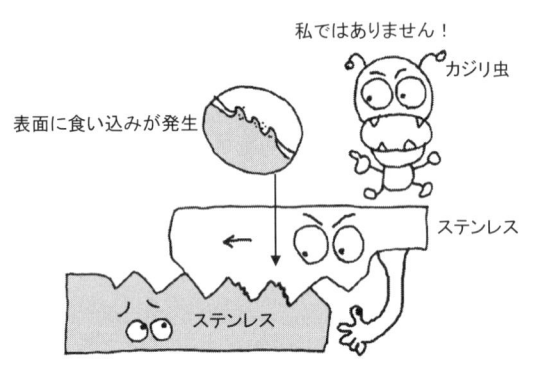

4・5　ダイヘッドの取付け
4・5・1　100A倣いねじ切り機の場合
　自動切上ダイヘッド（15A～50A）は、往復台のダイヘッド取付け穴の小さい穴に取付け、倣いダイヘッド（65A～100A）は、大きい穴に取付けます。

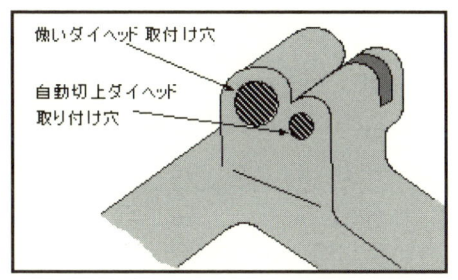

（作成：山岸龍生）

図2・4・12　ダイヘッド取付け穴

①自動切上ダイヘッドの取付け
　図2・4・13のように自動切上ダイヘッドを持ち、図2・4・12の「小さい穴」に取付け軸を押し込んで下さい。

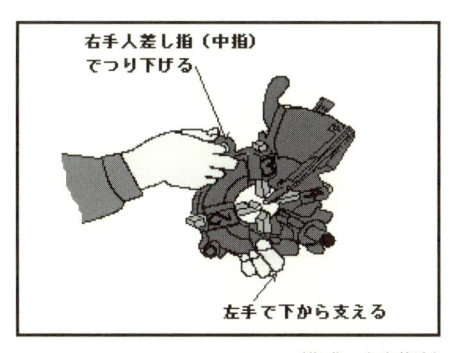

（作成：山岸龍生）

図2・4・13　自動切上ダイヘッドの持ち方

②倣いダイヘッドの取付け
　図2・4・14のように倣いダイヘッドを持ち、図2・4・12の「大きい穴」に取付け軸を押し込んで下さい。

(作成：山岸龍生)

図2・4・14　倣いダイヘッドの持つ位置

4・5・2　150A倣いねじ切り機の場合

　倣いダイヘッドは2種類ありますが往復台のダイヘッド取付け穴は1ケ所で共通です(図2・4・14、図2・4・15)。

　①65A～100A用ダイヘッド

　　図2・4・14のように倣いダイヘッドの3番の位置を左手で持ち、図2・4・15のダイヘッド取付け穴に取付け軸を押し込んで下さい。

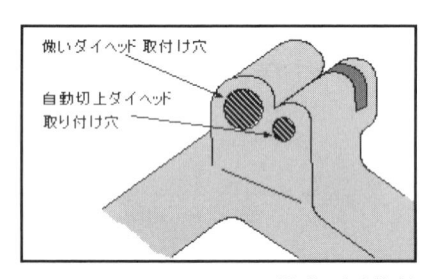

(作成：山岸龍生)

図2・4・15　ダイヘッド取付け穴

　②125A～150A用ダイヘッド

　　図2・4・16のように倣いダイヘッドを持ち、図2・4・15のダイヘッド取付け穴に取付け軸を押し込んで下さい。

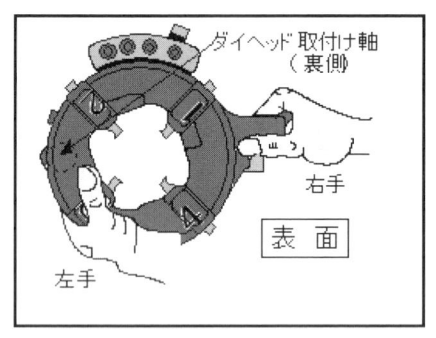

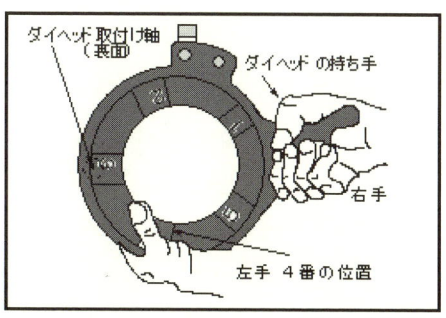

（作成：山岸龍生）

図2・4・16　倣いダイヘッドの持つ位置

4・6　設置上の注意
4・6・1　養生
①床養生

　ねじ切り中の切り粉による「はね」や、ねじ切り時に管内面に付着したねじ切り油の「たれ」によるねじ切り機周囲汚れ防止のため、ねじ切り機真下および周囲の床養生をします（第Ⅰ部　図1・4・10参照）。

②養生材と滑り防止

　ビニールシートを敷き、その上に左官用の船を置き、油の飛散を防ぎ、周囲2ｍにベニヤ板または古いカーペット等を配し、足元の滑り防止を行います。

③油のたれ防止

　管をねじ切り機から取り外す時は、管内面に付着したねじ切り油がたれないように専用のバケツ等に受けます（第Ⅰ部　図1・4・11参照）。

4・6・2　水平の確保

　ねじ切り中、ねじ切り油がパイプ内に流れ込むのを防止するため、ねじ切り機は水平、もしくは、スクロール側が若干高くなるように据え付けます（図2・4・17）。

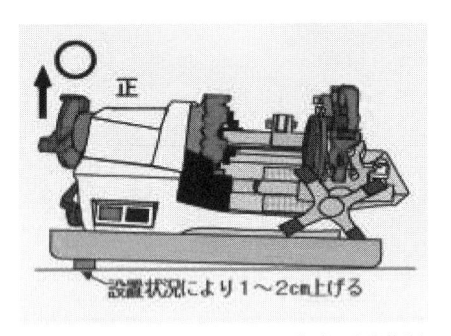

(作成：山岸龍生)

図2・4・17　ねじ切り機の設置

注意：ダイヘッド側が高いと、ねじ切り油が管内に流れ込み管内の汚染と、ねじ切り油の消耗を多くします（第Ⅰ部　図1・4・13参照）。

4・7　電源関係
4・7・1　電源電圧の切替

電源は、100Vまたは200Vで使用できます。使用する電源が決まりましたら、ねじ切り機の切替スイッチで切り替えて下さい（図2・4・18）。

注意：100Vより200Vのほうが使用時の電圧が安定しておりますので、大口径のねじを多く加工される場合は、200V電源でのねじ切りを推奨します。

4・7・2　電源容量

100V電源を使用する場合の注意事項

①ブレーカ容量

20A（アンペア）ブレーカの回路を使用し、ねじ切り機1台と、他の電動工具との同時使用は行なわないようにして下さい。同時使用すると、ねじ切り中にモータが停止し、焼損する恐れがあります。

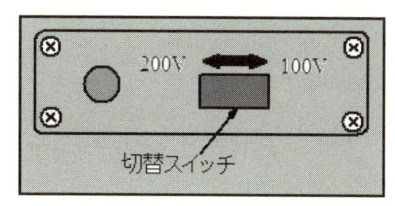

(作成:山岸龍生)

図2・4・18　100V、200V切替スイッチ

②延長制限

　コンセントからのコードリール（別称、電工リール・電工ドラム）による延長は30mが限界です。ケーブルの延長が長くなると使用時に電圧が下がり、ねじ切り中にモータが停止し、焼損する恐れがあります。

③ねじ切り機の最大負荷電流（100Vの場合）

表2・4・2　最大負荷電流

ねじ切り機	最大ねじ切りサイズ時	周波数	ねじ切り回転数	最大負荷電流（100V）
100A型倣い式	100A	50Hz	10.8rpm	13.5A
		60Hz	13.0rpm	15.0A
150A型倣い式	150A	50Hz	5.8rpm	11.5A
		60Hz	7.0rpm	13.0A

4・7・3　感電対策

①漏電遮断機付きを使用します。

　電源は漏電遮断機の設置されていることを確認して使用下さい。

　電気設備技術基準、および労働安全衛生法で設置が義務付けられています。

②漏電遮断機が組込まれたコードリールを使用します。

　漏電遮断機が設置されていないときは、漏電遮断機が組み込まれたコードリールを使用してください。

③接地（アース）工事が必要です。

　水気のある場所で使用する場合は、接地（アース）工事が必要になります。

　接地（アース）工事は法律で電気工事士でなければ施工できませんので、電気工事士に依頼してください。

4・7・4　コードリール

①漏電遮断器、および接地極（アース）

　コードリールは漏電遮断器付または、プラグ部分に接地極付きのものを使用して接地（アース）してください（図2・4・19）。

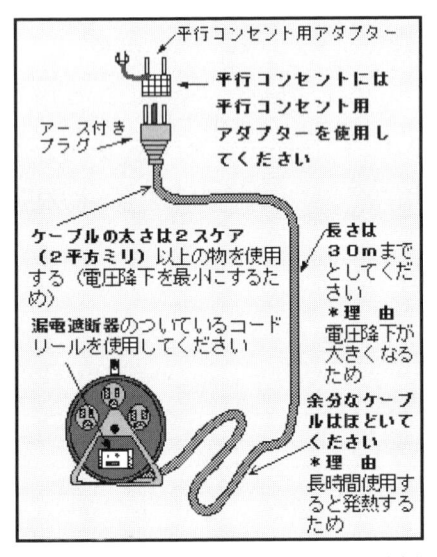

図2・4・19　コードリールの注意事項

（作成：高橋克年）

②ケーブルの太さ

　ケーブルは、公称断面積2mm^2（電気屋さんはmm^{2}をスケア（記号□）と呼びます）のものを使用します。太いケーブルのコードリールがこれに相当します。

　細いケーブル（1.25mm^2）のコードリールを使用すると電圧降下が大きくなり、ねじ切り中にモータが止まる事があります。

すぐスイッチを切らないとモータの焼損原因になります。

③ケーブルは全てほどく

　コードリールに巻かれているケーブルは、使用時に、全てリールからほどいて下さい。巻いたまま長時間使用しますと、発熱しケーブル線が融け、大きな事故につながります（図2・4・18）。

【知っておきたい豆知識！（33）】

塩ビライニング鋼管の話

記：安藤紀雄
絵：瀬谷昌男

　レッキス工業㈱が、中国蘇州にねじ切り機製作工場を新設した。
　この本の著書の一人である円山昌昭氏がレッキス工業㈱蘇州工場に転勤常駐しているということで、「管端防食継手研究会」のメンバー20名程度で、関連日系進出企業の見聞調査を兼ね、中国の上海・松山・蘇州などを訪問した。蘇州では、中国の配管工事関係者たちと我々日本人メンバーとで、「意見交換会」を開催した。
　この席で、中国人に対して、「塩ビライニング鋼管」と「管端防食継手」の説明をしたのだが、彼らにはどうしても理解できないようであった。
　そこで、黒板に絵を描いて説明すると、やっと理解して貰えたが、「日本人は、鋼管の内側に塩ビ管を挿入して、二重管にして使用するとは信じられない。地球資源のムダ使いではないか？」と非難された。「日本では、水道水を"塩素消毒"するので、鋼管だけだとじきに腐食が進行してしまうので、塩ビ管をライニングした鋼管を使用するのだ。」と付け加えた。
　すると、「日本人は、鉄管からの生水をそのまま飲むのか？」と、ビックリするような答えが返ってきた。

4・8 事前点検

4・8・1 ねじ切り油の種類と質

第Ⅰ部4・6・1「ねじ切り油の種類と品質」を参照ください。

4・8・2 「ねじ切り油」の量

ダイヘッドからの「ねじ切り油」吐出量は切れ目なく、ねじ切り時に煙が出ない程度です（図2・4・20）。

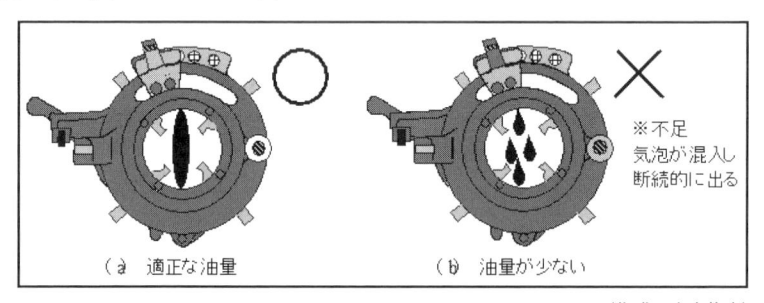

図2・4・20　ねじ切り油量の目安

4・9 ねじ切り準備

100A倣いねじ切り機と150A倣いねじ切り機は、ねじ切り準備作業に関して共通点が多いので、100A倣いねじ切り機における100Aのねじを切る場合を中心に解説します。150A倣いねじ切り機特有の操作は、その都度、挿入説明します。

4・9・1 ねじ切り機に管をセットする

手順－1　準備

ダイヘッド、パイプカッタ、リーマを持ち上げます（図2・4・21）。

（作成：山岸龍生）
図2・4・21　ダイヘッドとリーマを持ち上げる

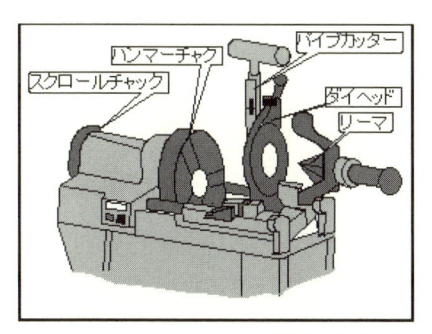

> 注意：「手袋使用の禁止」
> 　　　回転機器を使用するときは、労働安全衛生法で手袋の使用が禁止されています。手袋が回転部に巻き込まれると手も同時に巻き込まれ複雑骨折や腕の骨折がおきる場合があり、最悪、身体の巻き込みにもつながり、人命にも及ぶ事もあるからです。

手順－2　往復台の移動

「送りハンドル」を反時計方向に回して往復台を右端に止まるまで移動させます（図2・4・22）。

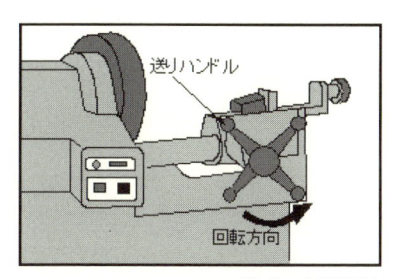

（作成：山岸龍生）
図2・4・22　送りハンドルを左に回す

手順－3　鋼管挿入準備

スクロールチャックとハンマーチャックは、加工する管の外径より少し大きめに開きます（図2・4・23）。

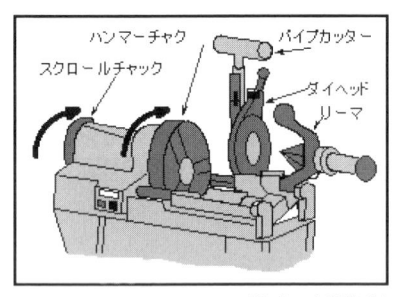

(作成：山岸龍生)

図2・4・23　スクロールチャックとハンマーチャックを開く

手順－4　鋼管の挿入

スクロールチャックに管を挿入し、ハンマーチャックのつめ先端より表2・4・5を参考に管を出します（図2・4・24、表2・4・5）。

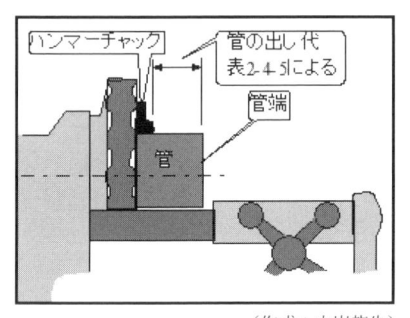

(作成：山岸龍生)

図2・4・24　管の出し代

注意：ねじ切り時にダイヘッドがハンマーチャックにぶつからない最小の管出し代の目安は、表2・4・5の長さです。

表2・4・5　最小の管出し代　　　　　　　　　　　　　　単位：mm

	15A	50A	65A	100A	150A
100A型 自動切上ダイヘッドでねじを切る場合	75	90	—	—	—
100A型 倣 いダイヘッドでねじを切る場合	—	—	80	90	—
150A型 倣 いダイヘッドでねじを切る場合	—	—	85	95	95

手順－5　受け台の使用

長い管は管受け台を使用します。

スクロールチャックとハンマーチャックの長さ（L）の2倍以上管が出ている場合管の自重による芯ぶれ防止のため管受け台を使用します（図2・4・25）。

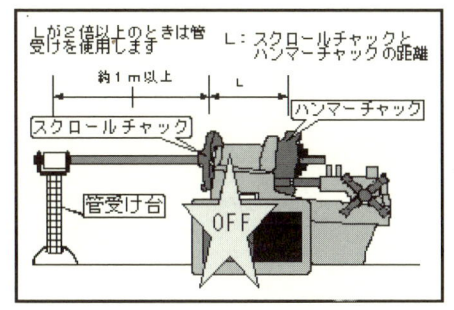

図2・4・25　管受け台を使用する

手順－6　スクロールチャックの締付け

スクロールチャックを手前に回して、管を締め付けます（図2・4・26）。

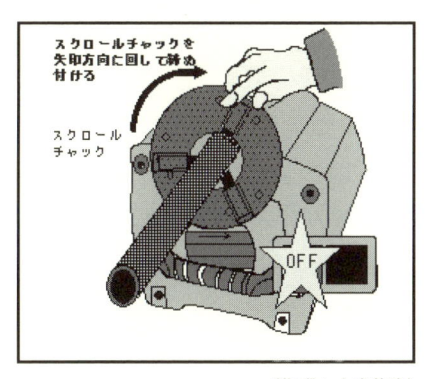

図2・4・26　スクロールチャックで管の締め付け

手順－7　ハンマーチャックの締付け

①管を右手でハンマーチャックの中心に保持する。

②管を右手で保持しながら、締付ホイールを左手で手前に回してハンマーチャックの管押さえ用の爪で管を押さえ芯がでていることを確認します。

③締付ホイールが回らなくなったら、締付ホイールを45°～90°戻します。

④締付ホイールを手前に軽く２～３回たたきつけて締め付けます（図２・４・２７）。

（作成：山岸龍生）

図２・４・２７　ハンマーチャックで管の締め付け
（第Ⅰ部 5・1「ねじ切り機の準備と管のセット」参照）

４・９・２　ダイヘッドのセット
手順－１

ねじを切ろうとする管径の「サイズ板サイズ当たりねじ」を「サイズ当たりピン」のくぼみ凹みに入れます。そうすると倣い板は、ねじ切り管径に合わせた位置へ移動します（図２・４・２８）。

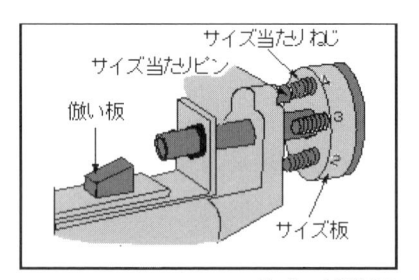

（作成：山岸龍生）

図２・４・２８　倣い板のセット

手順－2

ダイヘッドを静かに手前に倒し、ダイヘッド取り付け溝にセットします。

そうするとダイヘッドの倣いローラが、倣い板上面に当たります（図2・4・29）。

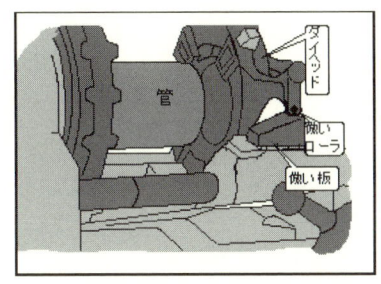

（作成：山岸龍生）

図2・4・29　ダイヘッドをねじ切り位置にセットする

手順－3

ダイヘッドのねじ切り管径選択をします（図2・4・30）。

①管径位置決めノッチを図中①の位置に倒す。

②位置決めノッチをねじ切りする管径の位置決めピン位置（右図は、4インチにセット）に合わせます。

③位置決めノッチを図中③の位置に起こす（溝にかみ合わせる）とねじ切り位置にセットされます。

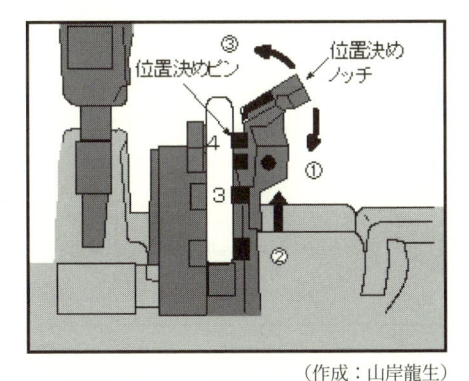

（作成：山岸龍生）

図2・4・30　ねじ切りサイズのセット

【知っておきたい豆知識！（34）】
ラッキングとラギング

記：安藤紀雄
絵：瀬谷昌男

　首題の用語は、「保温・断熱工事」の関連用語である。ボイラ・配管などの保温・断熱被覆を保護する目的で、鉄板・ステンレス板・アルミニウム板などで、「外板カバー」を掛ける、いわゆる「外皮工事」のことである。

　日本では、通称「ラッキング（工事）」などと呼ばれているが、正式には「ラギング（lagging）」と呼ぶべきである。雨水のかかる場所、浴室・厨房などのような湿度の高い場所、あるいは機械室のように管理作業が常時行われる場所の「保温・断熱部」に施される。

　小生、シンガポールで超高層ビルの空調設備工事を施工していた時には、「sheathing」という用語が使われていた。

　ちなみに、英和辞典には、「sheathing」とは、「さやに納めること・保護用の覆い・被覆材料」などと解説されている。

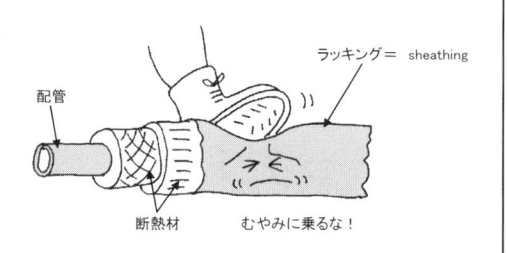

ラッキング＝ sheathing
配管
断熱材
むやみに乗るな！

【知っておきたい豆知識！（35）】
切削ねじ切り機のチェーザの離脱マークとは？

記：小岩井隆
絵：瀬谷昌男

　管用ねじの軸線上に、3～4本うっすらと「線」が残っていることがある。
　切削ねじ切り機では「チェーザ」を使用しているが、これは、ねじを切った配管を最後にねじ切り機から外すときに、チェーザによってできる「ひっかきキズ（？）」である。よく見なければ分からない程度の「圧痕（チェーザの痕跡）」で、ねじ接合の品質に影響するほどのものではないが、「チェーザ」の切れ味が劣ってくると悪さをする場合もある。管継手やバルブなどの雌ねじにも発生することがある。

　「シール剤」を用いない「鉄道車輌用」の特殊仕様のねじ込み配管では、このような「離脱マーク」も赦されない場合もあるので、要注意である。

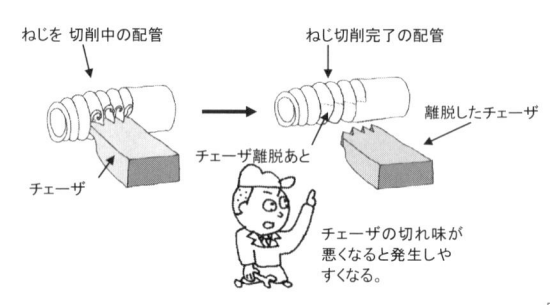

ねじを 切削中の配管
ねじ切削完了の配管
チェーザ
チェーザ離脱あと
離脱したチェーザ
チェーザの切れ味が悪くなると発生しやすくなる。

4・10　ねじ切り加工

　100A倣いねじ切り機と150A倣いねじ切り機は、ねじ切り加工作業に関して共通点が多いので、100A倣いねじ切り機における100Aのねじを切る場合を中心に解説します。150A倣いねじ切り機特有の操作は、その都度、挿入説明します。

4・10・1　回転数の切替

　①変速レバーを押し下げて図2・4・31のようにねじ切りする管径にあった位置にセットします。
　②スイッチを入れます。
　③管が回転したら、ねじ切り油の量が充分出ていることを確認します。

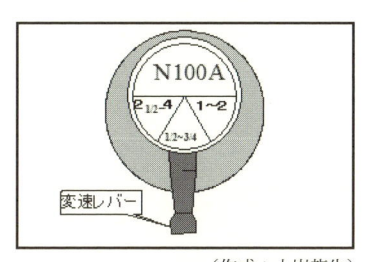

（作成：山岸龍生）

図2・4・31　100A型回転数の切替

> 注意：変速レバーがセットできない時はスイッチを入れた状態で切り替えて下さい。

※150A倣いねじ切り機は、変速レバーを図2・4・32のように、右または左に止まるまで倒し、ねじ切りする管径にあった位置にセットします。

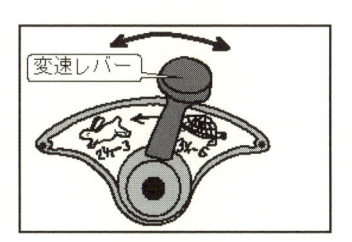

（作成：山岸龍生）

図2・4・32　150A型回転数の切替

4・10・2　油の出口切替、油量調整

（1）100A倣いねじ切り機の油出口切り替えおよび油量調整

　自動ダイヘッド（15A（1/2〜50A（2））と倣いダイヘッド（65A（2 1/2）〜100A（4））に対応する「油切替レバー」付いていますので管径に応じて切り替える必要があります（図2・4・33）。

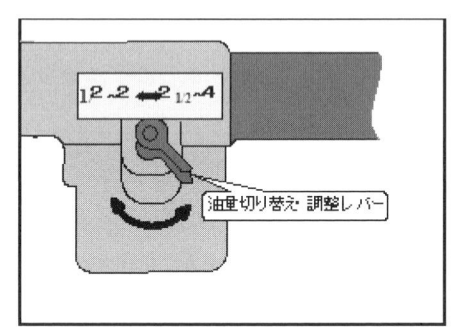

図2・4・33　油の切替

```
注意：①油切替レバーは、たおし方を変える事で油量も調整できます。
　　　②油が断続的に出る場合は、タンク内の油が不足しています。
　　　　タンクにねじ切り油を補充します。
　　　③ねじ切り時、油が不足するとチェーザの寿命が短くなります。
```

（2）150A倣いねじ切り機の油量調整

　図2・4・33の油量調整ノブを回す事で油量調整できます。

```
注意：①油量調整ノブを左右、どちらに回しても油量調整できます。
　　　②油量調整は図2・4・34のピンから出る油量を多くすると、
　　　　倣いダイヘットから出る油量が少なくなります。
　　　③ダイヘッド取付穴は一ヶ所のため、油出口切替は付いておりません。
```

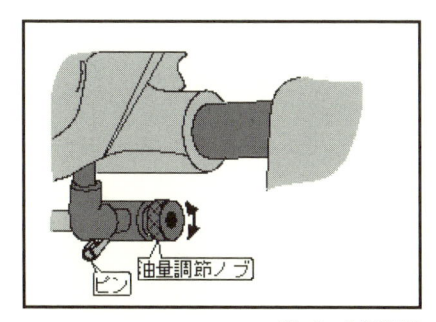

（作成：山岸龍生）

図2・4・34　油量調整

4・10・3　ねじ切り作業
手順－1　ねじ切り

　送りハンドルをゆっくり時計方向に回しダイヘッドを左に送り、チェーザを管に押し当て、食いつかせます。

> 注意：倣いダイヘッドによる加工の場合は、食いつき時の負荷が一番大きくなるので、自動ダイヘッドによる加工よりも慎重に、3山以上チェーザが管に食いつくまで送りハンドルで送り続けます（図2・4・35）。

（作成：山岸龍生）

図2・4・35　ねじ切り

手順－2　ねじ切り完了

チェーザが3山以上食いつくと、倣い板に沿ってダイヘッドが自動的に送られ所定のテーパねじが加工されます。

ねじが切り上がると

①ダイヘットの倣いローラが倣い板上から落ちます。

②管にねじ切りをしていたチェーザが開き、ねじ切りが完了します（図2・4・36）。

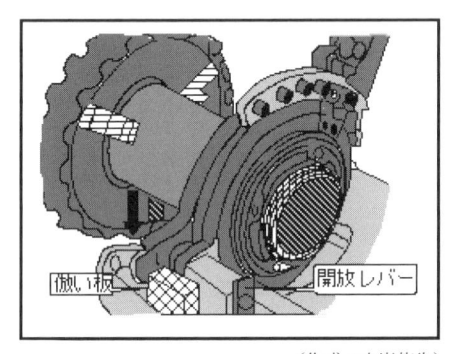

（作成：山岸龍生）

図2・4・36　ねじ切り完了

手順－3　管の回転停止

ねじ切りが完了したらスイッチを切り、管の回転を停止します。

手順－4　管の取外し

①送りハンドルを反時計に回し、往復台を右いっぱいに寄せます。

②解放レバーを右に倒し、ダイヘッドを持ち上げます（図2・4・36）。

　※150A倣い式ねじ切り機は、図2・4・38の解放レバーを右に引っ張り、ダイヘッドを持ち上げます。

図2・4・37　100A型管の取外し

③スクロール、ハンマーチャックをゆるめます。
④管をねじ切り機から外します（図2・4・37）。

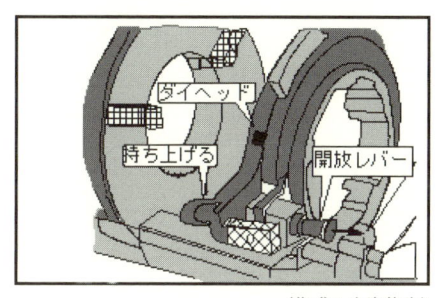

図2・4・38　150A型ねじ切り完了

手順－5　油切り

管に付着した「ねじ切り油」を床面にこぼさないように養生シート上のバケツ等で油切りを行います（図2・4・39）。

> 注意：建築中の建物を作業場にしている場合、床面にねじ切り油が付着すると、床仕上げの時にモルタルや、仕上げ材が接着しなくなります。

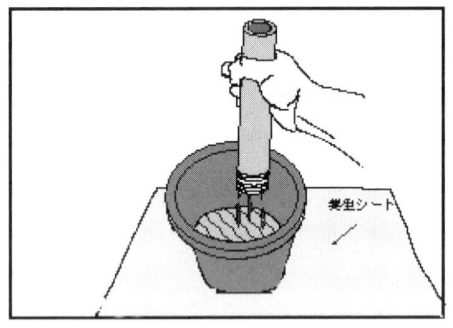

(作成：山岸龍生)

図2・4・39　バケツに「ねじ切り油」を受ける

手順－6　ねじ切り油と切り粉の除去

　上水配管の場合は、ブラシ、小ほうき等で管内外面を油が残らないように水洗いし、ウエスでふき取ります（図2・4・40）。

> 注意：ねじ切り油が残るとシール剤がねじ表面に密着しないので漏洩の原因になります。

(作成：山岸龍生)

図2・4・40　ねじ切り部の水洗い

4・10・4　二度切りを行う場合

（1）100A倣いねじ切り機の場合

　電源事情が悪く、最大負荷が掛かる100Aをねじ切り中にモータが止まった場

合、ねじ切り機サイズ板に記載されている目盛り（二度きり）に合わせてねじを切ることにより、ねじを完成させることができます。

手順－1　サイズ板目盛りのセット

図2・4・41のように、サイズ板目盛り「「4」二度切り(一度目)」にセットして、一度目のねじを切ります。

※一度目で切ると、「太め」ねじが切れます。

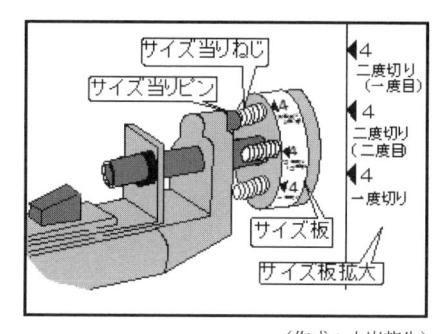

（作成：山岸龍生）

図2・4・41　100Aサイズ板（二度切り）

手順－2　二度切り（二度目）

ねじが切り上がれば、次にサイズ板目盛り「「4」二度切り（二度目）」にセットし、ねじの仕上げ切り（二度目）を行います。

手順－3　検　査

切り上がったねじを「ねじゲージ」で検査します。合格範囲に入っていない時は倣いダイヘッドのねじ径微調整を行い、切り直します。

（2）150A型倣いねじ切り機の場合

電源事情が悪く、最大負荷が掛かる150Aのねじ切り中にモータが止まった場合、ねじ切り機サイズ板に記載されている目盛（二度切り）に合わせてねじを切る事により、ねじを完成させることができます。

手順－1　二度切り（一度目）

　図2・4・42のように、サイズ板目盛り「「4・6」二度切り（一度目）」にセットし、一度目のねじを切ります。

※一度目で切ると、「太め」ねじが切れます。

手順－2　二度切り（二度目）

　ねじが切り上がれば、次にサイズ板目盛り「"6"二度切り（二度目）」セットし、ねじの仕上げ切り（二度目）を行います。

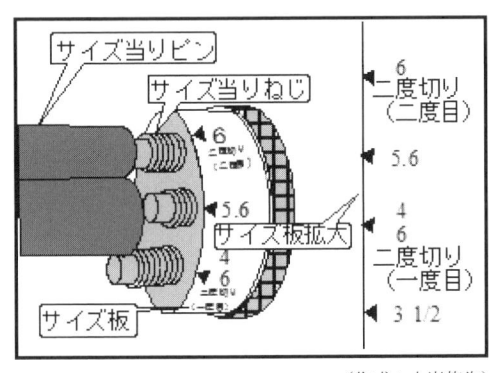

（作成：山岸龍生）

図2・4・42　150Aサイズ板（二度切り）

手順－3　検査

　切り上がったねじを「ねじゲージ」で検査します。合格範囲に入っていない時は倣いダイヘッドのねじ径微調整を行い、切り直します。

> 注意：150Aのねじを1度で切る場合は必ず、サイズ目盛り「5、6」にセットし切ってください。

[参　考]

　管用テーパおねじの加工精度は、ねじ切り機の整備状況、チェーザ刃先および、ダイヘッドの摩耗度、ねじ切り油の質、使用する鋼管のメーカー等により、真円度、テーパ、ねじ径、ねじ面が変化します。

4・11　出来上がったねじの検査・ねじ込み前の準備・ねじ込み作業

　出来上がったねじの検査につきましては、第Ⅰ部 第6章「出来上がったねじの検査」、第Ⅲ部 資料Ⅰ・1「管用テーパねじリングゲージの選定とその使用方法」、第Ⅲ部 資料Ⅰ・2「不良ねじの発生原因と対策」を参照ください。

　また、ねじ込み前の準備については第Ⅰ部第7章「ねじ込み前の準備」、ねじ込み作業については第1部第8章「ねじ込み作業」をそれぞれ参照ください。

【知っておきたい豆知識！（36）】
ラチが空かない？

記：安藤紀雄
絵：瀬谷昌男

　ここで解説する「ラチ」とは、日常頻繁に使われる言葉で、必ずしも [配管工事] に関連する話題ではないが、そのルーツを知っておくと面白い。
　職人達の間にかかわらず、一見"英語"と見間違えるような"ラチ"という語は実は日本語で、「この仕事は、ちっともラチが空かない。」などと日常よく使用されている。ちなみに、「ラチ」という語を和英辞典で調べてみると、①垣：a picketfence, a pale、②範囲：pale limits, bounds、③進歩：progress と訳されている。"pale"とは、"顔色が悪く青ざめる"という意味の語源とは異なる、「柵を作るための杭」という意味から、"限界・範囲"という意味の語である。
　我々がよく日常使用する「ちっとも、ラチが空かない。」という表現は、「ニッチもサッチも行かない。」という意味だが、これは本来競馬用語で、競馬場の内柵、すなわち「ラチ」が馬込みでちっともあかず、騎手が抜け出そうと苦労することに由来しているという。

行け行け
ラチ＝fence
ここが空かないと
前にいけない！

第Ⅱ部　第5章　ドレネージ管継手

5・1　ドレネージ管継手とは？

　正式には、ねじ込み式排水管継手（JIS B 2303　Screwed drainage fitting）と云い、配管用炭素鋼管（SGP）または、これを母管とする内面ライニング鋼管用の管継手で、排水・通気配管に使用されます。

5・2　特徴

①ねじ込み式排水管継手は、形状として「リセス」と「肩」をもち、材質としては鋳鉄製と可鍛鋳鉄製とがあり、一般的には、可鍛鋳鉄製が使用されています。

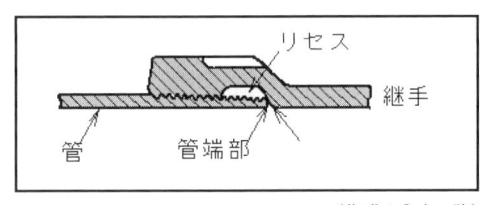

図2・5・1　リセス

②「リセス」とは、排水中の固形物を流れやすくするため、管継手の内径端部と鋼管のねじ端部の接続時の段差が小さくなるように、管継手めねじ奥部にリセス部が付いています（図2・5・1）。

> 注意：リセスの肩部に触れる直前までねじ込んだとき、気水密な接合となるねじを切らなければなりません。

③90°エルボ類、90°Y類など流れが90°の方向に変わる管継手では、主軸線に対する他の軸線の角度を91°10′として、実際の配管こう配と一致するようになっています（図2・5・2、図2・5・3）。

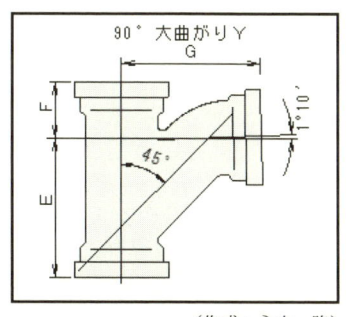

図2・5・2　90°大曲がりY　　　　図2・5・3　90°エルボ

※詳細については、p.282　第Ⅲ部　資料Ⅱ・1「リセス」についてを参照ください。

5・3　注意点

①ねじ込み式可鍛鋳鉄製管継手に比較して、めねじ長さが短いため、耐水圧性能は低い。0.35MPaの水圧検査で漏れないことが規定されています。

②リセスをもつ排水管継手では、継手も管もその内径が同一であるから、おねじの管端は管継手内の肩より深くはねじ込めません。

③不用意な長いおねじを切った管は、肩につかえたときにも気水密接合を形成するまでの充分なはめ合いになりません。

④反対に無関心な短いおねじを切った管は、肩につかえる前にねじ込めなくなって、たとえそれで気水密接合にはなったにしても、管端は肩に届いておらず、リセスのくぼみは露出しており、流水の障害と汚雑物片の沈積とにより、腐食を早めます。

【知っておきたい豆知識！（37）】
地球環境に最も優しい配管材料

記：安藤紀雄
絵：瀬谷昌男

　日本では、その用途によって各種各様の配管材量が出回っている。これらの代表的な管材料を『地球環境に最も易しい配管材料』という視点から評価するとどうなるであろうか？　その答えが表－１および表－２である。

　管種としては、① SGP、② STPG sch40、③ VP、④ SUS（JIS G 3448）⑤ 銅管硬質 M タイプ（JIS H 3300）の以上５種を選び、表－１は、管径別に「配管重量：kg/m」を元に、各配管材料の「炭酸ガス排出係数」を掛けて、「炭酸ガス輩出量：kg/C/m」を算出し、「配管材料別・管径別炭酸ガス排出量」として、まとめたものである。また、表－２は、「指数比較」する目的で、表－１の各数値を [SUS（JIS G 3448）] の指標を１として、「配管材料別・管径別炭酸ガス排出量指数」としてまとめたものである。

　表－２より、配管１m 当たり、炭酸ガス排出量の少ない順に並べると、「VP」→「SUS（JIS G 3448）」→「銅管硬質 M タイプ（JIS H 3300）」→「SGP」→「STPG sch40」となっている。配管の使用用途を「度外視」すれば、地球環境に最も優しい配管材料は何か？がお分かりいただけると思う。

　ただし、これらの配管材料の処理・リサイクルに要する「炭酸ガス排出量」は、一切加味していない。

　ちなみに、本表は筆者が「髙砂熱学：施工技術センター長」時代にまとめた表である。

誰が最も優しいのか？

表－1 「配管材料別・管径別炭酸ガス排出量」

原単位 [kg-C/kg]	SPG		STPGs c h40		VP		SUS(JIS G 3448)		銅管硬質M (JIS H 3300)	
	0.3911		0.3911		0.4922		0.3911		0.4904	
	配管重量	炭酸ガス排出量	配管重量	炭酸ガス排出量	配管重量	炭酸ガス排出量	配管重量	炭酸ガス排出量	配管重量	炭酸ガス排出量
サイズ(A)	[kg/m]	[kg/C/m]	[kg/m]	[kg/C/m]	[kg/m]	[kg/C/m]	[kg/m]	[kg/C/m]	[kg/m]	[kg/C/m]
20	1.69	0.661	1.74	0.681	0.31	0.153	0.529	0.207	0.49	0.240
25	1.43	0.950	2.57	1.005	0.448	0.221	0.687	0.269	0.69	0.338
32	3.38	1.322	3.47	1.357	0.542	0.267	0.98	0.383	1	0.490
40	3.89	1.521	4.1	1.604	0.791	0.389	1.24	0.485	1.4	0.687
50	5.31	2.007	5.44	2.128	1.122	0.52	1.42	0.555	2.2	1.079
65	7.47	2.922	9.12	3.567	1.445	0.711	2.2	0.860	3	1.471
80	8.79	3.438	11.3	4.149	2.202	1.084	4.34	1.697	4	1.962
100	12.2	4.077	16	6.258	3.409	1.678	5.59	2.018	6.9	3.384
125	15	5.867	21.7	8.487	4.464	2.197	6.37	2.491	9.9	4.855
150	19.8	7.744	27.7	10.833	8.701	2.806	12.1	4.732	13.3	6.522
200	30.1	11.772	42.1	16.465	10.129	4.985	15.9	6.218	―	―
250	42.2	16.583	59.2	23.153	15.481	7.620	19.8	7.744	―	―
300	53	20.728	78.3	30.623	21.962	10.810	23.6	9.230	―	―

表－2 「配管材料別・管径別炭酸ガス排出量指数」

管径／管種	SGP	STPGsch40	VP	SUS(JIS G 3448)	銅管硬質M (JIS H 3300)
20	3.195	3.289	0.737	1	1.161
25	3.537	3.741	0.821	1	1.259
32	3.449	3.541	0.696	1	1.279
40	3.137	3.306	0.803	1	1.416
50	3.739	3.831	0.994	1	1.943
65	3.395	4.145	0.827	1	1.710
80	2.025	2.604	0.639	1	1.156
100	2.182	2.862	0.767	1	1.548
125	2.355	3.407	0.882	1	1.949
150	1.636	2.289	0.593	1	1.378
200	1.893	2.648	0.802	1	―
250	2.141	2.990	0.984	1	―
300	2.246	3.318	1.171	1	―

第Ⅱ部　第6章　管用テーパ転造ねじ加工と接合

6・1　転造ねじとは？

　金属材料に、ある一定の外力を加えると、外力を除いても元に戻らず変形が残ります。このように変形が残ることを塑性変形といい、その変形を転がしながら行うため「転造」という言葉が使われています。

　建築設備配管で使用されている「転造ねじ加工」は、図2・6・1の様に転造ダイス（以下丸ダイス）の間で、鋼管を回転させて、ねじ山を盛り上げる加工方法で、出来上がったねじを「転造ねじ」と言います。

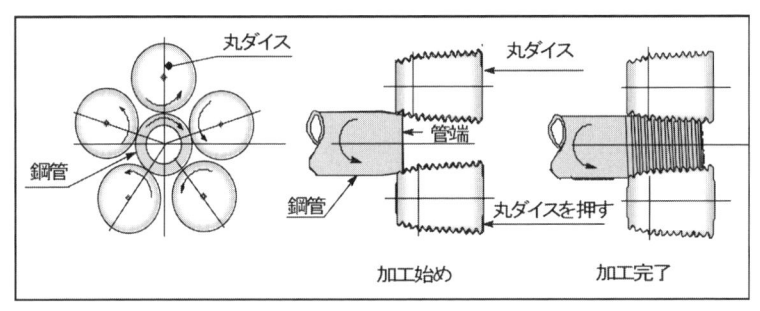

（作成：山岸龍生）

図2・6・1　転造ねじ加工

6・2　管用テーパ転造おねじ

　従来、建築設備のねじ接合配管に使用されてきたねじは、一般にチェーザ（切削工具）で加工された「切削ねじ」です（図2・6・3）。

　「管用テーパ転造おねじ」は、切削ねじと同じ規格「管用テーパおねじ」（JIS B 0203）であり、チェーザの代わりに丸ダイスで加工する方法で、1983年に日本(渡辺工業株式会社)で開発された技術です。

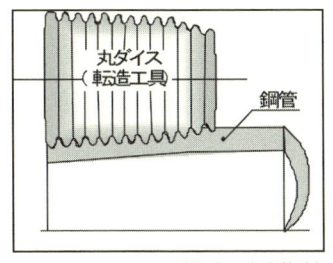

（作成：山岸龍生）

図2・6・2　転造ねじ加工

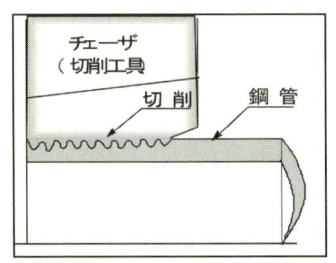

（作成：山岸龍生）

図2・6・3　切削ねじ加工

参考：渡辺工業(株)が開発した管用テーパねじ転造機は「工場設置型の転造機」です。レッキス工業が開発した管用テーパねじ転造機は「持ち運びできる小型軽量の転造機」で、この転造機の転造ねじ加工ヘッドは従来のねじ切り機にも取付けられ、ねじ切り機で転造ねじ加工ができます（図2・6・2）。

6・3　管用テーパ転造おねじの特徴

（1）ねじ部の強度は母管と同じ。

「切削ねじ」母材の繊維状組織（図2・6・4）は、ねじ山毎に切られており、ねじ部の肉厚は管端にいくほど薄くなります。

「転造ねじ」母材の繊維状組織は、ねじ山に沿って流れており、ねじ部の肉厚は管端にいってもほぼ変わりません。そのため転造ねじ部は母管とほぼ同じ強さを保ちます。

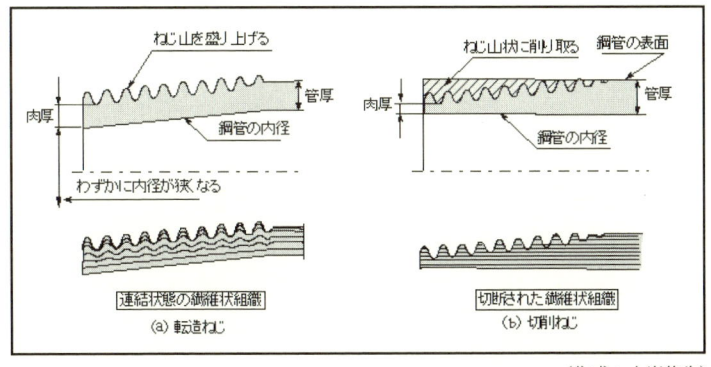

（作成：山岸龍生）

図2・6・4　管肉厚と繊維状組織の違い

①転造ねじと切削ねじの比較

　管用テーパ転造おねじ(以下、転造ねじ)は、管継手（ねじ込み式可鍛鋳鉄製管継手)に接合した場合、切削ねじと接合した時に比べ、ねじ部に曲げや引っ張りの力が掛かっても、管のねじ部は、折れにくく、また、接合部強度は溶接接合とほぼ同等の強さを発揮します（図2・6・5）。

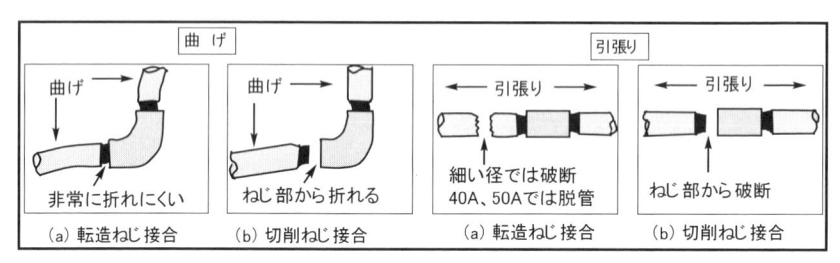

図2・6・5　曲げ・引張り比較

②転造ねじ接合と溶接接合の比較

　p.284　第Ⅲ部　資料Ⅱ・2　鋼管の「転造ねじ接合」と「溶接接合」の比較　を参照ください。

（2）転造ねじ加工中は切粉が少なく、環境負荷が小さくなります。

　転造ねじ加工中は、環境問題として取り扱いが難しい切粉を出しません。
(但し、管端の真円加工の時に少し出ます。切削ねじの約1／5)

（3）転造ねじ加工中は、切粉による油の飛び散り障害が発生しないので、環境にやさしい(油の消費は、切削ねじの約1／3）。

　転造ねじ加工は、処分が難しい切り粉発生がほとんど生じず、作業場環境の汚染がなく、安全対策が図られる等、切削ねじ加工に比べて大幅に環境面での改善が図られます。

（4）転造ねじを加工する丸ダイスは寿命が長く、ねじ品質が安定します。

　転造ねじを加工する丸ダイスは、切削工具のチェーザのような鋭い刃先がなく、転造ねじ加工時は鋼管と丸ダイスが「とも回り」するため、丸ダイスの摩耗が大幅に少なく性能が長期間安定し、その結果加工されるねじの品質も長期間安定します。

> チェーザの１０倍以上の寿命があり、丸ダイスの管理・調整作業(基準径の位置)も大幅に少なくなります。

（５）漏れにくいです。

転造ねじは漏れにくいねじ山形になっています（p.220　図２・６・３２「JIS B 0203 管用テーパおねじの切削加工と転造加工の山形精度の違い」参照）。

（６）ねじ部にめっき層が残り錆びにくいです。

亜鉛めっき鋼管に転造ねじを加工し接合した場合、転造ねじ部には、亜鉛めっき層が残るので錆びにくくなります（図２・６・６）。

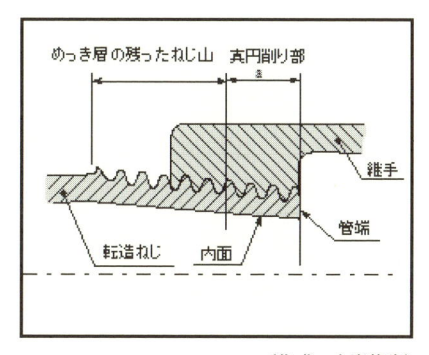

（作成：山岸龍生）

図２・６・６　めっき層の残ったねじ

6・4　転造ねじ加工

6・4・1　転造ねじを加工する方法

加工方法は、下記の２通りがあります。どちらも同じ転造ヘッドです。

また、機械の操作は従来のねじ切り機と同じですので転造ヘッドの操作を主に説明します。

① ねじ切り機からダイヘッドを取り外して、「自動オープン転造ヘッド」（以下転造ヘッド）を取り付けて転造ねじを加工する方法。

② 「自動オープン転造ヘッド付転造機」で加工する方法。

> 注意：
> ①ねじ切り機に転造ヘッドを取り付け、転造ねじ加工出来る加工径は、下記の通りです。
>   Ａ．50A用（２インチ）ねじ切り機に対応するのは25Aまでです。
>   Ｂ．80A用（３インチ）で50A、
>   100A用（４インチ）で65Aのねじ加工ができます。
> ②転造ヘッドは、１サイズに対し１ヘッドです。
> ③転造ヘッドは、現在のところ、レッキス工業㈱のみ販売しております。

6・4・2 転造ヘッドの名称と働き

　転造ヘッドは、鋼管の管端を①「真円加工と内面面取する加工刃を取付けたスクレーパホルダ」と②「転造ねじを加工するヘッド」が１体になっており、ねじ径微調整、ねじ長さ調整ができます（図２・６・７）。

図２・６・７　自動オープン転造ヘッド

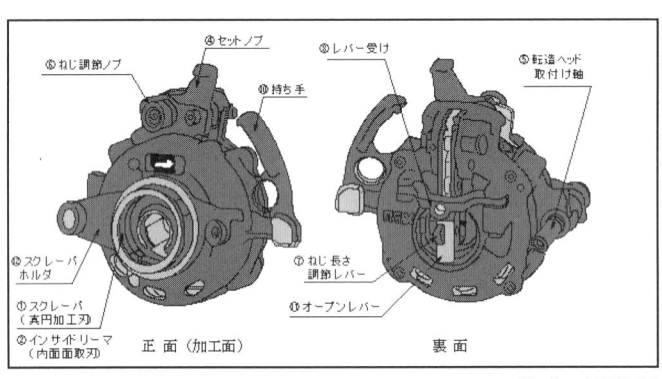

（作成：山岸龍生）

①スクレーパ(真円加工刃)
　管端部の外周を真円に削るための工具です。管端部を真円にしないと多角ねじが発生します（図２・６・８）。
②インサイドリーマ(内面面取刃)

管を切断したときに出来る内面のバリを取る工具です（図2・6・8）。

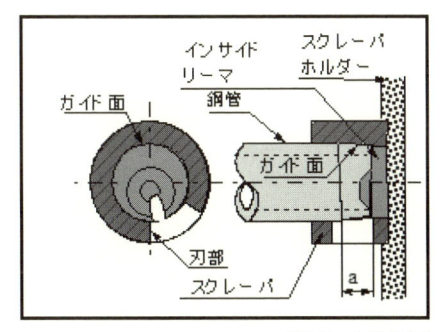

（作成：山岸龍生）
図2・6・8　スクレーパ・インサイドリーマ

③転造ねじ加工用丸ダイス

　転造ねじを加工するための工具で、切削ねじ加工用チェーザに相当します。転造ねじを加工するために必要な丸ダイス個数は管径により異なります。例えば、15Aで5個、50Aで9個必要です（図2・6・9）。

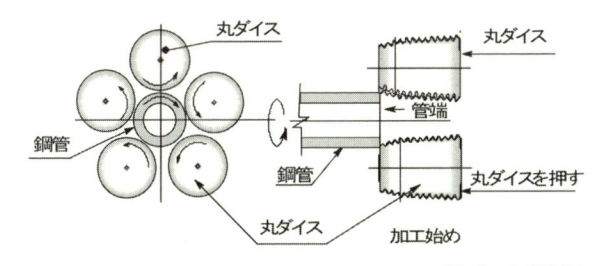

（作成：山岸龍生）
図2・6・9　丸ダイス配置図例（15A）

④セットノブ

　転造ねじが自動オープンした状態からねじ加工状態に手動で戻す取手です（図2・6・7）。

⑤転造ヘッド取付け軸

　ねじ加工機の往復台に転造ヘッドを取り付けるための軸です（図2・6・7）。

⑥ねじ径調整ノブ

ねじ径の微調整に使用します。右に回すと「ねじ径が太く」なり、左に回すと「ねじ径が細く」なります。

図2・6・10のA、Bのボルトは、ねじ径調整ノブを固定します。

【15A～20A転造ヘッドは Ⓐ 1ヶ所】

【25A～50A転造ヘッドはⒶⒷ2ヶ所】

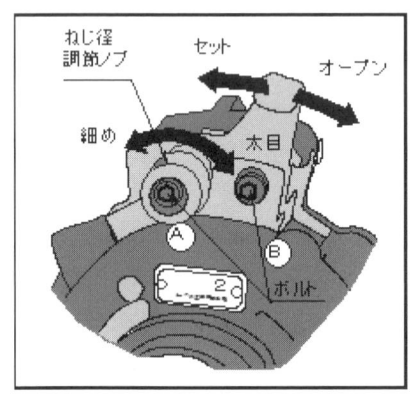

（作成：山岸龍生）

図2・6・10　ねじ径調整

⑦ねじ長さ調整レバー

図2・6・11の調整レバーを動かしねじ長さを調整します。

ボルトは調整レバーを固定するねじです。

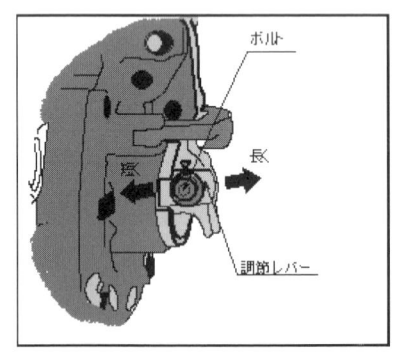

（作成：山岸龍生）

図2・6・11　ねじ長さ調整

⑧レバー受け

転造ヘッドが自動オープンするときのストッパーです。

なお、転造ヘッドがオープンしなかった時に働く安全レバーの役割もします（図2・6・12）。

(作成：山岸龍生)

図2・6・12　レバー受け

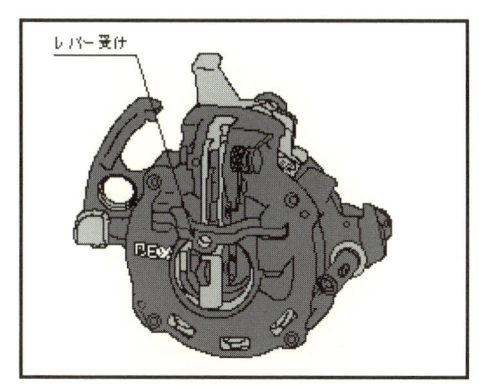

6・4・3　設置上の注意

ねじ転造中の油の飛び散りは非常に少ないですが、管に付着した油こぼれやダイヘッドの取り替え時に油がこぼれる恐れがあるので床養生は必要です（第Ⅰ部　4・4　設置上の注意　参照）。

6・4・4　電源関係

転造ねじを加工する場合の電気関係の準備は、ねじ切り機で切削ねじ加工する場合と同じです（第Ⅰ部4・5　電源関係　参照）。

6・4・5　加工油の働き

転造ねじ加工でも、切削ねじ加工時と同じように加工油が供給されます。

①真円加工時

スクレーパの刃に油をかけ、スクレーパの寿命を延ばし切削面のざらつきをなくします。

②転造ねじ加工時

　丸ダイスの焼付きを防止し、転造ねじの精度、品質を安定させ、丸ダイスの寿命を延ばします。

③転造ヘッドの稼働時

　転造ヘッド各部品の摺動を滑らかにし、働きを安定させ寿命を延ばします。

6・4・6　事前点検

（1）加工油の選択

　ねじ切り加工と同じ油を使います。配管する用途に応じ「上水用」「一般配管用」を使用して下さい。

　種類、品質、交換時期は、第Ⅰ部 4・6・1「ねじ切り油の種類と品質」を参照して下さい。

（2）転造ねじ加工の油の量

　転造ヘッドの下から、またはスクレーパから油が切れ目なく出ることを確認する（図2・6・13）。

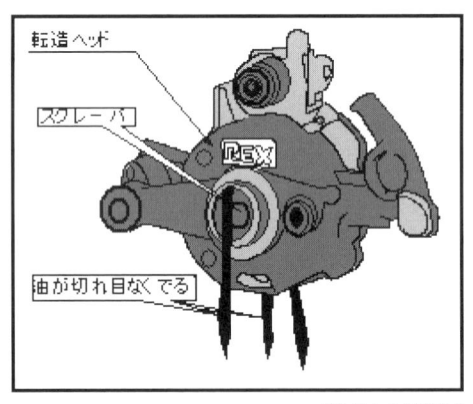

（作成：山岸龍生）

図2・6・13　油量の目安

6・4・7　切削ねじ切り機で転造ねじを加工する準備

　切削ねじ切り機で転造ねじを加工する場合、次の作業が必要です。

①切削ねじ切り機のカッタを取外す

　カッタを止めているピンを抜いてカッタを取外す。カッタが付いていると転造ヘッドが当たり加工ができません（図2・6・14参照）。

（作成：山岸龍生）

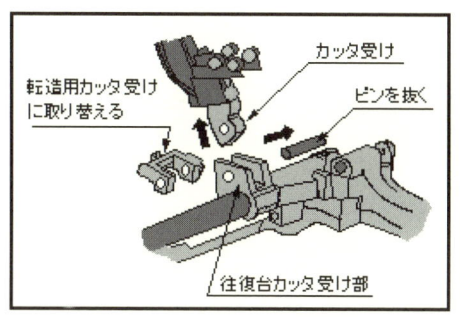

図2・6・14　カッタを取外す

> 追記：外したカッタを使用する場合
> 　　　　押切りパイプカッタおよびメタルソーカッタ共、それぞれ使用するねじ切り機に合った「専用の転造用カッタ受け」を使用してカッタを「往復台のカッタ受部」に取り付けます。

②ねじ切り機のリーマを取外す

　転造ヘッドとリーマが当たりますので図2・6・15のように取外します。

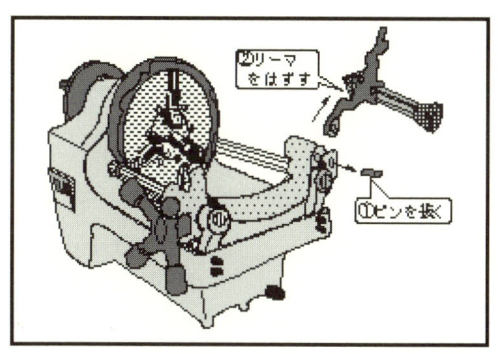

（作成：山岸龍生）

図2・6・15　リーマを取外す

【知っておきたい豆知識！（38）】
メートル圏とインチ圏

記：安藤紀雄
絵：瀬谷昌男

　現在、使用する長さの単位・重さの単位・で、大きく「メートル圏（M Size Zone）」と「インチ圏（Inch Size Zone）」に大別される。

　前者は、ドイツ・フランス・イタリア・ソ連・オランダ・日本などの国々であり、「長さの単位」としては、mm・cm・m・kmを、「重さの単位」としては、g・kg・tonが採用されている。

　一方、後者は、イギリス・アメリカ・オーストラリア・インド・南アフリカなどの国々であり、「長さの単位」として、inch・feet・mileを、「重さの単位」としては、lb（ポンド）が採用されている。

　したがって、前者を「M-kg単位国」と、また後者を「inch-lb単位国」と呼ぶこともある。

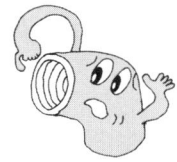

メートル圏生れ　　インチ圏生れ

国際結婚出来ないわけ？

【知っておきたい豆知識！（39）】
ねじ込み配管の「姿勢合わせ」とは？

記：小岩井隆
絵：瀬谷昌男

　管のねじ込み配管では、任意の回転位置で完了できるが、「エルボ」や「チーズ」などの継ぎ手やバルブについては、配管作業中に「所定の回転位置（角度）」に設定する必要がある。これは、バルブが「天地」が逆に設置されたり、横向きなど勝手な姿勢で完了されたら「不都合」が生じるためである。これらの調整作業を「姿勢合わせ」と呼んでいる。

　原則として、ねじ込んだ接続部を「締める回転方向とは逆方向に戻す」形の「姿勢合わせ」は行ってはいけないことになっている。バルブでは、もう一周回らないようであれば、必ずしも2回転締めなくても良い場合もある。

　「姿勢合わせ」のために、ねじ込み戻しを行ったための「トラブル発生」が非常に多いことが経験上分かっている。

姿勢合わせや、ねじ込み戻しを行うと洩れの原因がおきやすい

6・4・8 転造ヘッドの取付け

　転造ヘッドを図2・6・16の様に取り付けます（切削ねじ用のダイヘッドと同方法で取付けます）。

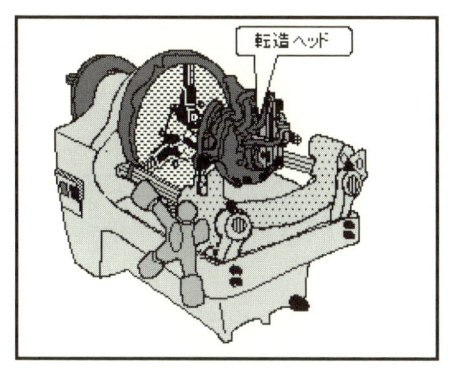

（作成：山岸龍生）

図2・6・16　転造ヘッドの取付

補足説明：転造ヘッドは、1サイズに付き1ヘッドです。ねじ加工のサイズに合ったものを使用します。
　　　　　転造ヘッドには、丸ダイス（チェーザに相当する工具）が組み込まれており、寿命はチェーザの約10倍以上です。

手順－1
　転造ヘッドの持ち手を右手で持ち左手で下から支えます（図2・6・17）。

手順－2
　ねじ切り機の正面に立ち転造ヘッド取付け軸を往復台取付け穴にあてがい、左手で押し込みます（図2・6・17）。

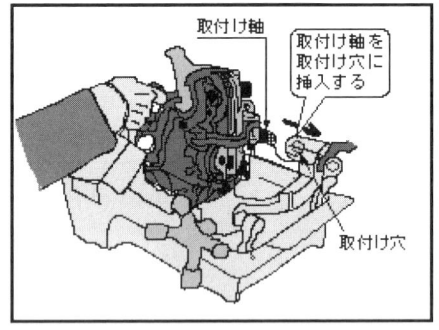

(作成：山岸龍生)

図2・6・17　転造ヘッドの持ち方

手順－3
押し込んだら、静かに往復台のダイヘッド取付け溝にセットします（図2・6・18）。

(作成：山岸龍生)

図2・6・18　往復台に取付ける

6・4・9　管の取付け
手順－1
転造ヘッドとメタルソーカッタ、または押し切りカッタを持ち上げておきます（図2・6・19）。

> 注意：手袋の使用禁止
> 　　回転機器を使用する時は労働安全衛生法で手袋の使用が禁止されています。手袋が回転部に巻き込まれると手も同時に巻き込まれ、複雑骨折あるいは腕の骨折、身体の巻き込みにもつながり、最悪は人命に関わる事があるからです。

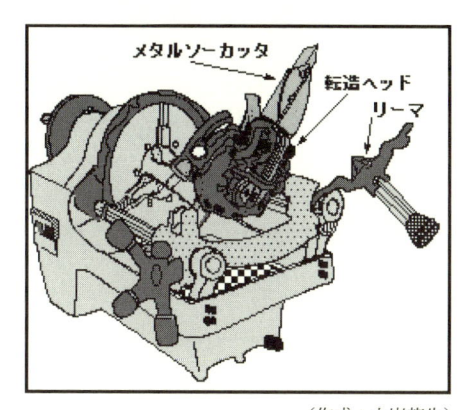

（作成：山岸龍生）

図2・6・19　転造ヘッド・カッタを上げる

手順－2

送りハンドルを反時計方向に回し、往復台を右端に止まるまで移動させます（図2・6・20）。

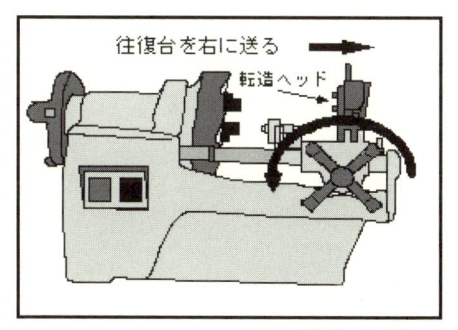

（作成：山岸龍生）

図2・6・20　往復台を右に送る

手順－3

　スクロールチャックとハンマーチャッククは、ねじ加工する管径より少し大きめに開きます（図2・6・21）。

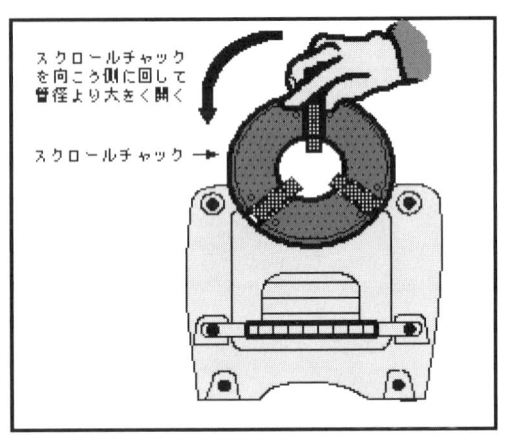

（作成：山岸龍生）

図2・6・21　スクロールで固定する

手順－4

　管を挿入し、ハンマーチェックの爪先より85mm以上出します（図2・6・22）。

> 注意：85mmより短いとねじ転造中に転造ヘッドがハンマーチェックにぶつかり、故障の原因になります。
> 赤ラインは、切削ねじ用の限界ラインです。
> 「転造ねじ加工の目安にしないでください」

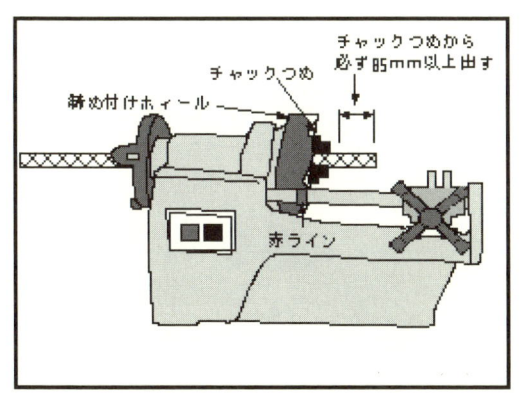

(作成：山岸龍生)

図2・6・22　管の出代

手順－5

長い管は管受け台を使用します。

図2・6・23のように管がLの2倍以上出ている時は、芯ぶれ防止のため管受け使用します。

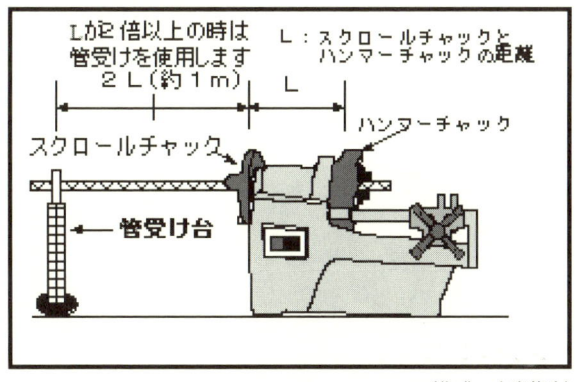

(作成：山岸龍生)

図2・6・23　管受けを使用する

手順－6

スクロールチャックを手前に回し、管を締め付けます（図2・6・24）。

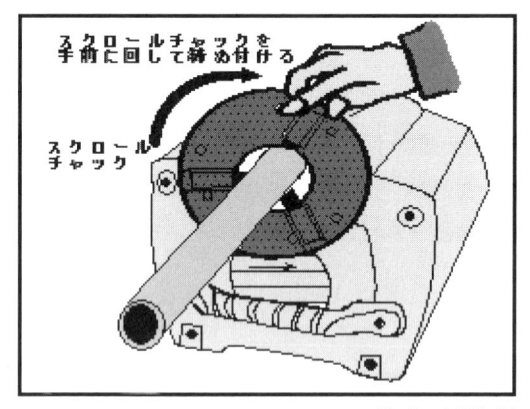

（作成：山岸龍生）

図2・6・24　スクロールチャックで締め付け

手順－7

　管を右手で保持し、締付けホイールを手前に回しハンマーチャックで管を締め付けます。

　回らなくなったら45°～90°戻し手前に軽く2～3回叩き付けて締め付けます（図2・6・25）。

（作成：山岸龍生）

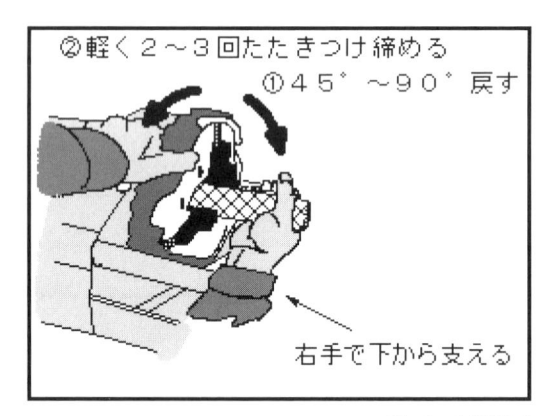

図2・6・25　ハンマーチャックによる締め付け

【知っておきたい豆知識！（40）】

蛇口とカラン

記：安藤紀雄
絵：瀬谷昌男

　日本では古くから「給水栓」のことを「蛇口」とか「カラン」とか呼んでいた経緯がある。「給水栓」は、英語で"faucet（米）"とか"water tap（英）"とか呼んでいるが、給水・給湯配管の末端に取り付けられ、開閉により、水または湯を供給・止水するための器具の総称である。
　「蛇口（じゃぐち）」は、給水栓の形状に「ヘビの頭部」を採用したために命名されたものだと思われる。おそらく、この言葉のルーツは、中国大陸から輸入されたものではないか？
　一方、最近ではめっきり数が少なくなった、「銭湯（公衆浴場）（注）」ではあるが、洗い場の水栓をなぜか「カラン」と呼んでいる。これは、ルーツがオランダ語で、オランダ語の"KRAAN"の発音が難しかったので、KとRの間にAを挿入して「カラン」になったのだとか・・・。
　注：小生、中国には何回も出かけているが、中国にも「浴池」と呼ばれる「銭湯」があるそうである。「湯」は、中国人にとっては「スープ」のことである。初めて日本に来た中国人が、外で「銭湯」という看板を見て、"銭のスープって、どんな味のスープ？"と尋ねたというエピソードも残っている。

6・4・10 転造ねじ加工

手順－1

スイッチを入れます。

手順－2

管が振れていないことを確認します。管に「振れ」が出たらスイッチを切りやり直します（図2・6・26）。

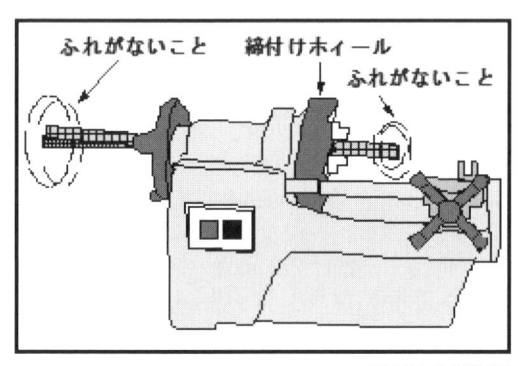

（作成：山岸龍生）
図2・6・26　管の振れの確認

手順－3

転造ヘッドを手前に倒し、静かにヘッド取付け溝にセットします。また、スクレーパホルダも下げ、セットします（図2・6・27）。

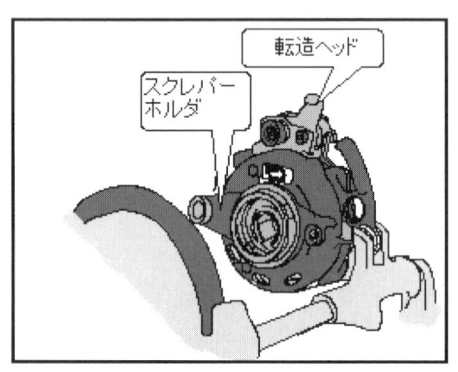

（作成：山岸龍生）
図2・6・27　転造ヘッドのセット

手順－4

転造ヘッド本体の下から2カ所（1カ所の場合もある）およびスクレーパから1カ所切れ目なく油が出ている事を確認します（図2・6・28）。

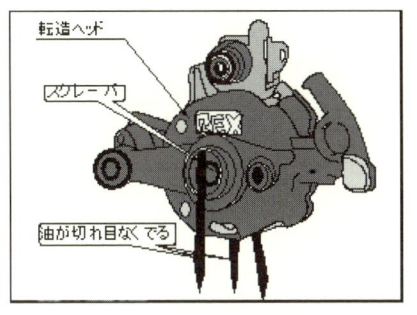

図2・6・28　油量の確認

手順－5　真円加工と内面面取

転造ねじ加工では鋼管外面を真円加工することが最も重要です。

①スクレーパを図2・6・29のように下げます。

> 注意：スクレーパの中に切粉が付着していたら取り除きます。

②送りハンドルを「ゆっくり」と時計方向に回し、スクレーパを管端に軽く当てて送り、真円加工を行います。

> 注意：加工時に発生する多角ねじは、鋼管の真円度が大きく影響します。
> 　　　そのため必ず管をスクレーパで真円に仕上げて下さい。真円加工の時、送りハンドルを早く回すと真円に加工できなくなり、多角ねじが発生し易くなりますので、気を付けて下さい。

③管端がスクレーパの窓を過ぎ、更に奥まで（約5㎜）送ると、管端の内面面取りができ、真円加工も完了します（図2・6・29）。

(作成：山岸龍生)

図2・6・29　真円加工

④スクレーパと管端が離れるまで、送りハンドルを反時計方向にゆっくり回す。
⑤スクレーパを上げます。

(作成：山岸龍生)

図2・6・30　転造ねじ加工

手順－6　　転造ねじ加工

①図2・6・30のセットノブを矢印方向に「カチッ」と音がするまで押す。
②丸ダイスを管端に食いつかせます。

　送りハンドルをゆっくり時計方向に回し、図2・6・31のように管端が丸ダイスに当たったら、送りハンドルに「強い力を加え続け」、鋼管が3回転位回ると丸ダイスが管端に食いつき、送りハンドルが自然に回り始めますので、手を離して下さい。

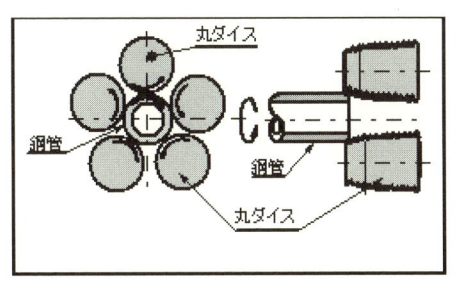

(作成:山岸龍生)

図2・6・31　丸ダイスを管端に当てる

> 注意：転造ねじ加工の食い付かせで重要なことは、食い付くまで送りハンドルの力をゆるめないことです。食い付かない場合は、管端を切断し、真円加工からやり直して下さい。

③規定のねじ長さになると丸ダイスは開き加工は完了します。

手順－7

送りハンドルを反時計方向に戻し、スイッチを切ります。

手順－8

スクロールチャック、ハンマーチャックを緩め、管をねじ切り機から外します。

手順－9

養生シート上にバケツ等を置き、ねじ部の油切りを行います（第Ⅱ部　図2・4・39参照）。

手順－10

ねじ切り油と切粉の除去を行います。上水配管の場合は、ブラシ、小ほうき等で水洗いして、ウエスでふき取ります（第Ⅱ部　図2・4・40参照）。

6・5　出来上がった転造ねじの検査

転造ねじ加工が完了し、ねじ部の掃除が終わったら、ねじ込み作業に入る前に、ねじの検査を行います(切削ねじと異なる所を説明します)。

6・5・1　転造ねじの特徴

①転造ねじの山形

「転造ねじ」は切削と同じテーパねじですが、切削ねじに比べ、ねじ山の加工精度が高く、安定して加工できます。切削ねじに比べフランク面と山の形状が安定しているので、めねじとの嵌め合いの精度が高いねじです。

> 参考：「管用テーパおねじJIS B 0203」切削ねじ加工と転造ねじ加工の山形形状の加工精度の違い（寸法は同じ）。

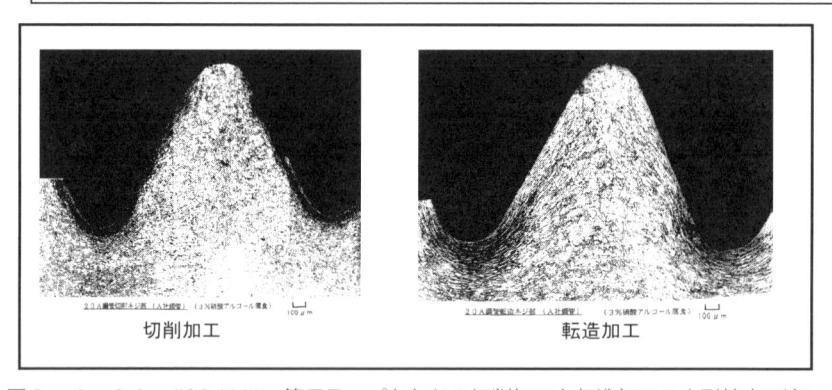

図2・6・32　JIS B 0203　管用テーパおねじの切削加工と転造加工の山形精度の違い

②ねじ呼称、呼び径

転造で加工されたねじも「管用テーパねじ」です。呼称、呼び径は切削ねじと同じです（第Ⅰ部　表1・6・1　ねじの呼称 参照）。

③ねじ山の見方、数え方

転造おねじも切削ねじと同じです（第Ⅰ部　図1・6・1、「ねじ山の数え方」参照）。

④ねじ部の長さとねじ山数

転造ねじの「有効ねじ部」は切削ねじと同じですが「食付きねじ部」が切削

ねじより0.5山多くなります（表2・6・1）。

表2・6・1　ねじ山数の数え方

ねじの呼び径B	有効ねじ部（山数）	食付きねじ部（山数）	ねじ長さ（山数）
R 1/2	8.5	2.5	11.0
R 3/4	9.0		11.5
R 1	8.5		11.0
R 1 1/4	9.5		12.0
R 1 1/2	9.5		12.0
R 2	11.0		13.5

（作成：山岸龍生）

6・5・2　目視検査（外観検査）

転造加工されたねじ山は、まず目で確認検査をします。下記のような異常があれば、原因を取り除き、転造し直して下さい。

> 注意：転造ねじは図2・6・33のように有効ねじ長さの中に「めっき層の残ったねじ山」があります。
> 目視では、ざらついているようですが、ねじ山は正しく転造加工されています。

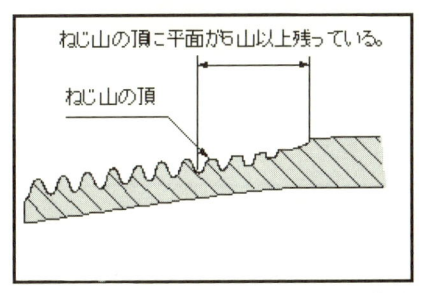

（作成：山岸龍生）

図2・6・33　めっき層の残ったねじ

（1）不良ねじ

①多角ねじ

ねじ部の円周外観が多角になっていないか検査します（図2・6・34）

(作成：山岸龍生)

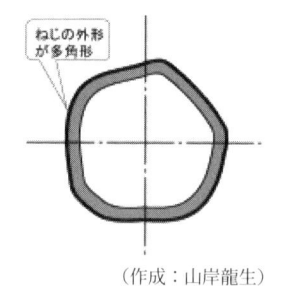

図2・6・34　多角ねじ

②盛り上がり不足ねじ

「ねじ山の頂き」に平面が5山以上残っているねじ（図2・6・35）。

> 注意：「ねじ山の頂き」に平面が2.5山残っているのは正常なねじです。

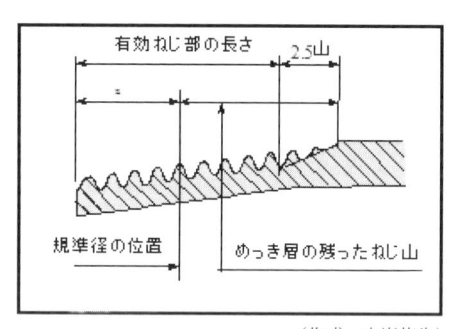

(作成：山岸龍生)

図2・6・35　盛り上がり不足ねじ

6・5・3　ねじゲージによる検査

転造ねじは「耐密性管用テーパねじ」の山形ですが、切削ねじ用の「テーパねじリングゲージ」を使用することができます。

検査方法は第Ⅰ部 第6章 出来上がったねじの検査、第Ⅱ部 第4章4・11 出来上がったねじの検査　を参照してください。

6・6 ねじ込み前の準備
6・6・1 ねじ部の掃除
切削ねじと同じ方法で掃除します（第Ⅰ部 7・1 ねじ部の清掃 参照）。

6・6・2 転造ねじ専用シール剤
転造ねじはねじ部の肉厚が厚く、ねじ精度が高くなっているため、締め込みトルクは切削ねじに比べ大きくなります。締め込みトルクを切削ねじに近づけるため、締め込み時の潤滑性を向上させた「転造ねじ専用シール剤」（主目的は、潤滑剤）を必ず使用してください（図2・6・36）。

> 注意：転造ねじに「切削ねじ用シール剤」を用いると、締め込み時にねじ山が焼き付き、漏れの原因になりますので使用しないでください。

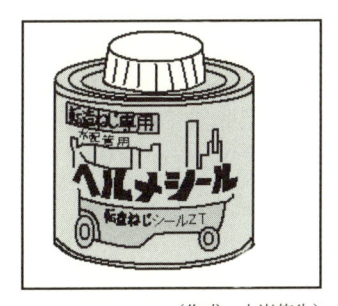

(作成：山岸龍生)

図2・6・36　転造ねじ専用シール剤：ZT

転造ねじ専用シール剤：ZT は、
転造ねじ専用の一般配管用（乾性固着 タイプ）です。
用途　給水・給湯・排水・汚水・スプリンクラー・冷却水・冷温水です。

6・7 ねじ込み作業
切削ねじの作業と同じです（第Ⅰ部　第8章　ねじ込み作業　参照）。違うのは、切削ねじに比べ、手締め後の締め込みトルクが大きくなります。

そのため締め込みは「手締め後の締め込み山数」（第Ⅰ部　表1・8・3　ねじ込み山数と標準締付トルクを参照）を基準にすることが必要です。

> 注意：手締め後の締め込み山数は切削ねじと同じです。

6・8　ねじ込み作業以降の作業（漏水確認試験等）

第Ⅲ部 補足参考資料編等参照ください。

【知っておきたい豆知識！（41）】

ウエスとは？

記：安藤紀雄
絵：瀬谷昌男

　小生が、入社して現場を担当していた頃、現場職人（配管工・ダクト工・保温断熱工・塗装工など）の仕事ぶりに大変興味があった。

　ある時現場巡回中に、天井内配管工事を施工している配管工から「監督さん！監督さん！ちょっと、そこのウエスを取ってくれ！」と言われたことがある。その配管工は、ローリングタワーの上で作業中であり、そこから降りて物（この場合、ウエス）を取ることが大変だったからである。

　小生、当初"ウエス"という「職人用語」を知らなかったが、"ウエス"とは、英語の"waste"に由来するもので、"不要の布切れ・半端な布はし・ボロ布・使い捨ての布"などを意味する用語である。配管の汚れ拭きや水漏れの拭き取りなど、建築現場で多目的に利用されている。ちなみに、英語で"It's a waste!"というと、"もったいない！"という意味になる。

第Ⅲ部　補足参考資料編

＜第Ⅰ部参考資料＞

資料Ⅰ・1　　管用テーパねじリングゲージの選定とその使用方法

資料Ⅰ・2　　不良ねじの発生原因と対策

資料Ⅰ・3　　付属書：管用テーパおねじの必要長さ（山数）

資料Ⅰ・4　　手締め後の残りねじ山の「最小、標準、最大」の計算方法

資料Ⅰ・5　　パイプレンチのくわえられる管の呼び寸法

資料Ⅰ・6　　建築設備配管の水圧試験・気密試験

資料Ⅰ・7　　コードリール（電工ドラム）名称

資料Ⅰ・8　　なぜ1インチの1／8なの？

資料Ⅰ・9　　モータトルクとねじ切り機の性状

資料Ⅰ・10　　構成刃先

＜第Ⅱ部参考資料＞

資料Ⅱ・1　　「リセス」について

資料Ⅱ・2　　鋼管の「転造ねじ接合」と「溶接接合」の比較

資料Ⅱ・3　　「切削ねじ加工」と「転造ねじ加工」の切削油消費量
　　　　　　　（環境面で注目される数字）

資料Ⅱ・4　　転造ねじ加工の丸ダイス寿命の目安

資料Ⅱ・5　　配管および給水栓等の取付部に用いられるねじについて

　補足参考資料編は、マニュアル作成の過程におきまして、単独資料として作成したものや、学会等で発表したものが含まれています。したがいまして、第Ⅰ部・第Ⅱ部の内容と一部重複している記述もございますので、その旨悪しからずご了承下さい。

第Ⅲ部　資料Ⅰ・1　管用テーパねじリングゲージの選定とその使用方法

［建築設備配管用ねじ施工研究会ＷＧ編（2005年8月9日修正）
ＷＧメンバー：大村秀明、近藤　茂、瀬谷昌男、高橋克年、
　　　　　　　永山　隆、原田洋一、円山昌昭、山岸龍生］

はじめに

　建築設備鋼管配管に於いて、残念ながら管用テーパねじリングゲージ（以下「ねじゲージ」）を使用した検査は、一部の施工業者を除き、ほとんど実施されず、その結果「ねじ接合は、漏れが多い」と見なされてきました。

　鋼管のねじ接合は、通常「外観検査」を行い、次に「ねじゲージ」での検査を行い、普通に接合すれば、まず、漏れるものではありません。

管用テーパねじゲージ（JIS B 0253）

　管用テーパおねじの基準径を目視で測定するねじゲージです。

　しかし、JIS規格品のねじゲージは価格が普及型メーカー規格品より数倍高いため、主として管材メーカー・検査機関等で使用されているが、一般としての使用率は低いのが現状です。

　一般建築設備工事現場では、ねじ切り機メーカー（図資Ⅰ・1）・継手メーカーの安価な簡易ねじゲージで市販されているものを使用しております。

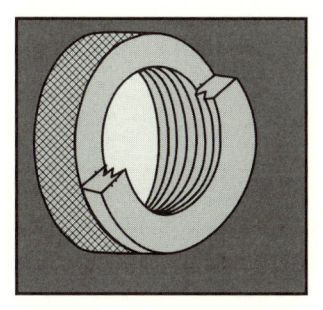

（作成：山岸龍生）

図資Ⅰ・1　メーカー規格品例

第Ⅲ部　資料Ⅰ・1　管用テーパねじリングゲージの選定とその使用方法

1．ねじゲージの種類と特徴

(1) 旧JISねじゲージ
　1985年にJIS規格が改正されるまでのJISねじゲージです。
- ねじゲージの記号はＰＴです。
- ねじ部が切欠き部まであります。
- ねじ面が細かく研磨され、鏡のような光沢があり、精度が厳しく管理されています。
- 2005年現在、JISゲージとして使用されているのは、いまだ本品が主流です。

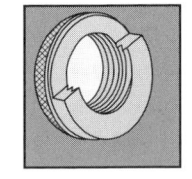

(2) JIS　ねじゲージ
　1985年にJIS規格が改正された時にISO TC 55/SC 5(金属管・管継手)7-2(Pipe threads where pressure-tightjoints are made on the threads－Part 2:Verification bymeans of limit gauges)をJIS規格に導入したJISねじゲージです。
- ねじゲージの記号はＲです。
- ねじ部が短く、切欠き部にはねじがありません。
- ISO TC 5/SC 5 7-2と同じねじゲージです。
- ねじ面が細かく研磨され、鏡のような光沢があり、精度が厳しく管理されています。

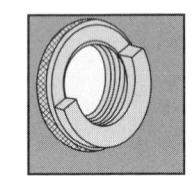

(3) ガス会社（O社）のねじゲージ
　ねじ部が切欠き部まであり、反対側にも切欠き部を付け、ねじ山形がチェックできます。
- 非売品。

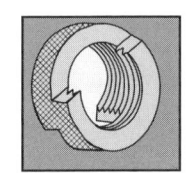

(4) 管継手メーカーのねじゲージ
　ねじゲージの窓部からねじのはめ合い状態が観察できます。
- 管端から基準径までの寸法検査ができます。
- ねじ長さ、テーパ、ねじ山形のチェックができます。・主に、Ｔガス会社で使用されています。

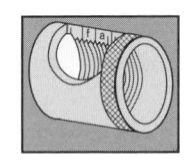

(5) ねじ切り機メーカーのねじゲージ
　JIS規格のねじゲージに比べ大幅に安価なため(ねじ面は切削のみで研磨加工なし)、工事現場のねじ切り加工で使用されています。
- ねじ部が切欠き部まであります。
- ねじ切り機メーカーにより、ねじ長さがチェックできるねじゲージもあります。

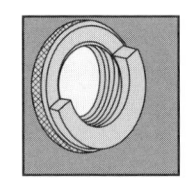

(作成：山岸龍生)

図資Ⅰ・2　ねじゲージの種類・特徴

第Ⅲ部　資料Ⅰ・1　管用テーパねじリングゲージの選定とその使用方法

2．ねじゲージに必要なねじ長さ

　いずれのねじゲージも基準径が測定できます。しかし、それぞれのねじゲージの「精度」、「ねじ部測定長さℓ4」（表資Ⅰ・1参照）が異なりますので、使用に当たっては注意が必要です。

　管用テーパおねじを継手(標準ねじ)に接合したとき、接合されているねじ長さは標準では「a+w」です。そのため、ねじゲージのねじ長さは「a＋w」以上であることが望まれます。

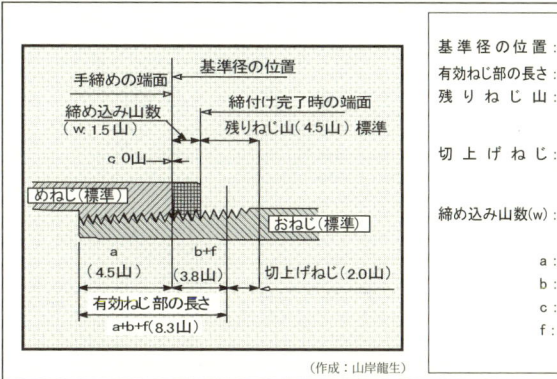

基準径の位置	:	テーパねじの基準になる径の位置。
有効ねじ部の長さ	:	ねじ接合に使用するねじ部の長さ。
残りねじ山	:	締付けが完了した時の有効ねじ部と切上げねじ部の中で、締付けに使用されず残っているねじ山。
切上げねじ	:	テーパねじを加工する時に、チェーザが鋼管に食いついていったねじで、ねじ接合には使えないねじ山。
締め込み山数(w)	:	手締め後の締め込み山数[BS(英国国家規格)21]。
a	:	おねじの基準径の位置までの長さ
b	:	おねじ基準径(a)の軸方向の許容差
c	:	めねじ基準径の軸方向の許容差
f	:	有効ねじ部の長さ中で、基準径の位置から大径側に向かって必要最小長さ。

(作成：山岸龍生)

図資Ⅰ・3　標準おねじと標準めねじの接合（※カッコ内数字は25Aの場合）

参考

　管用テーパおねじがJIS規格寸法に加工されていれば、ねじゲージの種類による測定差は一般的には発生しません。

　しかし、一般的に管用テーパねじを加工すると、テーパと真円度にバラツキが生じる場合があり、「ねじ測定部の長いねじゲージ(ねじ切りメーカー品)」と「ねじ測定部の短いねじゲージ(JIS品)」では、同一の管用テーパねじを測定しても、0.3山くらい差が出ることもあります。

　この差は、テーパねじを「少ないねじ山の範囲」で測定する無理があらわれるもので、テーパがあるねじを測定する宿命みたいなものです。

　しかし、0.3山くらいの差は、建築設備鋼管配管接合に漏洩を生じる等の障害をあたえる程のものではありません。

3．ねじゲージの仕様

表資Ⅰ・1　ねじゲージの仕様

規　格 （型　式）	旧JIS PT	JIS R	ねじ切り機 メーカー PT	継手メーカー PT
材　質	SKS3			JIS品と同等
硬　度	HRC 58以上			JIS品と同等
ねじ面粗さ	0.8 S （研磨仕上げ）		切削仕上げ。JIS規格品よりねじ面は粗いが工事現場で使用する場合は、性能的にほとんど問題ない	
切欠き長さ の許容範囲 （2 b）	PT 1/2～PT 2 0～-0.02 PT 2 1/2～PT 6 0～-0.04	R 1/2～R 3/4 ±0.013 R 1～R 6 ±0.025	旧JISと同等	切欠き範囲無し
ゲージ巾(T)	a+b+c	a+b	a+b+f	－
ねじ部測定 長さ（ℓ4）	a+b+c	f+P/2	a+b+f	a+b+f
ねじゲージ 検査	JIS B 0253付属書の 規定以内	JIS B 0253の 規定以内	JIS B 0253付属書の 規定寸法より大きいが測定には殆ど問題ない	－

（作成：山岸龍生）

4．ねじゲージの価格比較

※標準参考価格（2005年2月調査資料）

規格・管径		旧JIS PT	JIS RT	ねじ切り機メーカーのねじゲージ	継手メーカーのねじゲージ
1/2	15A	61,270	73,540	14,600	－
3/4	20A	69,050	82,910	17,000	－
1	25A	80,980	97,170	19,900	－
1 1/4	32A	100,180	120,210	23,100	48,400
1 1/2	40A	110,260	132,310	26,300	55,000
2	50A	138,460	166,140	30,900	64,900
2 1/2	65A	171,740	206,110	60,000	97,020
3	80A	－	－	73,100	101,420
4	100A	－	－	95,000	143,000
5	125A	－	－	218,900	－
6	150A	－	－	248,000	－
1/2～1 セット		－	－	47,200	103,400
1/2～2 セット		－	－	127,400	－

5．ねじゲージによる検査
「ねじゲージ」での検査は、「おねじ」の検査の中で最も重要です。

```
「ねじゲージ」による検査 を必要とする時
①作業を開始する前。
②ねじ切りを行う管のロット、または、鋼管メーカーが変わった場合。
③チェーザの交換時。
```

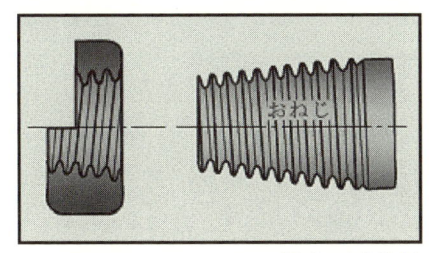

（作成：山岸龍生）

図資Ⅰ・4　ねじゲージ断面図

　ここでは、建築設備の鋼管配管用として最も多く使われている「ねじゲージ」の検査方法について説明いたします。

(1) 「ねじゲージ」検査実施前の確認
　①切られた「おねじ面」に切り粉やごみが付いていないことを確認します。
　②「ねじゲージ」のねじ部に錆、傷がなく、「切り粉」や「ごみ」が付いていないことを確認します。付いていたらきれいにブラシ等で除去します。

(2) 検査（合格、不合格範囲）
　①「ねじゲージ」を切られた「おねじ」に手で止まるところまでねじ込みます。
　　　注意：軽くたたいて再度締め増しするようなことはしてはいけません。
　②止まった「ねじ先端位置」にて合否を判定します。（図資Ⅰ・5）
　③切られたねじが不合格の場合は、新たにねじを切り直します。

(a) 正しいねじ
(合格)

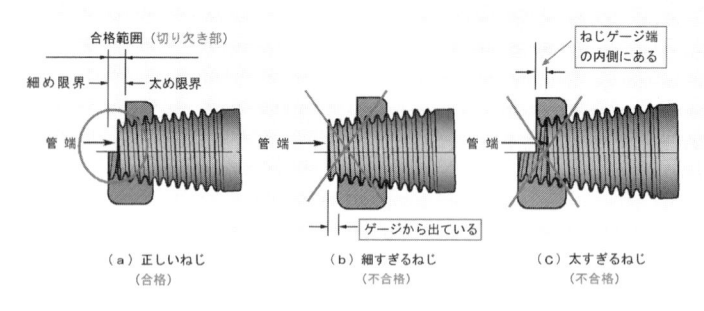

(b) 細すぎるねじ
(不合格)

(c) 太すぎるねじ
(不合格)

(作成：山岸龍生)

図資 I・5　ねじゲージを使った合格範囲

(3) 「ねじゲージ」の手入れ・保管・点検

　①「ねじゲージ」は、錆が発生しないように薄く油を塗っておきます。
　②「ねじゲージ」は、傷が付かないように専用の箱に入れておきます。
　③「ねじゲージ」は、定期的に点検または検定を受け、誤差が生じていないか確認します。

※使用頻度にもよりますが、1～2年に一度は点検または検定を受けることを奨めします。

(4) 使用する管継手との「はめ合い」のチェック

「ねじゲージ」検査で合格した「おねじ」に管継手(JIS製品)を手締めすると、管継手端面よりの残りねじ山（切り上げねじ部を含む）はR1/2～R2までは「表資 I・2」、R21/2～R6までは「表資 I・3」のようになります。

表資 I・2　手締め後の残りねじ山（切り上げねじ部を含む）

ねじの呼び	対応する管の呼び	最小	標準	最大
R 1/2	15A	3.5山	6.0山	8.0山
R 3/4	20A			
R 1	25A			
R 1 1/4	32A			
R 1 1/2	40A			
R 2	50A	4.0山	6.5山	8.5山

表資Ⅰ・3　手締め後の残りねじ山（切り上げねじ部を含む）

ねじの呼び	対応する管の呼び	自動切上ダイヘッドで加工したねじ			倣いダイヘッドで加工したねじ		
		最小	標準	最大	最小	標準	最大
R 2 1/2	65A	5.0山	8.0山	11.0山	5.0山	8.0山	11.0山
R 3	80A						
R 4	100A				5.5山	8.5山	11.5山
R 5	125A				6.0山	9.0山	12.0山
R 6	150A						

【知っておきたい豆知識！（42）】

配管突きとは？

記：小岩井隆
絵：瀬谷昌男

　この用語は、バルブに関連する用語である。「青黄銅バルブ（雌ねじ）」に「鋼管（雄ねじ）」を過大な「トルク」でねじ込んで行くと、銅合金材料の雌ねじの「端面外径」が伸びて、結果としては際限なく（エンドレスに）ねじが入って行く。この現象によるトラブルを、我々専門家の間では、「配管突き」とか「バルブ突き」と呼んでいる。鋼製同士の管と継手のねじ接合の場合に比べて、「剛性」の低いバルブの場合に多く生ずる。

　「配管ねじ込み作業」では、「手締め」の位置から、「ねじ込み工具」で概ね「2山程度」の締め込みが適切と言われているように、「馬鹿力」を出して、ねじ込み過ぎないようにすることが肝心である。このことも知らずに「馬鹿力」でねじ込んでしまい、バルブの「ねじ込み端」が割れてしまうこともある。これを即「バルブ不良」と決めつける輩もいるので、無知とは怖いものである。そのためにも、配管径・バルブ径に見合ったサイズの「ねじ込み工具」を使用すること！決して「大」は「小」を兼ねないのである。

第Ⅲ部　資料Ⅰ・2　不良ねじの発生原因と対策

　　　　　　　　　　　建築設備配管用ねじ施工研究会ＷＧ編（2005年8月9日修正）
　　　　　　　　　　　ＷＧメンバー：大村秀明、近藤　茂、瀬谷昌男、高橋克年、
　　　　　　　　　　　　　　　　　永山　隆、原田洋一、円山昌昭、山岸龍生

　建築設備用鋼管ねじ接合で漏れにつながる不良ねじは、「外観検査」と「ねじゲージ検査」により不良ねじを見つけます。

1．外観検査による不良ねじの見分け方と原因

　外観検査では、「多角ねじ」「ねじ径不良ねじ」「山やせねじ」「山欠け、山むしれねじ」「偏肉ねじ」が見分けられます。

1・1　「多角ねじ」

　ねじの外形が「3角形」または「6角形」など「多角形」になっているねじで（図資Ⅰ・6）、「目視」「手ざわり」で判断できるほどの「真円度不良ねじ」です。

　多角ねじは接合すると図資Ⅰ・7に示すようにめねじ、おねじの間にすき間ができて漏れが発生し、不良ねじの中で最も「漏れやすい」ねじです。

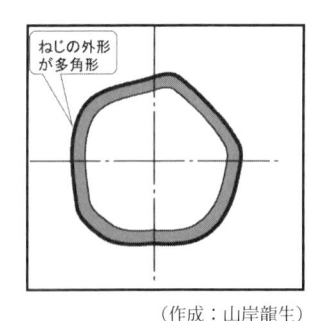

　　　　　　　（作成：山岸龍生）　　　　　　　　　（作成：山岸龍生）
　　　　　図資Ⅰ・6　多角ねじ　　　　　　　　図資Ⅰ・7　多角ねじの漏れ

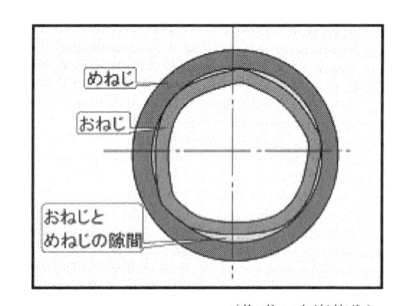

原因
（1）鋼管の切断面が極端に「傾斜切れ」「段切れ」になっているものにねじ加工をした場合（図資Ⅰ・8）。

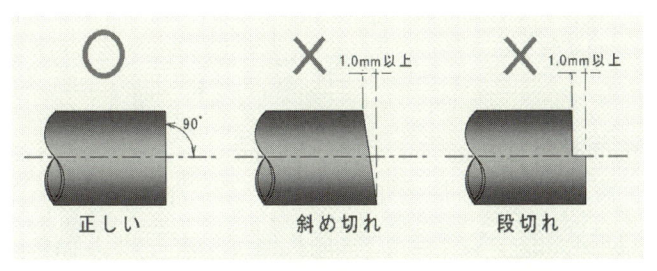

(作成：山岸龍生)

図資Ⅰ・8　良い切断面と悪い切断面（切断面の変形）

（2）鋼管の端面(真円度)が目視で判断できるほど極端な「いびつ」なものにねじ加工をした場合。
（3）ねじ切り時にパイプが大きく「振れている」のにねじ加工をした場合（図資Ⅰ・9）。
（4）ねじ径を「細く」切り過ぎた場合。
（5）パイプマシンが整備不良で、主軸、往復台、ダイヘッド部で「ガタが大きく」なっている場合。
（6）電源を他の電動工具と共有したため電圧が変化し、ねじ切り機の回転数が大きく変化した場合。

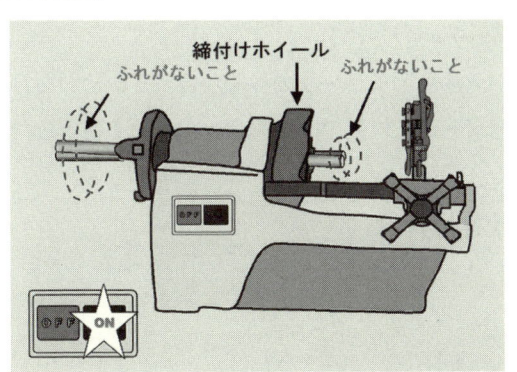

(作成：山岸龍生)

図資Ⅰ・9　パイプの振れ

（7）ねじ切り中にねじ切り機が「止まった」場合。

（8）チェーザの「働き」が悪い場合。
（9）ねじ切り開始時の食い付かせで、送りハンドルから早く手を放しすぎた場合。

1・2 「山やせねじ」

ねじ山全体がやせており、「目視」で判断できるねじ(図資Ⅰ・10)です。

おねじ管端の「2山」くらいの山やせは問題ないが、ねじ山全体に山やせが発生していると、接合したとき「接合強度」が弱くなり、ねじ山の「フランク面」にすき間(図資Ⅰ・11)が発生し、漏れにつながります。

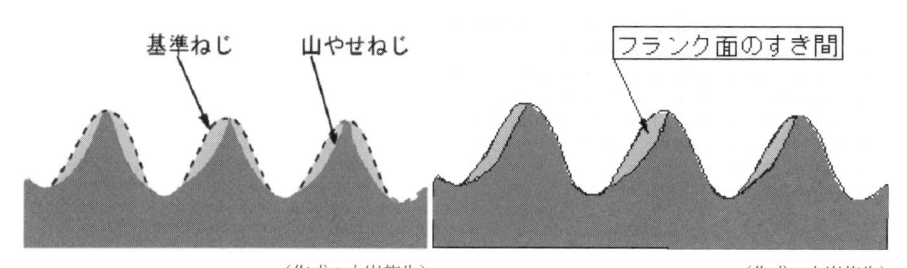

（作成：山岸龍生）　　　　　　　　　　　（作成：山岸龍生）

図資Ⅰ・10　山やせねじ　　　　図資Ⅰ・11　フランク面のすき間

原因

（1）ダイヘッドの溝番号とチェーザの番号が合っていない場合。
（2）メーカーでセットした以外のチェーザを組合せて使用した場合。

1・3 「山欠けねじ」

切られたねじ山の頂きが「欠け」ており、目視で判断できる「ねじ」です（図資Ⅰ・12）。

山欠けが1～2カ所発生しているねじは「シール」「締め込み」を完全に行えば漏れませんが、山欠けの発生箇所が多くなると漏れにつながります。

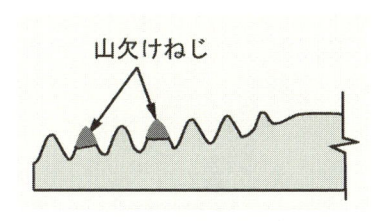

（作成：山岸龍生）

図資Ⅰ・12　山欠けねじ

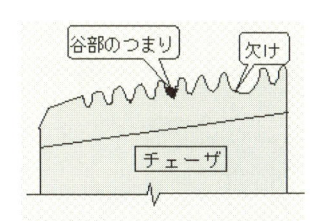

（作成：山岸龍生）

図資Ⅰ・13　チェーザの山欠け・
　　　　　　チェーザ谷部の詰まり

原因

（1）チェーザ刃先が摩耗している場合。
（2）チェーザの山が欠けている場合（図資Ⅰ・13）。

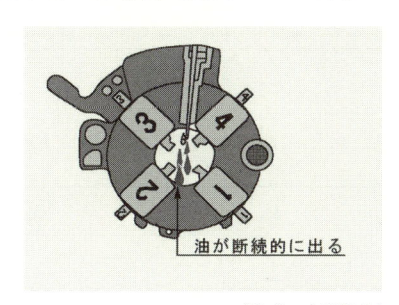

（作成：山岸龍生）

図資Ⅰ・14　ねじ切油の不足

（3）チェーザ谷部が詰まっている場合（図資Ⅰ・13）。
（4）ねじ切り油の不足によりチェーザ刃先が摩耗している場合（図資Ⅰ・14）。
（5）ねじ切り油に多量の水が混入しチェーザ刃先が摩耗している場合。
（6）ねじ切削に適した油を使用していない場合。

1・4　「偏肉ねじ」

パイプの中心と切られたねじの中心が大きく「ずれている」ねじです（図資Ⅰ・15）。

配管後、外圧が掛かると、偏肉ねじ（図資Ⅰ・16）の接合部は「強度不足」

からクラックが入り漏れにつながります。

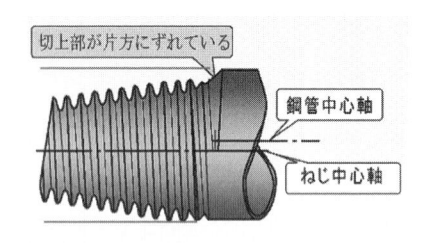

（作成：山岸龍生）

図資Ⅰ・15　偏肉ねじ

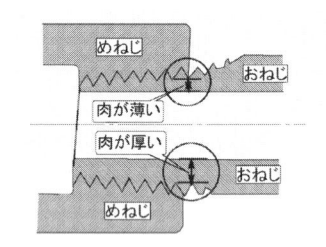

（作成：山岸龍生）

図資Ⅰ・16　偏肉ねじによる薄肉部

原因

（1）切断面の傾斜切れ、段切れにより発生する場合（図資Ⅰ・17）。

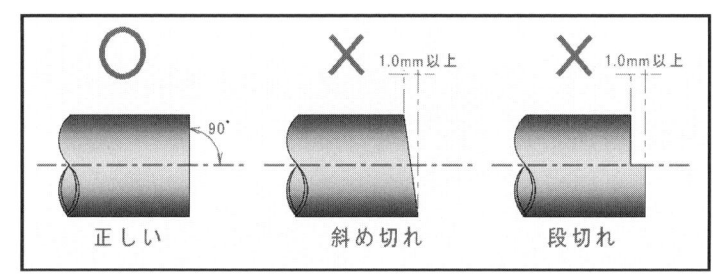

（作成：山岸龍生）

図資Ⅰ・17　良い切断面と悪い切断面（切断面の変形）

（2）ねじ切り時、パイプが大きく振れている場合（図資Ⅰ・18）。

「パイプのチャッキング不良」
「パイプの曲り」
「パイプの変形」

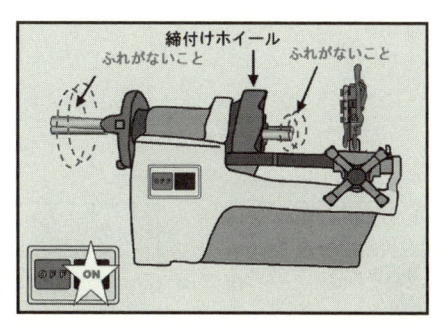

(作成：山岸龍生)

図資Ⅰ・18　パイプの振れ

（3）ねじ切り機の芯ズレの場合。
（4）チェーザ4枚(一組)が均等に働いていない場合。

1・5　「屈折ねじ」

　テーパおねじの管端部が「3〜5山平行」になっているねじです（図資Ⅰ・19）。
　ねじ接合すると図資Ⅰ・20に示すように、おねじ管端の平行ねじ部1〜2山の接合となり漏れが発生します。

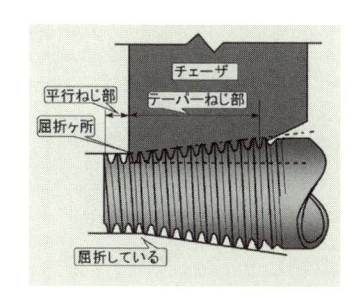

(作成：山岸龍生)　　　　　　　　　(作成：山岸龍生)

図資Ⅰ・19　屈折ねじ　　　　図資Ⅰ・20　屈折ねじの接合

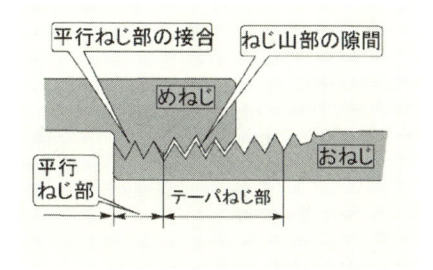

※「自動切上げダイヘッド」を使用した場合には、構造的に屈折ねじは発生しません。

原因

手動切上げダイヘッド(図資Ⅰ・21)で「チェーザ巾以上」のねじを切ったときに、チェーザ巾よりはみ出したねじが、平行ねじになり屈折ねじになります（図資Ⅰ・22）。

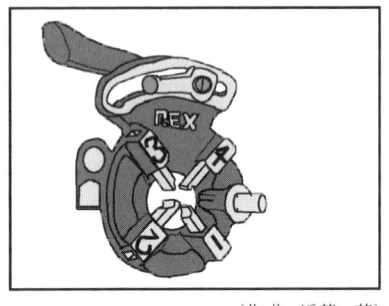

(作成：近藤　茂)

図資Ⅰ・21　手動切上げダイヘッド

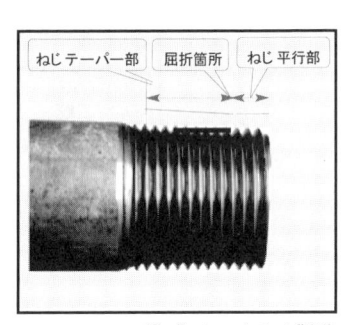

(作成：レッキス工業㈱)

図資Ⅰ・22　屈折ねじ(写真)

2．ねじゲージ検査による不良ねじの見分け方と原因

おねじが、ねじゲージの合格範囲(切欠き内)に入っていないねじには「太ねじ」「細ねじ」の2種類があります（図資Ⅰ・23）。

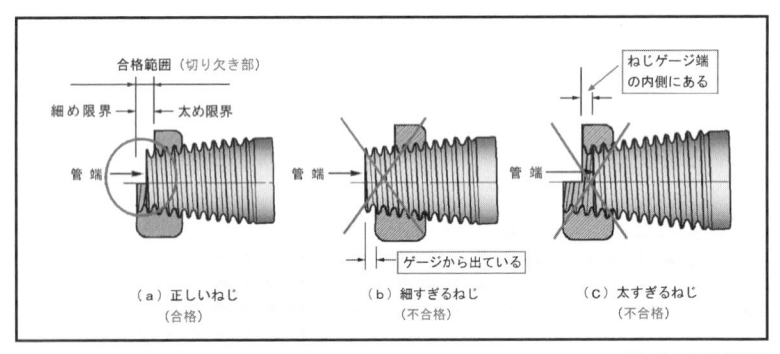

(a) 正しいねじ (合格)
(b) 細すぎるねじ (不合格)
(c) 太すぎるねじ (不合格)

(作成：山岸龍生)

図資Ⅰ・23　ねじゲージを使った合格範囲と不合格の範囲

2・1　正しいねじ

おねじの「管端」がねじゲージの合格範囲に入っているねじです（図資Ⅰ・23）。

2・2　太ねじ

　おねじの管端が、ねじゲージの切欠き範囲から「大径側」に外れているねじ（図資Ⅰ・23(c)）です。接合すると「接合山数」が少ないため、ねじ込み作業において「シールの条件」「締め込み作業の良否」の影響を受けやすいため、漏れにつながりやすくなります（図資Ⅰ・24）。

　また、ねじを締め込んだとき、残り山から判断し、締め込み不足と思い締め込むと、締め込みすぎによりねじ山が破壊し漏れが発生します（p.83図1・8・7参照）。

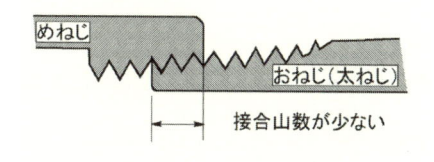

（作成：山岸龍生）

図資Ⅰ・24　太ねじの接合

2・3　細ねじ

　おねじの管端がねじゲージの切欠き範囲から「小径側」に外れているねじ（図資Ⅰ・23(b)）です。これはねじ接合すると、おねじの「切上げねじ山」（切上げねじ部）とめねじの端面のねじが当たり「切上げねじ部での接合」になり完全なねじ山の切られている有効ねじ部で「すき間」ができるため、漏れにつながります（図資Ⅰ・25）。

　また、ソケットのようなストレートで短い管継手では、反対側のおねじを締め込むとき、締め込み途中のねじの管端部が「細ねじ」の先端に当たり、有効ねじ部でねじ山が浮き「すき間」ができ、漏れにつながります（図資Ⅰ・26）。

　さらにショートエルボでは管端部が管継手内壁に当たり同様な現象を生じます。

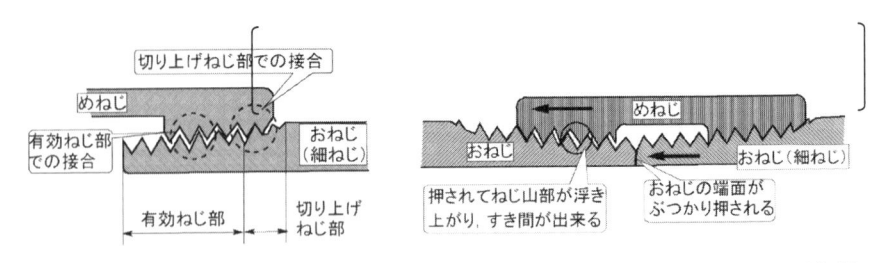

第Ⅲ部　資料Ⅰ・2　不良ねじの発生原因と対策

図資Ⅰ・25　切上げねじ部での接合　　図資Ⅰ・26　反対側のおねじ山部のすき間

原因

（1）ねじゲージで一度も基準径を測定「調整」したことがない場合（図資Ⅰ・27）

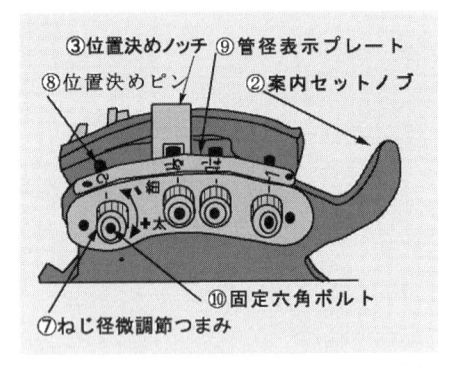

図資Ⅰ・27　ねじ径微調整

（2）チェーザを交換した際、ねじゲージで基準径を「測定」したことがない場合。
（3）「継手」をねじゲージの「代用」として使用していた場合。

> ※継手はJISの許容範囲内で加工されていますが、規準径の位置は±Cの範囲でばらついているため、使用できません。

（4）使用パイプメーカー及びロッド等が変わったとき、ねじゲージで基準径を「調整」しなかった場合。
（5）自動切上げダイヘッドの「切上げ不良」の場合。

（6）切粉がパイプ端面と切上げレバーの間に詰まり、「早く切り上がった」場合。
（7）ねじ切りを始める前の試し切りで、多角ねじに基準径を合わせて、ねじを切り始めた場合。

※試し切りは、3口以上行うと良い。

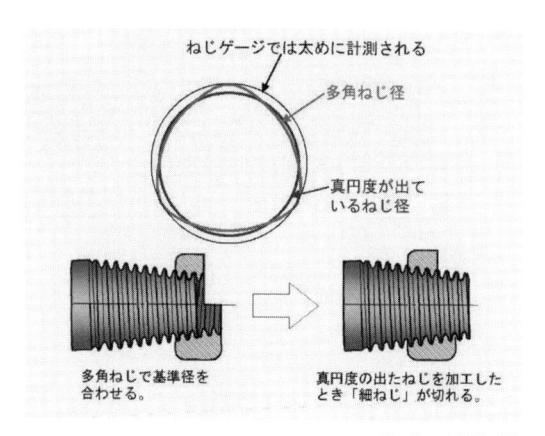

図資Ⅰ・28　多角ねじは「ねじ径が大きい」

注意：多角ねじは図資Ⅰ・6に示すように、真円度が極端にずれているため、ねじゲージの測定では、真円度の出ているねじに比べて、ねじ径が大きいと判断し、ダイヘッドを調整してしまいます。その調整のまま真円度が出たねじが切れると、規格から外れた「細ねじ」になってしまいます。

3．漏れにつながる不良ねじ対策シート

不良ねじ						対策	
多角1	偏肉2	山欠け・ざらつき3	山やせ4	屈折5	基準径が太い・細い6	No.	内容
				●		1	自動切上げダイヘッドを使用する
				●		2	手動切上げダイヘッドを使用する場合は、チェーザ巾＋1山の範囲で切上げる
	●				●	3	自動切上げダイヘッドの「ねじ径微調節つまみ」で調整し、ねじゲージの合格範囲に入れる
					●	4	チェーザを交換した場合は、試し切りを行い、ねじゲージの合格範囲に調整する
					●	5	鋼管メーカーが変わった場合は、試し切りを行い、ねじゲージの合格範囲に調整する
					●	6	ねじ長さを調整した場合は、試し切りを行い、ねじゲージの合格範囲に調整する
					●	7	ねじゲージの測定は、3口以上ねじを切り全数合格したことを確認する
				●		8	自動切上げダイヘッドを整備する
		●				9	自動切上げダイヘッドの切粉を清掃する
●	●					10	ダイヘッド溝番号とチェーザ番号を合わせる
		●				11	チェーザが山欠けしている場合は、交換する
		●	●			12	チェーザを取替える
●	●			●		13	ねじ切り機のガタが大きい場合は整備する。（主軸、チャック部、往復台部、ダイヘッド部のガタが大きい場合）
●						14	ねじ切り機メーカー指定のチェーザ(セット組)を使用する
		●				15	ねじ切り機メーカー指定のねじ切り油を使用する
		●				16	ねじ切り油に水が入り、乳白色に変色している場合は交換する
		●				17	ねじ切り油が断続的に出ている場合は補給する
			●			18	コードリールを使用する場合は2 mm²（公称断面積）以上を使う
			●			19	ねじ切り中は同じ電源から他の電動工具の使用はしないこと
	●					20	管は直角に切断する
●	●					21	管はチャックからの出し代を少なくし、管を振らせない
●	●					22	長尺管は、チャックスクロールで完全に締付けて、パイプ受けを使用する
●						23	管は、チャックスクロールで完全に締付ける
	●			●		24	曲がった管・真円度が多くずれた管は、使用しない
		●				25	管にチェーザを食い付かせる際は、滑らかな面を取り、食い付かせて3山ねじが切れるまで送りハンドルから手を放さない

【知っておきたい豆知識！（43）】

ねじ込み配管では、「取り回しスペース」の確保を忘れるべからず！

記：小岩井隆
絵：瀬谷昌男

　ねじ込み配管では、管に「バルブ」を後付する場合がよくあります。
　「全丈」の長いバルブを回転させて、ねじ込むには必要となる「取り回しスペース（周囲スペース）」を事前に考慮しておくことが必要です。
　バルブを廻すことができないからといって、「ボンネット」を分解して「ボデー」だけで配管した後、「再組立て」することだけは、絶対にやめて下さい。「ボデー」と「ボンネット」の接合は、「メタルタッチ構成」で適切なトルクで締め付けているので、分解することはできません。
　「分解されたバルブ」は、バルブメーカーの「保証対象外」となりますのでご注意下さい。

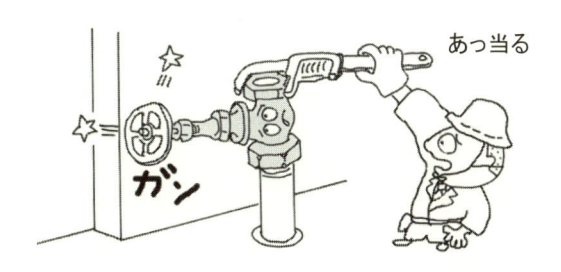

第Ⅲ部　資料Ⅰ・3　付属書：管用テーパおねじの必要長さ（山数）

> 建築設備配管用ねじ施工研究会WG編（2007年1月22日修正）
> WGメンバー：大村秀明、大西規夫、近藤　茂、高橋克年、
> 　　　　　　永山　隆、原田洋一、円山昌昭、山岸龍生

> JIS規格内の「おねじ」でも規定寸法にたりないねじを締め込んでいくとJIS規格品の「管継手(めねじ)が、「おねじ」の不完全ねじ部に乗り上げる場合がある。

1．『正しいおねじ』の測定

手順－1　おねじの長さが規定通りで有ることを測定し、不合格品は除外する。
　　　　※寸法が短かいものは、使用しないこと。
手順－2　目視検査（外観検査：多角ねじ、山やせねじ、山欠けねじ、偏肉ねじ、屈折ねじ）を行ない、不合格品は除外する。
手順－3　「ねじゲージ」検査で合格したもののみを使用する。

2．管用テーパおねじの必要長さ（山数）

（1）おねじの長さ（山数）が短い場合、継手（めねじ）管端が切上げねじ（不完全）部に乗り上げて、漏れの原因になる。
（2）おねじの長さは、下表の数値以上を確保する。

第Ⅲ部　資料Ⅰ・3　付属書：管用テーパおねじの必要長さ（山数）

表資Ⅰ・4　おねじの必要長さとねじ山数

おねじの呼びR		ねじのピッチp	おねじ各部の寸法				おねじの必要長さ					
			基準径の管端から標準位置a	基準径の管軸方向の許容差±b	基準径位置～大径側最小有効ねじ部長さ f≒(c+w)	切上げねじ部長さkmm(山)	①基準径位置:a-bの場合 (a−b+f+k)		②基準径位置:aの場合 (a+f+k)		③基準径位置:a+bの場合 (a+b+f+k)	
							mm	山	mm	山	mm	山
固定チェーザ	1/2	1.8143	8.16	1.81	5.0	3.63 (2)	15.0	8.3	16.8	9.3	18.8	10.3
	3/4		9.53				16.4	9.0	18.2	10.0	20.0	11.0
	1	2.3091	1039	2.31	6.4	4.62 (2)	19.1	8.3	21.4	9.3	23.7	10.3
	1 1/4		12.70				21.4	9.3	23.7	10.3	26.0	11.3
	1 1/2		15.88		7.5		25.7	11.1	28.0	12.1	30.3	13.1
	2		17.46	3.46	9.2		27.8	12.0	31.3	13.5	34.7	15.0
	2 1/2		20.64				31.0	13.4	34.5	14.9	37.9	16.4
倣いチェーザ	2 1/2	2.3091	17.46	3.46	9.2	5.77 (2.5)	29.0	12.5	32.4	14.0	35.9	15.5
	3		20.64				32.2	13.9	35.8	15.4	39.1	16.9
	4		25.40		10.4		38.1	16.5	41.6	18.0	45.0	19.5
	5		28.58		11.5		42.4	18.4	45.3	19.9	49.3	21.4
	6												
備考							太いねじ		標準ねじ		細いねじ	

c：めねじ基準径位置の許容差
w：締め代
※ f ≒ c + w

（作成：大村秀明）

参考：第Ⅰ部　表1・6・3　全ねじ必要長さとねじ山数（p.64）

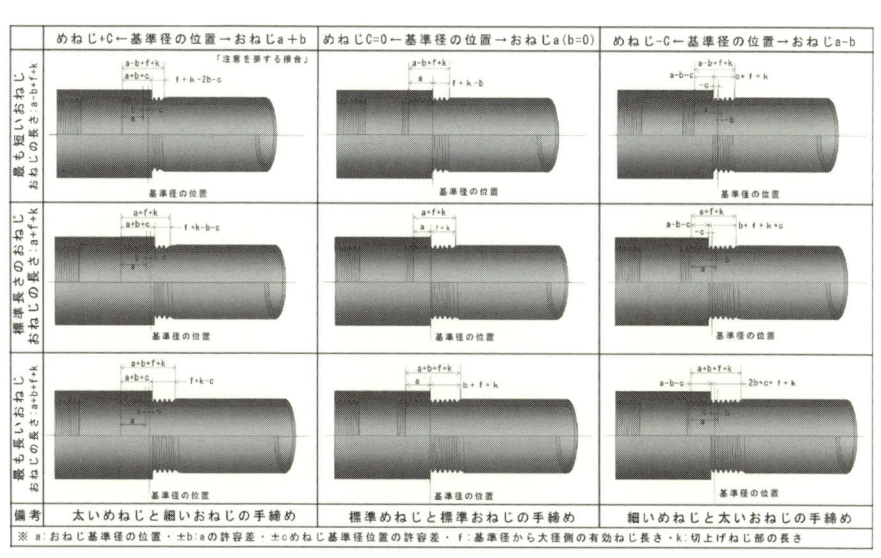

めねじ+C←基準径の位置→おねじa+b	めねじC=0←基準径の位置→おねじa(b=0)	めねじ-C←基準径の位置→おねじa-b
最も短いおねじ おねじの長さ：a+b	標準長さのおねじ おねじの長さ：a	最も長いおねじ おねじの長さ：a-b
太いめねじと細いおねじの手締め	標準めねじと標準おねじの手締め	細いめねじと太いおねじの手締め

※ a：おねじ基準径の位置、±b：aの許容差、±c：めねじ基準径位置の許容差、f：基準径から大径側の有効ねじ部長さ、k：切上げねじ部長さ

（作成：大村秀明）

図資Ⅰ・29　おねじ長さと手締め後の残り山数の比較

第Ⅲ部　資料Ⅰ・3　付属書：管用テーパおねじの必要長さ（山数）

3．長さの短いおねじを使用した場合の注意点

　JIS「管用テーパねじ」許容範囲内の最も「細いおねじ」の場合、最も「太いめねじ」に挿入し、締め込むと「太いめねじ」が「細いおねじ」の切上げねじ部に乗り上げて漏れの原因になることがあります（図資Ⅰ・30）。

　まれな組み合わせですが、JIS規格内のねじ同士においても漏れに繋がることがあります。

> 注意：
> (1) 細めのねじ切りを避ける。
> (2) おねじ長さを長めに設定する。
> (3) ねじ込みは、過度な力で締め過ぎない。
> (4) その他、第Ⅲ部 資料Ⅰ・3「管用テーパおねじの必要長さ」参照。

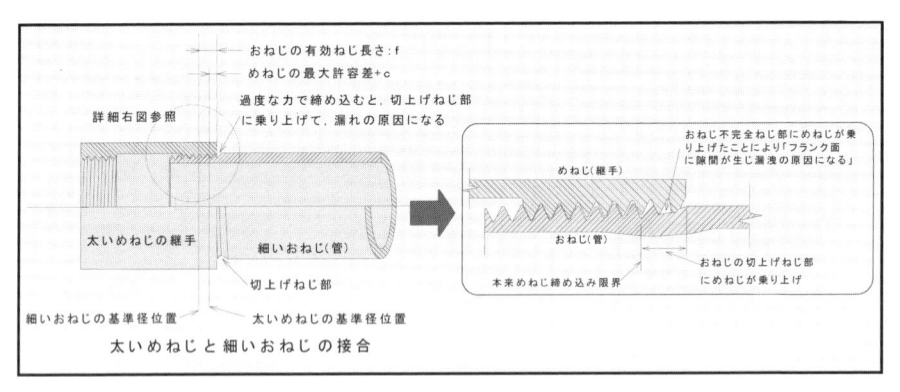

（作成：大村秀明）

図資Ⅰ・30　おねじ「切上げ(不完全)ねじ部」に乗上げた接合

第Ⅲ部 資料Ⅰ・4 手締め後の残りねじ山の「最小，標準，最大」の計算方法

(2007年 7月13日)
レッキス工業(株) 技術開発部　円山昌昭

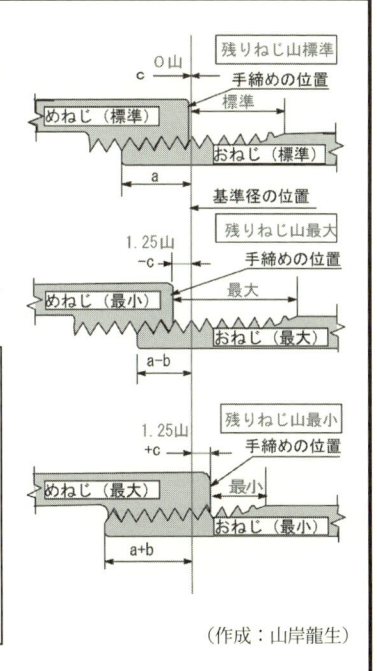

1. 手締めの位置と残りねじ山の標準、最大、最小

手締め後の残り山数は、表資1・5、表資1・6のように計算できます。

2. 計算条件

①JIS規格範囲内で加工された「おねじ」とJIS規格範囲内で加工された「管継手」を組み合わせ時。

②手締めで接合した時の残りねじ山の「標準」「最小」「最大」を求める。

3. 手締めの位置で、これだけの差が出ますのでご用心

JIS規格範囲内で加工された「おねじ」と管継手に加工された「めねじ」の手締めの位置は右図のように「残りねじ山」に大きな差が生じます。

残りねじ山最大

規格内最小径の管継手（細ねじ）に規格内最小径の「おねじ（太ねじ）」をねじ込むと残りねじ山は最大となります。

残りねじ山最小

規格内最大径の管継手（太ねじ）に規格内最小径のおねじ（細ねじ）」をねじ込むと残りねじ山は最小となります。

```
基準径の位置：テーパねじの基準になる径の位置
  ・めねじは、継ぎ手の端面
  ・おねじは管端からaの位置
手締めの位置：継手を手で締め込み止まった位置
  a：おねじの基準径の位置までの長さ
  b：aの長さの許容差±b
  c：めねじの基準径の位置から、長さ方向の許
     容差±c
     R1/2〜R2のC＝1.25山
     R21/2〜6のC＝1.5山
  L：おねじの全ねじ長さ
```

(作成：山岸龍生)

図資Ⅰ・31　手締めの位置と残りねじ山の標準、最大、最小

第Ⅲ部　資料Ⅰ・4　手締め後の残りねじ山の「最小，標準，最大」の計算方法

4．自動切り上げダイヘッドで加工した場合の残り山数

表資Ⅰ・5　自動切り上げダイヘットで加工した場合（R 1/2～R 3）

ねじの呼び	全ねじ長さL a+b+f+2山	手締め後の残り山計算値			ねじ山の数え方で求めた手締め後の残り山数		
		最小 L-(a+b)-C	標準 L-a	最大 L-(a-b)+C	最小	標準	最大
R 1/2	18.6mm	6.36mm	10.44mm	14.52mm	3.5山	6.0山	8.0山
	10.5山	3.52山	5.77山	8.02山			
R 3/4	20.0mm	6.39mm	10.47mm	14.55mm			
	11.0山	3.53山	5.78山	8.03山			
R 1	23.7mm	8.11mm	13.31mm	18.51mm			
	10.5山	3.51山	5.76山	8.01山			
R 1 1/4	26.0mm	8.10mm	13.30mm	18.50mm			
	11.5山	3.51山	5.76山	8.01山			
R 1 1/2	26.0mm	8.10mm	13.30mm	18.50mm			
	11.5山	3.51山	5.76山	8.01山			
R 2	30.3mm	9.22mm	14.20mm	19.62mm	4.0山	6.5山	8.5山
	13.0山	3.99山	6.24山	8.49山			
R 2 1/2	34.74mm	10.36mm	17.28mm	24.20mm	5.0山	8.0山	11.0山
	15.0山	4.48山	7.48山	10.48山			
R 3	37.92mm	10.36mm	17.28mm	24.20mm			
	16.5山	4.48山	7.48山	10.48山			

5．倣いダイヘッドで加工した場合の残り山数

表資Ⅰ・6　倣いダイヘットで加工した場合（R 2 1/2～R 6）

ねじの呼び	全ねじ長さL a+b+f+2.5山	手締め後の残り山計算式			ねじ山の数え方で求めた手締め後の残り山数		
		最小 L-(a+b)-C	標準 L-a	最大 L-(a-b)+C	最小	標準	最大
R 2 1/2	35.90mm	11.52mm	18.44mm	25.36mm	5.0山	8.0山	11.0山
	15.54山	4.99山	7.99山	10.98山			
R 3	39.10mm	11.54mm	18.46mm	25.38mm			
	16.93山	5.00山	8.00山	10.99山			
R 4	45.00mm	12.68mm	8.23mm	26.52mm	5.5山	8.5山	11.5山
	19.48山	5.49山	8.23山	11.48山			
R 5	49.30mm	13.80mm	20.72mm	27.64mm	6.0山	9.0山	12.0山
	21.34山	5.97山	8.97山	11.97山			
R 6	49.30mm	13.80mm	20.72mm	27.64mm			
	21.34山	5.97山	8.97山	11.97山			

第Ⅲ部　資料Ⅰ・5　パイプレンチのくわえられる管の呼び寸法

表資Ⅰ・7　JIS規格とパイプレンチメーカーの比較

JIS (B4606)		ロブテックス				スーパー				RIDGID
		鋼管用(鋼製鍛造品)		被覆鋼管専用	被覆鋼管(エンビ)	鋼管用(鋼製鍛造品)		被覆鋼管専用		鋼管用
呼び寸法(A)	くわえられる管の外形(mm)	呼び寸法(A)	くわえられる管の外形(mm)	呼び寸法(A)	呼び寸法(A)	呼び寸法(A)	くわえられる管の外形(mm)	呼び寸法(A)	くわえられる管の外形(mm)	くわえられる継手サイズ(インチ)
—	—	~15	6~20	—	—	—	—	—	—	3/4
200	6~20	~20	6~30	—	—	—	—	—	—	1
250	6~26	~25	6~43	~25	~32	6~15	6~25	15~32	6~45	1 1/2
300	10~32	~32	6~49	~32	~40	6~32	6~45	15~40	8~55	2
350	13~38	~40	10~61	~40	~50	6~40	10~55	15~50	10~65	2
450	26~52	~50	15~76	~50	~65	6~50	10~65	15~65	15~80	2 1/2
600	38~65	~65	20~89	~65	—	8~65	13~80	15~80	20~90	3
900	50~95	~90	25~114	~90	—	20~80	26~90	25~100	38~125	5
1200	65~140	—	50~140	—	—	50~150	50~175	—	—	6

(作成：円山昌昭)

1) 「パイプレンチのJIS規格」と各パイプレンチメーカーの「くわえられる管の呼び寸法」を一覧表にまとめた。
2) 市販のパイプレンチはJIS規格のくわえられる管の外径より大きい鋼管がつかめる

【知っておきたい豆知識！（44）】
地獄配管とは？

記：安藤紀雄
絵：瀬谷昌男

　配管工事業界には、配管職人達だけの間だけで通用する、面白い「専門用語（jargon）」がある。その一つが、俗に言われる「地獄配管」であろう。
　これは、「元配管」から「先端配管」まで、ずっと「ねじ接合」を採用して配管を延長して行く方法のことである。
　この「地獄配管」を採用し、配管の末端まで延長し、その途中で「不具合（継手欠陥・ねじ加工不良など）」が生じると、せっかく施工済みの「全配管」を元までバラさなければなりません。その対策としては、配管の途中の位置に「ユニオン」や「フランジ」を使用して、配管の着脱が簡単に行えるような配管方法を採用する必要がある。

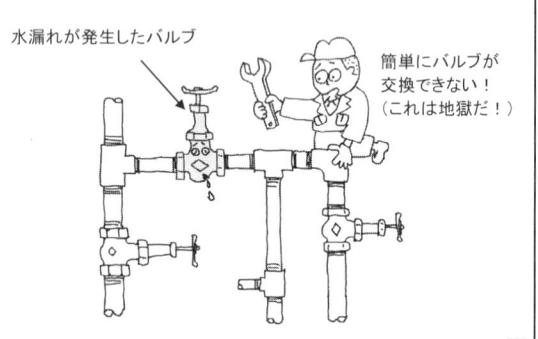

（水漏れが発生したバルブ）
（簡単にバルブが交換できない！（これは地獄だ！））

【知っておきたい豆知識！（45）】
2ピース形ボール弁に生じやすい洩れトラブル

記：小岩井隆
絵：瀬谷昌男

　「2ピース形ボール弁」は、経済性が高く、各市場で大量に利用されている。このバルブの構成は、配管方向に沿ってバルブボデー（1）とキャップ（ボデー2）がねじ込まれている。このため、欠点として管との接続に際して、ボデー（1）とキャップ（ボデー2）との間に「回転力」が加わり、これが戻す方向に働く場合、「管ねじ」が緩まずボデー（1）とキャップとの締結ねじ部が緩んでしまう現象が生じる場合がある。
　作業中に、この緩みに気が付かずに作業を続けると、「胴着洩れ（バルブボデーとボンネットの間からの洩れ）」に止まらず、ボデー（1）とキャップが離脱してしまうことが生じる。
　万一、管内圧力をそのままで作業をした場合、バルブ内部の弁体（ボール）が脱落して水と共に飛び出し、「水浸し」になる恐れがある。

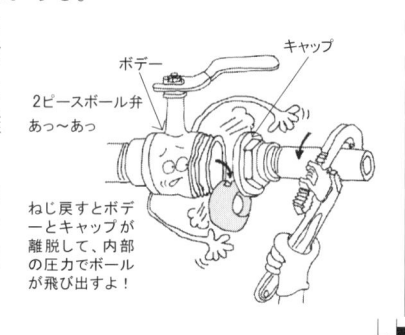

（ボデー　キャップ　2ピースボール弁　あっ～あっ　ねじ戻すとボデーとキャップが離脱して、内部の圧力でボールが飛び出すよ！）

第Ⅲ部　資料Ⅰ・6　建築設備配管の水圧試験・気密試験

永山　隆

1．はじめに

　建築設備配管の水圧試験・気密試験は、建設時に設備配管施工者が配管完了部分から適宜行うが、既存建物でも配管関係のリフォーム時には実施が必要になる。そこで、試験の目的や水圧試験・気密試験の使い分け、それぞれの試験の方法や手順、試験の管理方法（立会い、試験写真撮影など）、その他の注意事項といった事項について、設備の専門でない建物管理者および建物オーナーでも理解できるように記述する。

2．試験の目的・範囲・時期

　配管が部分的に終了、または全部終了したら、直ちに水圧試験または気密試験などを行う。また、防露・保温被覆を行う配管、隠ぺいまたは、埋設される配管は、それらの施工前に試験を行う。
　水圧試験などは、接合部の漏れを発見することと耐圧を大きな目的としている。試験流体としては、水が一般的であり、飲料用水系統の試験には、飲料用水を用いる。
　しかし、工事中十分な給排水設備（仮設または本設）が不可能な場合や、凍結の恐れのある場合、また、水の使用が不適当な場合などでは、気体（空気・窒素ガスなど）で代替する場合もあり、これを気密試験または気圧（空圧）試験などという。
　管材・継手およびバルブ等は工場で規定の水圧試験または空圧試験などを行っているので、漏れおよび耐圧に対しては一般的に問題ないが、配管等の接合部は現場で施工するので、水圧試験または気密試験などにより、漏れおよび耐圧を確認しておかなければならない。
　建築工程の進捗の中でのこれらの試験を実施できる期間は、仕上工事前と限られるので、対象の配管を各階などで区分し、部分試験を行っていく必要があるが、

この場合なるべく長い区間とする。

　各試験区分の区分点または機器・器具の接続部などで、配管完了後でなければ試験を実施できない部分は、機械室およびパイプシャフト内などの配管とし、万一試験で微量の漏水が生じても、建築の天井および壁の仕上げに与える影響が少なく、目視で確認でき、直ちに対応できるようにしておく必要がある。

　配管の試験はこのように部分的に実施する場合が多いので、全体での一部が欠落しないよう、各部の給排水計画・安全計画、試験方法、圧力の決定など、施工の初期に適切な計画を行うことも重要である。

３．水圧と気密試験の使い分け

　配管の漏れおよび耐圧試験は、前に記述したように通常、水を用いる。

　しかし、広範囲の水圧試験または完全に接合部の事前点検が難しい場合の水圧試験は、漏水による損害を防止するため、事前に気密試験を行う場合がある。この場合の気密試験の圧力は、0.05MPa～0.35MPa程度で所定圧力の1/3程度で行っている。0.5MPa以上の気圧試験は危険であり、水圧試験の場合は万が一破損した場合でも水は剛体に近いため、直ぐに圧力降下が生じ、破壊部分を飛散させることは少ないが、気圧試験の場合は、気体は圧縮性が高いため爆風のような状態で破損部分を飛散させ、非常に危険な状態となる。

　したがって、気圧試験を行わざるを得ない場合以外は、通常、高圧での気圧試験は行わない。

４．試験の方法・手順

（１）水圧試験

　水圧試験は、「表資Ⅰ・9　主な圧力配管の圧力試験検査基準の例」などにより、試験圧力・保持時間などを決め現場監理者合意の上、施工者が行う。

　試験に当っては、次の手順にて行う。

手順－1　試験前確認

①水圧試験を行うに当っては、配管の接合部の液状シール剤が固まるための時間が経過していることを確認する。

②試験を行う系統内に機器・弁または特殊な継手がある場合は、耐圧が水圧試験によりその部分にかかる圧力以上であることを確認する。

③機器類の耐圧が水圧試験によりその部分にかかる圧力以下の場合は、その出入口に塞ぎ板を入れて縁を切り、機器類を試験圧力から保護する。この場合、出入口に弁があっても、弁を全閉にして縁を切るのではなく、必ず塞ぎ板を用いる。

④試験用機器は、整備・点検し、機能上支障のない機器を使用する。

⑤試験する前には、必ず対象配管系全般の目視または触手検査を行い、プラグなどの取付および試験範囲境界にある長めの耳の付いたフランジなどの塞ぎ板・配管接続部および弁などの点検を行う。これが完全に出来ない場合は、予備に前記の空圧試験を行う。また、試験完了後に、使用した塞ぎ板は必ず外す。

⑥弁の閉鎖によって試験範囲を区切る場合には、弁座からの水漏れの可能性があるので注意を要する。

⑦立て配管の場合、配管の上部と下部とでは、静水頭に相当する分だけ圧力差ができるので、圧力計は最下位の位置とし、試験圧力の関係に注意する。

手順－2　試験用水張り

①水圧試験を行う配管の範囲のうち、最上部の水張り箇所および空気抜きバルブ取付け箇所を除き、大気開放となっている部分のソケット、エルボ、バルブなどにテスト用プラグをシールテープで取り付ける（図資Ⅰ・32水圧テスト手順説明図参照）。

②水圧試験装置を取付ける部分においてテスト用配管を行い、テストポンプを取付ける。

なお、テスト用配管とは、水圧テスト用配管取出し部分を配管呼び径15A～20A程度に径違いソケット、ブッシング等で管径を細くし、1次側(テストポンプ側)ボールバルブ、水圧計(圧力ゲージ)、2次側(試験配管側)ボールバルブ等を取付けることをいう。これらが試験装置としてセットになっているものもある。また、最下部には水抜き用のバルブを取付ける（図資Ⅰ・32　水圧テスト説明図参照）。

③仮設配管または仮設給水栓(清浄な水)などより、配管を直接続するかまたはホースにて最上部のプラグを施さなかった部分から、配管内が満水になるよう水を張る。配管内を満水にする際には、大気に開放した状態で水を張り、配管内の空気は完全に抜く。配管内に少しでも空気があると、漏水でなくても空気が徐々に水に溶け込んだりして圧力計が変動し、正確な圧力での試験を行うことが難しくなる。

④広範囲の配管内の水張りは、試験対象の要所に人を配置し、各部を見回りながら慎重に行い、フランジおよび継手の締め忘れなど単純なミスで、下階が水浸しになるというような事故がないようにする必要がある。

⑤水張りが終了したら、最上部の残りのプラグなどを施す。

手順－3　水圧試験開始

①圧力計を目視し、プラグ忘れ、締め忘れ、漏洩等がないかを確認しながら、水圧試験用配管の保有水量が少ない場合は、手動式水圧テストポンプにより徐々に圧力を上げ、所定圧力にする。水は剛体に近いので、水圧試験範囲の配管が満水となっていれば、少量の水を押し込むことによって、圧力は急激に上がり始める。

なお、保有水量が多い場合は、電動式水圧テストポンプを使用する場合があるが、圧力が上がりだすと直ぐに電動式水圧テストポンプの設定圧力を超える場合がある。

したがって、電動式水圧テストポンプを使用する場合は、圧力計が振切

れて壊れる場合があるので、圧力計は十分余裕のあるものを使用する必要がある。
② 水圧を所定値にし、所定時間が経過するまで圧力をかけておく。この場合、圧力計を頼りにせず、できる限り継手部を入念に点検する。配管内には多少の空気が残る場合があるために、ねじ部の多少の漏れでは圧力計に変化を生じない場合がある。
③ 所定時間経過後、圧力の変化がないことを確認し終了する。
④ 圧力に変化があった場合は、にじみ箇所、漏れ箇所などを探し、一度水抜きを行い、漏れのないように配管を直す。
⑤ 配管を直した後、養生時間をおいて、手順－2から再度水圧試験を行う。

手順－4　水圧試験終了後の圧力抜き、水抜き

① 1次側バルブを徐々に開き、圧力計が静水頭になるまで圧力を下げる。
② 最下部より、ホース等により仮設排水等に水抜きを行う。特に凍結の恐れがある場合は、速やかに排水する。

(2) 気圧試験

　気圧試験は、「表資Ⅰ・9　主な圧力配管の圧力試験検査基準の例」などにより、空気または窒素ガスなどの気体の種類および試験圧力・保持時間などを決め現場監理者合意の上、施工者が行う。
　試験に当っては、次の手順にて行う

手順－1　試験前確認

① (1) 水圧試験の内容に準じる。ただし、⑤の一部および⑦を除く。

手順－2　試験範囲配管気体密閉用（プラグ止めなど）および気圧テスト装置の段取り

> ①はじめに、試験圧力の50%まで加圧後、異常のないことを確認し、その後10%程度ごと段階的に試験圧力まで加圧する。
> なお、高圧での気圧試験は、漏れがあると危険なので、試験に際しては安全上の対策を行う。また、気圧試験では、外部の気温に影響されて圧力が変動するので、日中の気温変化の少ない時間に実施する。
> ②気圧を所定値にし、所定時間が経過するまで圧力をかけておく。
> ③所定時間経過後、圧力の変化がないことを確認し終了する。
> ④圧力に変化があった場合は、各接合部に水石けんなどを塗布し、泡の発生で漏れ箇所などを探し、漏れのないように配管を直す。
> ⑤配管を直した後、養生時間をおいて、手順－3から再度気圧試験を行う。

(3) 脈動水圧試験

脈動圧試験は、静圧試験では接合不良部分が発見しにくい樹脂管（架橋ポリエチレン・ポリブテン管など）およびステンレス鋼管などに使用されるメカニカル継手などに対して、特記仕様書記載事項などに応じ、試験圧力・試験時間などを決め現場監理者合意の上、施工者が行う。

脈動水圧試験は、わずかな施工ミスやくぎの打抜きなどによる漏水の発見を高めるために、従来の静圧による水圧試験とは別に配管内の圧力を変化させる脈動圧によって漏水試験を実施する方法である。

なお、試験にあたっては、配管長さ、管径、空気混入、材質などに注意する必要があるが、手順は、（1）の水圧試験に準じる。

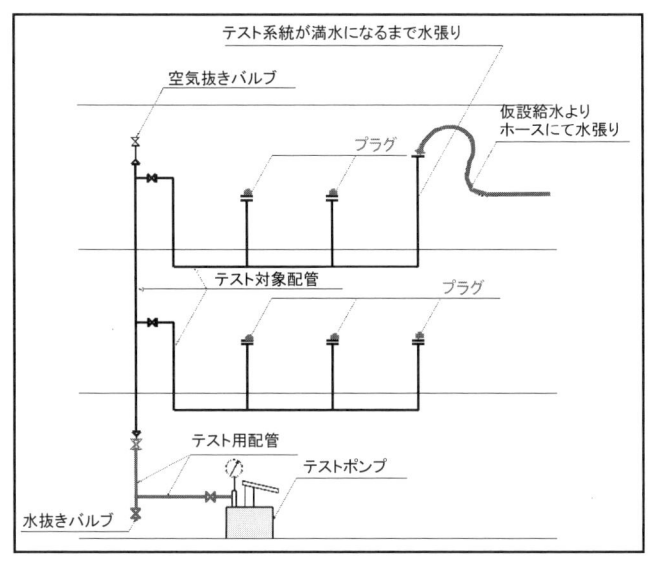

図資Ⅰ・32　水圧テスト手順説明図

（作成：永山　隆）

表資Ⅰ・9　主な圧力配管の圧力試験検査基準の例

試験種別		水　圧　試　験								気圧試験 (空気または窒素ガス)	
最小圧力等 最小保持 時間 [min] 系統・管名称		1.75 MPa	静水 頭の 2倍	ポンプ全揚程の2倍	ポンプ全揚程の1.5倍	加圧送水装置締切圧力の1.5倍	常用圧力の1.2〜1.5倍	常用圧力の2倍	最高使用圧力の2倍	最高使用圧力の1.5倍	MPa	110 kPa	最大常用圧力の1.5倍
		60	60	60	60	30	60	30	30		30		
給水・給湯	直結給水管	○*1									○*8		
	高置水槽以下		○*2 0.75 MPa 以上								○*8		
	揚水管および 加圧給水・湯管			○*2 0.75 MPa 以上							○*8		
	器具接続管						○ 0.5 MPa 以内				○*8		
	住戸内 架橋ポリエチレン管						○*3 0.75 MPa 以上						

（つづく）

第Ⅲ部　資料Ⅰ・6　建築設備配管の水圧試験・気密試験

(つづき)

分類		項目	C1	C2	C3	C4	C5	C6	C7	C8
排水		住戸内ポリブテン管					○*4 0.75MPa以上			
		揚水(ポンプ吐出)管	○*2 0.75MPa以上							
消火		水系消火管			○*2 1.75MPa以上				○*8	
		連結送水管	配管の設計送水圧力*7の1.5倍の圧力。ただし、最小値は1.75MPaとする。							
		連結散水設備	○							
		二酸化炭素消火設備	最高使用圧力（貯蔵容器から選択弁までは5.9MPa）、10分保持					○		
		不活性ガス消火設備	最高使用圧力（貯蔵容器から選択弁までは10.8MPa）、10分保持					○		
		粉末消火設備	最高使用圧力（貯蔵容器から選択弁までは2.5MPa）、10分保持					○		
空調系		蒸気管					○ 0.2MPa以上			
		高温水管					○*5 0.2MPa以上		○*6	
		冷温水					○ 0.75MPa以上		○*8	
		冷却水					○ 0.75MPa以上		○*8	
		油管	危険物の規制に関する政令・同規則および各地方条例に基づき、所定の試験に合格すること。							○
		冷媒管	機器製造者が定めた気密試験圧力の最高値、24時間以上保持					○		

備考	
*1	水道事業者に規程のある場合はそれに従うこと。
*2	圧力は配管の最低部におけるもの。
*3	0.75MPaで60分後の水圧が、0.45MPa以上で合格、再試験で0.55MPa以上で合格。 1.0 MPaで60分後の水圧が、0.6 MPa以上で合格、再試験で0.7MPa以上で合格。 1.75MPaで60分後の水圧が、1.05 MPa以上で合格、再試験で1.20MPa以上で合格。
*4	0.75MPaで60分後の水圧が、0.55MPa以上で合格、再試験で0.65MPa以上で合格。 1.0 MPaで60分後の水圧が、0.8 MPa以上で合格、再試験で0.9MPa以上で合格。 1.75MPaで60分後の水圧が、1.40 MPa以上で合格、再試験で1.60MPa以上で合格。
注)	*3、*4とも再試験の場合は、当初圧力を下げないで試験圧力に再加圧する。
*5	窒素ガス試験の場合は、最高使用圧力の1.5倍とする。
*6	高温水用コンジット配管
*7	ノズル先端における放水圧力が0.6MPa{消防長または消防署長が指定する場合にあっては、当該指定放水圧力}以上になるように送水した場合の送水口における圧力をいう。
*8	水圧試験の前に、広範囲な試験を行う場合プラグ忘れなどがないか予備的に行う場合がある。

5．試験の管理方法（立会い、写真、記録など）

　工事が完了してから漏れが発生すると、二次災害が生じるおそれがあると同時に、原状回復に多大の労力と費用が掛るため、試験は未試験箇所がないよう系統図・施工図に色分けを行い、配管水圧試験一覧表などを作成して全系統を確実に実施し、記録して保管する（表資Ⅰ・10　配管水圧試験一覧の例および表資Ⅰ・11　配管圧力試験データシートの例参照）。

　水圧テストは、テスト範囲（系統）、開始日時、終了時間を明示した看板を用意し、圧力計が見えるように、また、テストポンプを切り離した状態で写真撮影（写真1配管水圧試験開始時と終了時参照）を忘れずに行う。さらに、要所では現場監理者の立会いの上行う。

6．その他注意事項

（1）樹脂管の水圧試験注意事項

　樹脂管の圧力試験は、樹脂管は軟質であるため、圧力を加えると時間の経過と共に管が膨張し、若干の圧力低下を示すことがあり注意を要する（図資Ⅰ・35　集合住宅の住戸内水圧テストの手順例参照）。

　次に試験圧力0.75MPaの場合のポリブテン管の試験要領を記述する。

> ①0.75MPaになるまでゆっくり昇圧する。0.75MPaを厳守する。瞬時に0.2MPa以上となるような、急激な加圧は避ける。また、0.2MPaで一旦加圧を止める。
> ②すぐに圧力降下が見られても、再度昇圧を繰り返さない。
> ③1時間後の保持圧力が0.55MPa以上であれば合格とする。
> ④接合部は目視、触感で漏水のないことを必ず確認する。
> ⑤釘打ち等の微細な漏水の場合を考慮して、工事期間中の可能な期間、配管に圧力保持して水圧が安定していることを確認する。

（2）機械式継手の水圧試験注意事項

　各種機械式（メカニカル）継手はOリングによって継手本体と配管との間で漏れ止めを発揮する構造であり、締付・圧縮忘れおよび締付・圧縮不足の場合でも

Oリングの変形によって一時的に見かけ上の漏れ止め性能を有する場合があるので、水圧試験の前に規定の締付・圧縮などの確認を行う。

(3) 配管の漏れに対する注意事項

配管の漏れの原因には種々あるが、接合部の不完全施工がほとんどである。漏れを生じた場合、ねじ接合では配管をやり直すか、その部分にフランジ継手を入れるなどして、完全に補修した上で再度試験を行う。シーリング材等で漏れ部分をシールすることは応急処置のみとする。

わずかに継手部がにじむ程度の漏れであっても、完全に手直しを行う。わずかな漏れを放置した場合に天井の汚損など直接の影響はなくとも、継手部が常に湿潤状態に保たれることによって腐食を生じ、短期に漏水事故を引き起こす可能性がある。ステンレス伸縮継手接合部で、このような漏れを放置したために、保温材含有の塩素抽出も関係したと考えられるが、5年程度で伸縮継手溶接部分にすき間腐食が生じ、漏水事故に至った例もある。

(4) 都市ガス等

都市ガス設備および液化石油ガス設備は、ガス事業法に規定する技術基準および関係法令、ガス供給事業者の供給規定、液化石油ガス事業法等に基づいて空圧または不燃性ガス・不活性ガスなどで試験を実施する。これらの試験は配管の隠蔽工程以前に実施する。配管の塗装は検査実施後とする。

(5) テストポンプ使用の留意事項

a．手動式水圧テストポンプの使用について（図資Ⅰ・33参照）

> ①手動式水圧テストポンプは試験配管内を満水にしておき、配管側のテストバルブより準じ徐々に開き、ポンプレバーハンドルを上下に操作し、試験配管内を所定圧力にする。
> ②試験配管内が所定圧力になった後、ポンプ側のテストバルブを閉め、試験配管内の圧力を保持する。

b．電動式水圧テストポンプの使用について（図資Ⅰ・34参照）

> ①電動式水圧テストポンプは、給水源が近くにあれば試験配管内を満水にしておかなくても、水張りとしても使用できる。

② 吸水方式は、給水直結接続方式とタンク等よりの自給方式のどちらでも使用できる。
③ 感電事故防止のため必ず接地（アース）を施す。
④ 40℃を超える温水を使用しない。
⑤ プラグを電源に差し込む前に、スイッチがOFFになっていることを確認する。
⑥ サクションフィルタ、リリーフホースは、バケツ、タンク等に完全に沈める。

表資Ⅰ・10　配管水圧試験一覧の例

担当者名　　　　印

計画		系統図No	試験		実施日		データシートNo	備考
給水								
階	系統	No	水圧	MPa	月	日	No/	
・	・	・	・		・			
・	・	・	・		・			
・	・	・	・		・			

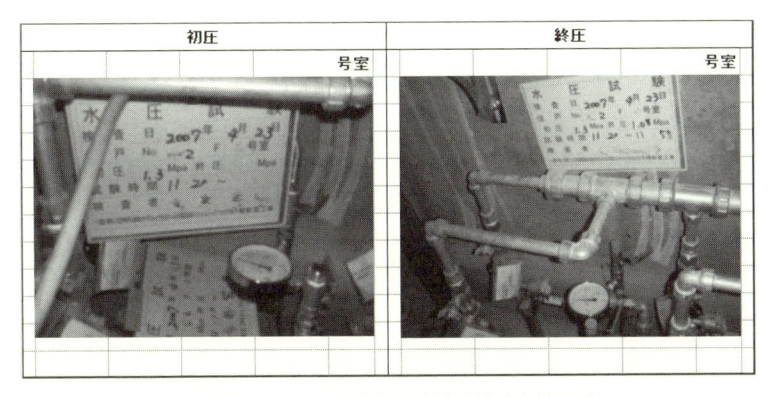

写真資Ⅰ・1　配管水圧試験開始時と終了時

コラム

- 水圧試験と気密試験の圧力差は何故？

　一説に水分子と空気分子とでは、分子の大きさが 1/3 程度であり、漏れ試験を空気圧で行う場合は、所定水圧の 1/3 程度でよいとの説もあるが、これは根拠がない。

　独立行政法人「産業技術総合研究所」の広報誌によれば、酸素原子の直径は 0.12〜0.14nm(10^{-9}m)、水素原子は 0.05nm とのことであり、これは原子核の周りを回る電子の軌道の直径と考えてよいようである。

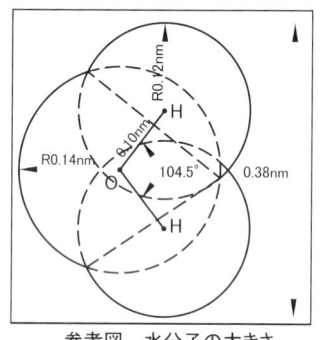

参考図　水分子の大きさ

　一方、原子同士が近づくと初めは引力が、さらに接近すると反発力が働くようであり、原子や分子は反発力と引力の釣り合いにより一定の平衡距離を保って互いに離れているようである。

　また、原子や分子がお互いに入り込めない半径のことをファンデルワールス半径というとのこと。

　なお、酸素原子のファンデルワールス半径は 0.14nm、水素は 0.12nm であるとのこと。

　水は、水素、酸素、水素の順に結合する。しかし、直列に並ぶわけではなく、角度（104.5°）が付いていて、くの字に結合している（参考図水分子の大きさ参照）。水分子の大きさは差し渡しで 0.38nm と言われているようである。

　一方、酸素分子と窒素分子の大きさ（分子直径）は、酸素：0.364nm、窒素：0.378nm と窒素分子の方が若干大きい。空気の成分はおおまかに N_2：78%、O_2：21%、Ar：1% であって、窒素の割合が大きいから物性値も窒素と空気とで大きくは変わらないことより、窒素分子の大きさが、空気分子の大きさと考えても良いことになるが、O_2 その他が 22% あるため、気密試験で考える場合は、O_2 分子も影響すると考えられる。

　いずれの場合でも、水分子の大きさ、0.38nm とそれ程大きく違いはなく、漏れ試験において、分子の大きさでの比較では、水圧試験に対し、気密試験が 1/3 程度の圧力で良いこととはならない。

　しかし、漏れについては、実際には分子同士の結合力なども関係すると思われ、現実的には水圧試験に対し、気密試験が 1/3 程度の圧力で良い様である。

第Ⅲ部　資料Ⅰ・6　建築設備配管の水圧試験・気密試験

表資Ⅰ・11　配管圧力試験データシートの例

工事名称		試験実施者		整理番号	
		立 会 者			
試験対象	給水・給湯・消火・冷温水・冷却水・蒸気・冷媒・その他（　　　　　　　　）					
接続法	ネジ込み・溶接・ろう付・フランジ・接着・溶着・メカニカル・その他（　　　　　）					
配管材料	亜鉛メッキ鋼管・ライニング鋼管・SUS管・銅管・塩ビ管・鋳鉄管・架橋ポリエチレン管・ポリブテン管　その他（　　　　　）					
試験方法	水圧・器具水圧・空気圧・その他（　　　　）　試験回数（　　　）回目					

圧　力　試　験

年月日	年　　　月　　　日
時　間	時　　分～　　時　　分
圧　力	初圧　　　MPa　　　　　　　終圧　　　MPa
判　定	初圧－終圧＝　　　［MPa］ 合格（初圧－終圧 ≦　　）　不合格（初圧－終圧 ＞　　）

圧力試験データ	試験方法・装置等
外気温 or 室温　　℃ （MPa）圧力変動 試験時間（　　）	（水圧・空圧試験） ・圧力計仕様 　　ゲージ規格：　　　MPa 　　メーカー名： 　　製造番号： ・零点調整（済・未）

不合格（異常）の把握と処理

No.	漏水箇所	管　径	漏水状況	原　因

系統図・アイソメ図・詳細図など　　確認
（図にマーキングする）　　　　　　担当　　　　　　

（1MPa=10.2 kgf/cm²）

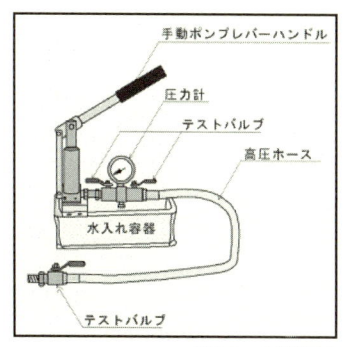

（作成：山岸龍生）
図資Ⅰ・33　手動式水圧テストポンプ

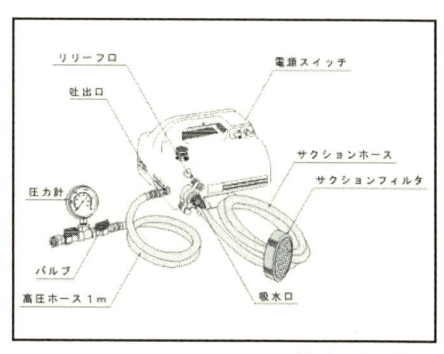

（作成：山岸龍生）
図資Ⅰ・34　電動式水圧テストポンプ

265

第Ⅲ部　資料Ⅰ・6　建築設備配管の水圧試験・気密試験

NO	作業名	住戸水圧テスト	協力会社名		予想される災害	確認者	必要資格 要領図
		作業手順	急所				
1	水圧をかける(1.0～1.1Mpa)		共用廊下に水をこぼさない様にする				
2	初期圧時写真撮影		写真撮影の為の照度を確保する				
3	1時間保持する						
4	最終圧確認(初期圧の90％以上合格)						
5	最終圧時写真撮影		写真撮影の為の照度を確保する				
6	水圧のかかった状態で保持		水圧が下がっていないか確認する				
7	キッチン、洗面台設置前にポリブデン管切断および水抜き		切断したポリブデン管を横にしウエスを被せバケツにてFLラインまで水を抜くその時周囲に水が飛び散らないように充分注意する				

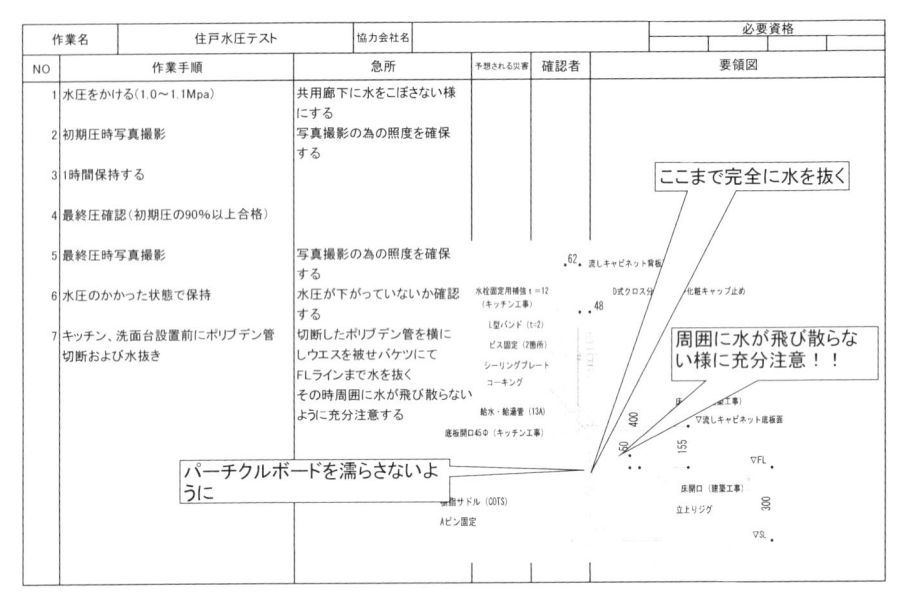

（図中注記）
- ここまで完全に水を抜く
- 周囲に水が飛び散らない様に充分注意！！
- パーチクルボードを濡らさないように

図資Ⅰ・35　集合住宅の住戸内水圧テストの手順例

【知っておきたい豆知識！（46）】
バルブのねじ込み配管施工に「パイレン」を用いるべからず！

記：小岩井隆
絵：瀬谷昌男

　管や継手は、外側が丸く突起がない。このため、管や継手を掴んで回転させるために使用する「配管専用工具」に、「パイレン（パイプレンチ）」や「チントン（チェーン・トン）」がある。
　しかし、「バルブ端部」には、必ず「工具掛け（六角や八角の角部）」を設けているので、「スパナ（イギリススパナ）」や「モータレンチ」などの「回転工具」を使用しなければならない。
　「パイレン（パイプレンチ）」で、「青銅製バルブ」に端部を掴むと、キズが付くばかりでなく、誤って「胴部」を掴んでしまい、「胴着洩れ（バルブボデーとボンネットの間からの洩れ）」などのトラブルを招くこともある。

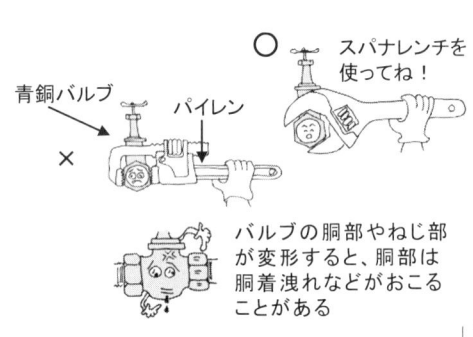

○ スパナレンチを使ってね！
青銅バルブ　パイレン　×
バルブの胴部やねじ部が変形すると、胴部は胴着洩れなどがおこることがある

第Ⅲ部　資料Ⅰ・7　コードリール（電工ドラム）名称

[2005年5月29日]
[　　原田　洋一　]

　本ねじ施工マニュアルでは、下記の調査経緯により記載名称は「コードリール」といたします。

> コードリール：通称として、電工ドラム、電工リール、ケーブルリール等 とも称されている。

＜調査経緯＞

1．「電気用品安全法」(旧電気用品取締法)では、「コードリール」となっている（参考資料－4および5参照）。

2．当該商品コードリール（通称：電工ドラム等）メーカー最大手は、㈱ハタヤリミテッド（販売会社、製造会社は㈱畑屋製作所、いずれも名古屋市）で、以前より一般商品名は「コードリール」と称していた。
　単品の商品名は、ブレーカーリール、屋外用防雨型リール、カンデンレスリール等、頭にその機能をつけている。
　（参考資料1　参照。）

3．「電工リール安全協議会」
　コードリールの業界団体として「電工リール安全協議会」というのがあり、コードリールにも「電工リール安全協議会」というシールが張ってある。
　「電工リール安全協議会」の会長は、ハタヤリミテッドの社長が勤めているが、協議会名称を決めるとき「電工派(主として電工ドラム)」と「コードリール派」の中間を取るということで「電工リール」という妥協の産物を決めたようだ。

4．結論

(1) 法律である「電気用品安全法」で「コードリール」と称している。
(2) 該当商品最大手メーカーでも昔から「コードリール」と称している。
(3) 「電工リール安全協議会」という紛らわしい団体をこしらえ、そのシールを該当製品に貼っているが、その経緯を聞くにつけ、ここのところは法律用語を優先すべきと思われる。

参考資料－1

あて先(TO) 原田(仮)事務所 原田 洋一 様
発信日(DATE) H17年5月17日
時刻(TIME) PM5時10分
発信番号(REF. NO.)
原稿枚数(NO. OF SHEET) 表紙を含め6枚

TEL No. ○○○○○　FAX No. Telに同じ　TEL No. ○○○○○　FAX No. ○○○○○

発信者(FROM) ネクロス電工株式会社
住所：○○○○○○○○○○
TEL：○○○○○○○　FAX：○○○○○○○

部課名(DIV.) ○○○○○○○
氏名(NAME) ○○○○○○○

この連絡事項につき(FOR YOUR)
□ 御承認をお願い致します。(APPROVAL)
■ 御報告致します。(INFORMATION)
□ 御検討、御回答をお願い致します。(REPLY)
□ 実施をお願い致します。(ACTION)

件名(SUBJECT)　電工ドラム正式名称の件
JIS C 0364
JIS C 0365
JIS C 0366

いつも大変お世話になっております。

早速、調査した件御報告致します。

① 電気用品安全法上の名称(旧電気用品取締法)

　　コードリール

② 商品名：(電工ドラム)大手メーカーの名称
　　* メーカー名「ハタヤリミテッド」問合せ先：ハタヤリミテッド顧客サービスデスク
　　　　　　　　　　　　　　　　　　フリーダイヤル：○○○○○○○
　　　　　　　　　　　　　　　　　　担当：○○○○○○

　　・コードリール(一般名)
　　・ブレーカーリール
　　・屋外用防雨型リール
　　・カンデンレスリール(新製品)等

結論的には、電気用品安全法の名称である、コードリールを正式名称とした方が良いと思います。
尚、電工ドラムは工事業者サイドの呼称でオフィシャルな言い方では有りません。

「電工リール安全協議会」

参考資料－2

商務情報政策局消費経済部製品安全課　編
資源エネルギー庁原子力安全・保安院電力安全課

電気用品安全法関係法令集

社団法人　日本電気協会

参考資料－3

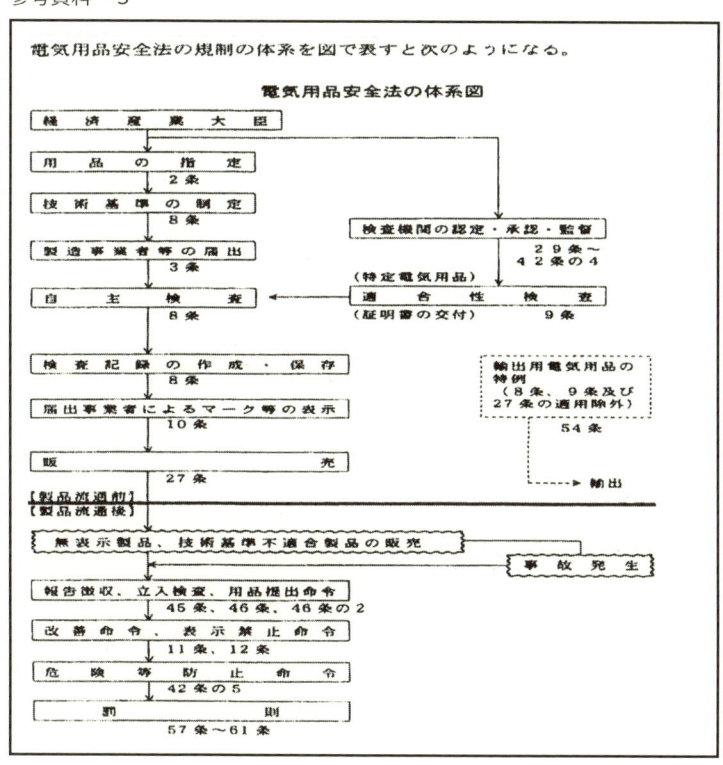

電気用品安全法の規制の体系を図で表すと次のようになる。

電気用品安全法の体系図

```
        経 済 産 業 大 臣
              │
        用 品 の 指 定
            2条
              │
        技 術 基 準 の 制 定
            8条
              │
        製造事業者等の届出         検査機関の認定・承認・監督
            3条                     29条～42条の4
              │                       │
        自 主 検 査  ←───  （特定電気用品）
            8条              適 合 性 検 査
              │              （証明書の交付）　9条
        検査記録の作成・保存
            8条                    輸出用電気用品の
              │                    特例
        届出事業者によるマーク等の表示   （8条、9条及び
            10条                    27条の適用除外）
              │                        54条
        販　　　　　　　売     ┄┄┄┄→ 輸出
            27条
【製品流通前】
【製品流通後】
        無表示製品、技術基準不適合製品の販売 ┄┄ 事 故 発 生
              │
        報告徴収、立入検査、用品提出命令
            45条、46条、46条の2
              │
        改 善 命 令、表 示 禁 止 命 令
            11条、12条
              │
        危 険 等 防 止 命 令
            42条の5
              │
        罰　　　　　　　則
            57条～61条
```

第Ⅲ部　資料Ⅰ・7　コードリール（電工ドラム）名称

参考資料－4

解　　　説

電気用品の区分	電気用品名		範囲	証明書の有効期間
	政令品名	省令品名		
配線器具	・箱開閉器（カバー付スイッチを含む。） ・フロートスイッチ ・圧力スイッチ（定格動作圧力が294kPa以下のものに限る。） ・ミシン用コントローラー ・配線用遮断器 ・漏電遮断器		定格電圧が100V以上300V以下、定格電流が100A以下（電動機用のものにあっては、その適用電動機の定格容量が12kW以下）のもので、交流の電路に使用するものに限り、防爆型のもの、油入型のもの及び機械器具に組み込まれる特殊な構造のものを除く。	7年
	・カットアウト		定格電圧が100V以上300V以下、定格電流が100A以下のもので、かつ、つめ付ヒューズ又はプラグヒューズを取り付けるもので、交流の電路に使用するものに限り、防爆型のもの及び油入型のものを除く。	
	・差込み接続器	・差込みプラグ ・コンセント ・マルチタップ ・コードコネクターボディ ・アイロンプラグ ・器具用差込みプラグ ・アダプター ・コードリール ・その他の差込み接続器	1.定格電圧が100V以上300V以下、定格電流が50A以下及び極数が5以下のもので、交流の電路に使用するものに限り、タイムスイッチ機構以外の点滅機構を有するものを含む。 2.防爆型のもの、油入型のもの、ライティングダクト、ライティングダクトの附属品、ライティングダクト用接続器及び機械器具に組み込まれる特殊な構造のものを除く。	

参考資料-5

電気用品安全法施行規則（別表第二）

		(4) ロックナット式のもの (5) 抜け止め式のもの (6) 磁石式のもの (7) その他のもの
	接続する電線の種類（一般固定配線用のものの場合に限る。）	(1) 平形導体のものであつて銅のもの (2) 平形導体以外のものであつて銅のもの (3) その他のもの
	主絶縁体の材料	(1) 合成樹脂のもの (2) ゴムのもの (3) その他のもの
	外郭の材料	(1) 金属のもの (2) 合成樹脂のもの (3) その他のもの
	スイッチ	(1) あるもの (2) ないもの
	種類（一般固定配線用のものの場合に限る。）	(1) 露出型のもの (2) 埋込み型のもの
	使用の方法（コンセントの場合に限る。）	(1) 単用（床用を除く。）のもの (2) 連用のもの (3) 床用のもの (4) その他のもの
	電源との接続の方式（マルチタップの場合に限る。）	(1) キャブタイヤケーブル又はコードのもの (2) 差込みのもの (3) その他のもの
	電線と器体との一体成形（コンセントの場合を除く。）	(1) あるもの (2) ないもの
	防水構造	(1) 防雨型のもの (2) 防浸型のもの (3) 非防水型のもの
コードリール	定格電圧	(1) 125V 以下のもの (2) 125V を超えるもの
	定格電流	(1) 7A 以下のもの (2) 7A を超え 15A 以下のもの (3) 15A を超え 20A 以下のもの (4) 20A を超え 30A 以下のもの (5) 30A を超えるもの
	出力側の極（アース極を含む。）の数	(1) 2のもの (2) 3のもの

第Ⅲ部　資料Ⅰ・7　コードリール（電工ドラム）名称

参考資料-6

電気用品安全法施行規則（別表第二）

		(3) 4以上のもの
	アース極	(1) あるもの (2) ないもの
	主絶縁体の材料	(1) 合成樹脂のもの (2) その他のもの
	外郭の材料	(1) 金属のもの (2) 合成樹脂のもの (3) その他のもの
	電線の種類	(1) コード（キャブタイヤコードを除く。）のもの (2) キャブタイヤコードのもの (3) キャブタイヤケーブルのもの
	電線の長さ	(1) 6m以下のもの (2) 6mを超え10m以下のもの (3) 10mを超え20m以下のもの (4) 20mを超え30m以下のもの (5) 30mを超えるもの
	漏電遮断器	(1) あるもの (2) ないもの
	防水構造	(1) 防雨型のもの (2) 防浸型のもの (3) 非防水型のもの
ライティングダクト	定格電圧	(1) 125V以下のもの (2) 125Vを超えるもの
	定格電流	(1) 15A以下のもの (2) 15Aを超え20A以下のもの (3) 20Aを超えるもの
	極（アース極を含む。）の数	(1) 2のもの (2) 3以上のもの
	ライティングダクト用のプラグ又はアダプターとの接続の方式	(1) 固定型のもの (2) 走行型のもの
	接続する電線の種類	(1) 銅のもの (2) その他のもの
	外郭の材料	(1) 金属のもの (2) 合成樹脂のもの（金属に合成樹脂を被覆したものを除く。） (3) その他のもの
1 ライティングダクト用のカップリング	定格電圧	(1) 125V以下のもの (2) 125Vを超えるもの

第Ⅲ部　資料Ⅰ・8　なぜ1インチの1／8なの？

> 建築設備配管用ねじ施工研究会WG編（2010年11月10日修正）
> WGメンバー：大村秀明、近藤　茂、瀬谷昌男、高橋克年、
> 　　　　　　永山　隆、原田洋一、円山昌昭、山岸龍生

　なぜか8等分なのかご存じの方はおりませんか。

　原始時代食料を分配するのに始まったのでしょうか？1／2にすることは簡単で、分けやすいからでしょうか？

　1／4、1／8、次は1／16となると細かすぎます。また、8等分はギリシャ時代の戦闘車車輪のスポークの数だという説を何かの文献で見た記憶もあります。

　長さの起源は人体の一部分の長さが基準になって発生している尺度があります。

　体の部分を表す普通名詞では呼ばれていませんが、もともとは人体の部分の寸法が基準になって定められた単位です。

　インチ(25．4mm)の起源は手の親指の巾で、ローマ人がフートを1／12に分割して、その分量を、「ウンシア　uncia」または「ポレックスpoelex」と呼んで定義したのに始まり、イギリスで定められた単位です。インチは、ラテン語の1／12を表す言葉です（単位の進化、高田誠二著）。

　12等分の起源は円の内角360°から来ているようです。

　円の内角360°の起源はバビロニア人（紀元前3000年頃）が、1年の日数が365日であったことに気がつき、365であると分割するのに不便であるので、それを360としたのに始まります。60進法はここから始まります。この1／5が12になります。1日の太陽の周期を12等分、あるいは24等分しています。中国で角度は基本的に円周を12分割して12支を割り当てたとされています（単位の起源事典　小泉袈裟勝著）。

　東洋の「寸」も親指の巾に始まっています。「フート　foot」は足の長さに始まります。1フィート、30cmは大きい足で、ちなみに日本の安全靴の最大は30cmだそうです。日本の沼津で2007年11月に開催された第39回技能五輪に参加したアメリカ選手の足の大きさは33cmだったそうです（安藤紀雄氏談）。

　日本では昭和20、30年代まで足の大きさを表すのに「もん」（文）とで呼んでいました。これは江戸時代の通貨、寛永通宝（1文銭、寛永13年、西暦1636～1860年）の直径（24.24mm[1寸（30.03mmの8／10])が基準になります。

　そのほか日本の両手を広げた長さを、尋（ひろ）と言い、この1／2をイギリスではゴルフでよく使用する距離でヤードと言います。

第Ⅲ部　資料Ⅰ・9　モータトルクとねじ切り機の性状

> 建築設備配管用ねじ施工研究会ＷＧ編（2010年１１月１０日修正）
> ＷＧメンバー：大西規夫、大村秀明、近藤　茂、高橋克年、
> 　　　　　　　永山　隆、西澤正士、原田洋一、円山昌昭、山岸龍生

１．モータが必要とするトルク

「ねじ切り時に750W（１馬力）の出力」を必要とする場合

　シリース・モータとコンデンサ・モータのモータ本体回転数の違いによるトルクを求めると、次のようになり、シリース・モータが小さく出来る事が解る。

※トルク(回転力)とは、回転体に回転させようとして働く力(単位はkg－m)。

トルク(kg－m)＝出力(W)×0.975／回転数(モータ本体の回転数、rpm)
シリース・モータのトルク　＝750×0.975／18000＝0.04kg－m
コンデンサ・モータのトルク＝750×0.975／1500＝0.48kg－m

　シリース・モータのトルクは、コンデンサ・モータのトルクに対して大幅に小さくてすむ。

　モータ本体の回転数が高速(18,000rpm)で、減速機を用い、ねじ切り回転数（約40rpm）まで減速しているため、必要とするモータのトルクを小さくできるのでねじ切り機のモータを小さくできる。

２．シリース・モータは小さくできるが、音が高い

　○音が高いのは

　モータの回転数「約18,000rpm」を減速機の歯車で、ねじ切り回転数（無負荷約40rpm（50Hz・ヘルツ））まで減速している(減速比1/450)ため、高速回転部の歯車の噛合い音、および、モータ軸に直結している冷却フアン音（風をきる音）が高音を発する。

※軽自動車（エンジンが高速回転）が普通乗用車に比べ、音が高いのと同じ。

3．コンデンサ・モータは大きくなるが、音が静かである

○音が静かなのは

モータ回転数は50Hz・ヘルツ地域では「約1,500rpm」であり、その回転をVベルト、および、歯車で減速、変速し、ねじ切り機の回転数11、20、36rpmに減速している（減速比1/135）。低速で歯車が噛合うので、歯車音は静かで、冷却フアンも低速（1500rpm）のため静かである。

○大きく重いのは

シリース・モータに比べ、減速比(1/135)が小さいためモータにかかる負荷（トルク）が大きくなるので、モータ本体が大きくなりねじ切り機重量も重くなる。

〈参考〉モータの定義および分類（詳述）

1・1　モータとは何か

モータにはいろいろの種類があります。電源で区別すると、直流で回す直流モータと交流で回す交流モータとに大別され、それぞれ各種の種類に分かれています。

これらの各種モータのうち、現在動力用としては、交流モータの一種である誘導電動機（インダクションモータ）が広く用いられています。

この誘導電動機はほかのどのモータよりもその構造が簡単で、取り扱いがしやすく、かつ値段も安いという特長があるので、一般用モータとして最も広く実用に供されています。

普通、単にモータという場合にはこの誘導電動機のことをいうのですが、そのなかでも、最も広く、あらゆる用途に使用されることを目的として設計され、見込み生産されているモータを汎用(はんよう)モータと言っています。

1・2　モータの分類

誘導電動機は単相電源を用いる単相モータと三相電源を用いる三相モータとに分かれます。この両種のモータはその構造によってつぎに述べる各機種に分類されます。これを表にまとめると表資Ｉ・12のようになります。

第Ⅲ部　資料Ⅰ・9　モータトルクとねじ切り機の性状

表資Ⅰ・12　モータの分類

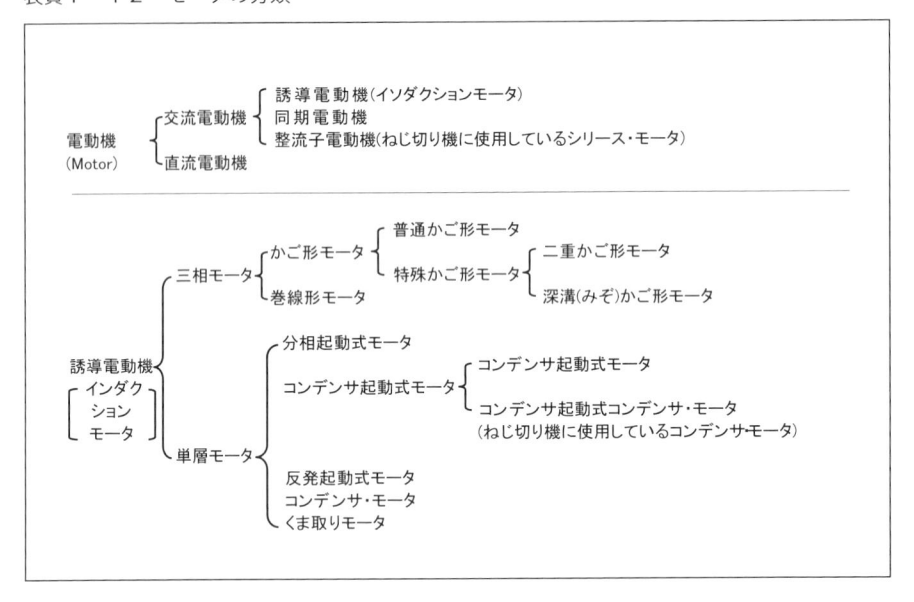

```
電動機 ┬ 交流電動機 ┬ 誘導電動機（インダクションモータ）
(Motor) │            ├ 同期電動機
        │            └ 整流子電動機（ねじ切り機に使用しているシリーズ・モータ）
        └ 直流電動機

誘導電動機 ┬ 三相モータ ┬ かご形モータ ┬ 普通かご形モータ
インダク   │            │              └ 特殊かご形モータ ┬ 二重かご形モータ
ション     │            │                                  └ 深溝（みぞ）かご形モータ
モータ     │            └ 巻線形モータ
           └ 単層モータ ┬ 分相起動式モータ
                        ├ コンデンサ起動式モータ ┬ コンデンサ起動式モータ
                        │                        └ コンデンサ起動式コンデンサ・モータ
                        │                          （ねじ切り機に使用しているコンデンサ・モータ）
                        ├ 反発起動式モータ
                        ├ コンデンサ・モータ
                        └ くま取りモータ
```

【知っておきたい豆知識！（47）】

バルブキャビティ内の残圧は、除いてからバラすこと！

記：小岩井隆
絵：瀬谷昌男

　配管を取り外す場合、事前に「配管内圧力」を除いてから作業を行うことは「当然の処置」であるが、「閉止状態」のバルブのキャビテイ内部に残圧が残ることがある。
　キャビティとは仕切弁やボール弁など、「両側二枚シート」を有するバルブの内部の「空隙」のこと。
　バルブを取り外す場合、バルブを「半開状態」にして、内圧を除いてから作業を行うことが、安全上重要である。

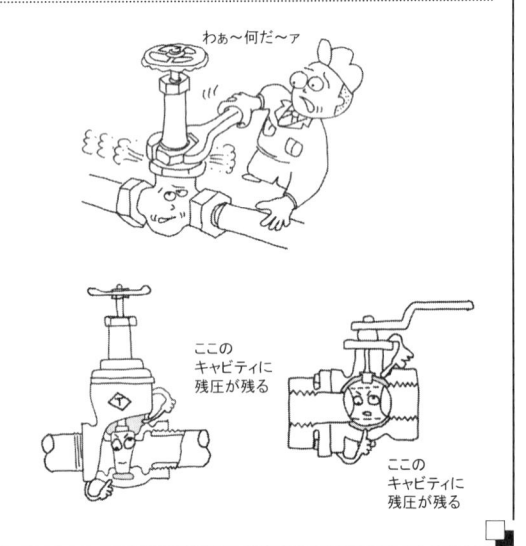

ここのキャビテイに残圧が残る

ここのキャビテイに残圧が残る

第Ⅲ部　資料Ⅰ・10　構成刃先

> 建築設備配管用ねじ施工研究会ＷＧ編（2010年11月10日修正）
> ＷＧメンバー：大西規夫、大村秀明、近藤　茂、髙橋克年、
> 　　　　　　永山　隆、西澤正士、原田洋一、円山昌昭、山岸龍生

1．構成刃先の模式

　軟鋼(鋼管は軟鋼)のような「柔らかく粘り強い金属」は、チェーザを使用して低速（5m/min以下）で削ると、図資Ⅰ・36に示すようにバイト刃先に被削材（切削している材料の一部）が層状に付着し、被削材の倍以上の硬さとなり、刃先の代用として切削が行われます、この代用刃先のことを構成刃先と言います。

(作成：円山昌昭)

図資Ⅰ・36　構成刃先模式図

　原因は、バイトと切りくずの間が高温、高圧摩擦になることにより、被削材粒子が「バイトすくい面（「切りくず」が逃げて行く面）」の刃先に接着し発生するものが構成刃先であり、それ自身著しい加工硬化を受けています。しかし、構成刃先がある程度発達すれば、内部に破壊が起こり、一部は切りくずと共に持ち去られ、一部は切削仕上げ面上に残ります、構成刃先は一般に図資Ⅰ・37のように、発生、成長、分裂、脱落を繰り返します。

　構成刃先の大きさは切削条件により大きく影響を受けます。

第Ⅲ部　資料Ⅰ・10　構成刃先

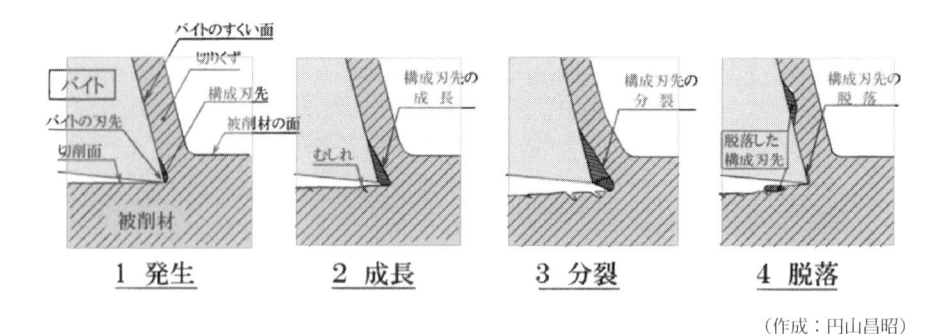

図資Ⅰ・37　バイトに見立てた構成刃先の成長・脱落過程模式図
（作成：円山昌昭）

（1）構成刃先の発生
　バイト（切削工具）の刃先に構成刃先が発生。
（2）構成刃先の成長
　構成刃先が発生すると、刃先は成長に伴い丸くなる、そのため切削性が悪くなり、仕上げ面に「むしれ」が発生する。
（3）構成刃先の分裂
　構成刃先が更に成長すると、大きくなった構成刃先の一部が割れ分裂する、バイトの刃先に残った構成刃先は切削性が悪く、仕上面は「むしれた」箇所が多くなる。
（4）構成刃先の脱落
　構成刃先が脱落し、切りくずと一緒に持ち去られるものと、仕上面に食い込むものがある。構成刃先は脱落するが次の新しい構成刃先が発生する。

2．チェーザの構成刃先
　チェーザでのねじ切り加工は、図資Ⅰ・38のダイヘッドに取り付けた4枚のチェーザで加工し、4枚のチェーザにそれぞれ構成刃先が発生します。

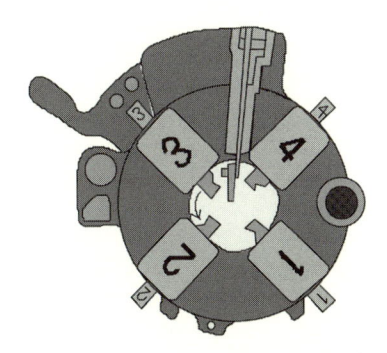

(作成：円山昌昭)

図資Ⅰ・38　ダイヘッドとチェーザ

　チェーザは図資Ⅰ・39のように、切刃部で「面取り加工」をしながら、親ねじ部で「テーパねじ加工」を行います。

　チェーザの刃先で、鋼管の端部に最初に面取り加工する「切刃部」（図資Ⅰ・39、図資Ⅰ・40参照）から、テーパねじ加工する「親ねじ部の3山位」の範囲に「大きな負荷がかかり、高温、高圧摩擦が生じ」、構成刃先が発生しやすくなります。

　構成刃先は、その範囲の中でも特に「切刃部」の「糸ねじ谷底」と「チェーザねじ山谷底」に発生しやすく、発生すると「山むしれ」、「山欠け」等の不良ねじができます。

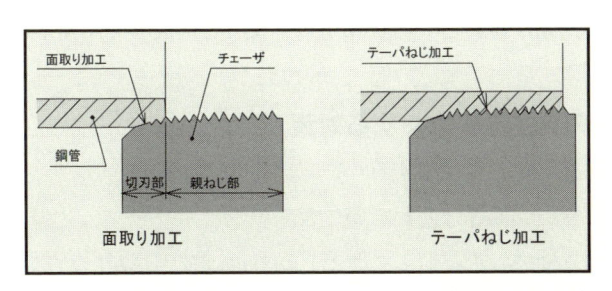

(作成：円山昌昭)

図資Ⅰ・39　チェーザによるねじ加工

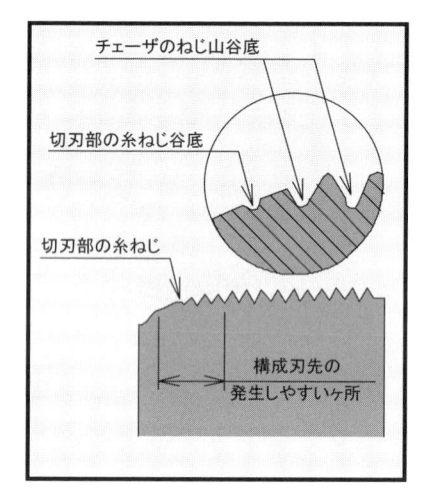

(作成：円山昌昭)

図資Ⅰ・40　構成刃先が発生しやすい箇所

3．4枚のチェーザで構成刃先が発生しやすい条件・現象
（チェーザに大きな負荷がかかり高温、高圧摩擦状態になる）
①チェーザ1番、2番は、油のかかりが悪い（図資Ⅰ・38参照）。
②ねじ加工の時、4枚のチェーザに切粉の量の差が出る場合、多く出るチェーザに構成刃先が発生しやすい
③油の量が少ないとき煙が出て構成刃先になりやすい。
④チェーザの刃先が摩耗し、切れ味が悪くなると構成刃先が発生しやすい。

4．構成刃先の発生を少なくする対策
①純正ねじ切り油を必ず使用する。
②間違ってもマシン油等は使わないこと。
③純正ねじ切り油でも水が混入したねじ切り油は使用しない。
④ねじ切り油不足にしない(ねじ切り時に煙が出ないこと)。
⑤ダイヘッドから出ている切粉を点検掃除する。
⑥切られたねじに「ざらつき」が発生したら、新しいチェーザに取り換える。

【知っておきたい豆知識！（48）】
ライニング管とコーティング管

記：安藤紀雄
絵：瀬谷昌男

　従来、「給水配管」の主流であった「亜鉛めっき鋼管」は、亜鉛の溶出により「白濁現象」がおこることがある。また、腐食による「赤水」の発生から「錆こぶ」による配管閉鎖、更には「ねじ部の腐食孔」による漏水などの「機能障害」を起こすようになり、最近では、「飲料水」には使用されなくなってきた。

　JISでも名称が「水道用亜鉛めっき鋼管」から「水配管用亜鉛めっき鋼管（JIS G 3442）」に変わって、飲料水には適用しないことになった。そこで、最近の「給水配管」の主流となったのが、「合成樹脂ライニング鋼管」である。これらは、合成樹脂を鋼管の内面にライニングしたもので、「鋼管の強靭性」と「合成樹脂管の耐食性」を具備したものといえる。

　その代表的なものは、「水道用硬質塩化ビニルライニング管（JWWA K 16）」と「水道用硬質塩化ポリエチレン粉体ライニング鋼管（JWWA K 132）」である。

　両方とも「ライニング鋼管」と呼んでいるが、後者は「コーティング管」と呼ぶべきと言っている人もいるが、皆さんの意見は、はたしてどうですか？

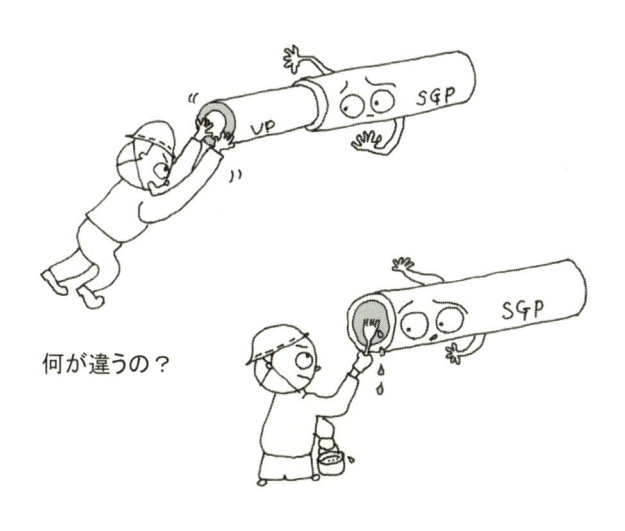

何が違うの？

第Ⅲ部　資料Ⅱ・1　「リセス」について

> 建築設備配管用ねじ施工研究会ＷＧ編（2005年8月9日修正）
> ＷＧメンバー：大村秀明、近藤　茂、瀬谷昌男、高橋克年、
> 　　　　　　　永山　隆、原田洋一、円山昌昭、山岸龍生

建築設備配管で使用されている「ねじ込み式排水管継手（Screwed drainage fittings）JIS B 2303」には、内側に施されたねじ部先端に「リセス（recess）」と称せられる「くぼみ」が設けられています（図資Ⅱ・1　参照、JIS B 0203 より）。

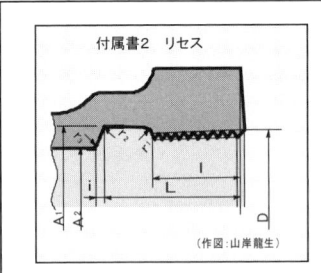

ねじの呼び		i	r_1	r_2	r_3
R 1 1/4	32A	0.6	4.5	2.5	1.5
R 1 1/2	40A	0.6	4.5	2.5	1.5
R 2	50A	1	4.5	2.5	2
R 2 1/2	65A	1.2	5	3	2
R 3	80A	1.2	5.5	3	2
R 4	100A	1.2	6	3	2.5
R 5	125A	1.2	6	3	2.5
R 6	150A	1.5	7	3.5	3

備考　L,I,A 1,A 2 及びDは、付表1による。

（作図：山岸龍生）

図資Ⅱ・1

「ねじ込み式排水管継手のリセス」に関しては、小川誠耳 著「衛生工事の排水と通気」(その1) 2－38頁に次のように記されています。

> 「National Plumbing Code Handbook(based on ASA A40.8-1955),edited by Vincent T.Manas,1957」によれば、ソケット付き鋳鉄管と鉛管とで全て施工されていた排水系統が、1880年頃、ニューヨーク市のDurham Brothersがダーハム(方)式(Durham system) というリセス付きの排水管用管継手を用いたねじ込み、または、これと同等の緊結強固な接合方法により施工する排水配管を考案・発達させた。
> 　排水管用継手類には、必ずリセス部(recess)がなくてはならない。
> 　リセス部を形成していない給水用継手は一切排水用には用いてはならない。
> 　接合する管のおねじ端が、リセスの肩部に触れる直前までねじ込んだ時、ほぼ完全な気水密になり、横管で排水(汚水)を停滞させずに円滑に流すことが出来る。おねじのねじ立て作業は細心を要し、排水管のねじ接合は最も熟達を要する。
> 　（図資Ⅱ・2　参照、以上要約）

なお、排水管用管継手メーカーさんでは、『「リセス」は、一般的には旋盤等での溝加工のことで、当社ではねじの最後を切り上げずに加工する場合に溝加工を行いますが、それを「リセス」または「ぬすみ」といっています』（日立金属株式会社・桑名工場・技術サポートセンター・永見明夫氏）と云われています。

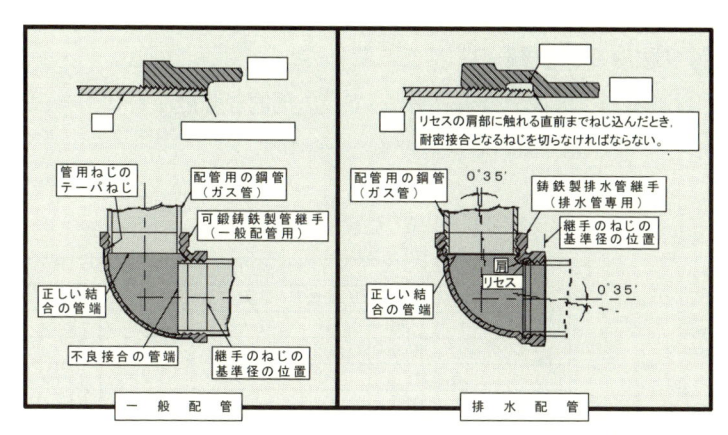

(作成：永山　隆)

図資Ⅱ・2　一般配管鋼管用ねじ継手と排水用ねじ継手の比較

第Ⅲ部　資料Ⅱ・2　鋼管の「転造ねじ接合」と「溶接接合」の比較

> 建築設備配管用ねじ施工研究会WG編（２００６年１２月９日修正）
> WGメンバー：大村秀明、近藤　茂、瀬谷昌男、高橋克年、
> 　　　　　　永山　隆、原田洋一、円山昌昭、山岸龍生

１．機械的強度比較

（１）引張り強度比較試験

　転造ねじ接続は、切削ねじ接続に比して、圧倒的な強度を有し、突合せ溶接接合と比較してもほぼ同等の強度を有することが判る。

表資Ⅱ・1　引張り強度比較試験結果

呼び径A	漏れ発生時の荷重					
	切削ねじ		転造ねじ(歩み転造)		突合せ溶接	
	N	kgf	N	kgf	N	kgf
15	37140	3790	61250	6250	60510	6170
20	41650	4250	77620	7920	76250	7775
25	65170	6650	109700	11200	106890	10900
32	95160	9710	156120	15930	151020	15400
40	103890	10600	162000	16530	176200	17975
50	144070	14700	218360	22280	234870	23950

記事	大阪市立工業研究所結果 　試　験　材：配管用炭素鋼鋼管 　　　　　　　ねじ込み式可鍛鋳鉄製管継手 　切削ねじ：全ねじ部破断 　転造ねじ：15A～32A母管破断、40A、50A管継手から脱管 　溶　　接：15A～50A母管破断 試験条件：資料の両端に引張り荷重Pを負荷し、封入 　　　　　圧力0.5MPaで漏れ発生時の荷重を測定する。

（２）押曲げ強度比較試験

　転造ねじ接合は、切削ねじ接合に比して、圧倒的な優位にあり、溶接接合に比しても実用上問題にならない強度を有することが判る

表資Ⅱ・2　押曲げ強度比較試験結果

呼び径A	漏れ発生時の荷重					
	切削ねじ		転造ねじ(歩み転造)		突合せ溶接	
	N	kgf	N	kgf	N	kgf
15	1920	198	3240	331	2890	295
20	3020	309	5150	525	4690	478
25	5470	558	9800	1000	7490	764
32	10400	1062	16920	1726	12100	1235
40	14080	1435	21230	2166	14830	1513
50	23790	2428	34060	3475	21160	2158

記事	大阪市立工業研究所結果 　試 験 材：配管用炭素鋼鋼管 　　　　　　ねじ込み式可鍛鋳鉄製管継手 　切削ねじ：全サイズねじ部破断 　　　　　　漏れ発生時のたわみ量、18mm(15A)〜13mm(50A) 　転造ねじ：15A〜32Aおねじ部破断 　　　　　　漏れ発生時のたわみ量、72mm(15A)〜54mm(50A) 　　　　　　32A〜50Aは継手から脱管 　　　　　　漏れ発生時のたわみ量、70mm(15A)〜34mm(50A) 　溶　　接：15A〜50A、たわみ量110mmで漏れない
	試験条件：資料の両端500mmを受け、管継手の中央に曲げ荷重Pを負荷し、封入圧力0.5MPaで漏れ発生時の荷重を測定する。 0.5MPa

2．施工性比較

（1）転造ねじ接合配管は、溶接配管に比して

①溶接時の「ひずみ」が生じることが無く、望み通りの配管経路を配管することができる（「ひずみ」矯正が不要）。特に、溶接が難しい細径管での活用が容易になる。

②溶接後、X線などを用いた非破壊検査を行わなくても、簡便な試験で配管機能試験ができる。

③専門的な資格（溶接技能）が無くても施工できる。

④工数を大幅に削減することができる。すなわち、溶接配管に比して相当安価

に工事費を仕上げることができる。

⑤高圧管継手を使用することにより、相当な高圧配管も可能になる。

　射出成型器周り配管では、圧力配管用炭素鋼鋼管（STPG：JIS G 3454）使用で35MPa｛357kgf／cm²｝の使用実績がある

（2）従来の溶接配管工程

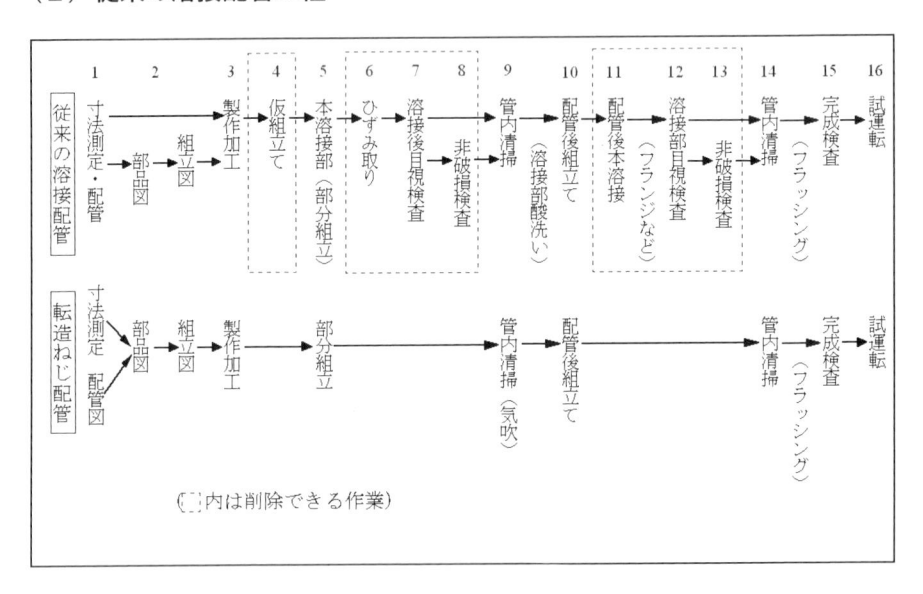

	1	2	3	4	5	6	7	8	9	10	11	12	13	14	15	16
従来の溶接配管	寸法測定・配管図	部品図	組立図	製作加工	仮組立て	本溶接部（部分組立）	ひずみ取り	溶接後目視検査	非破損検査	管内清掃（溶接部酸洗い）	配管後組立て（フランジなど）	配管後本溶接	溶接部目視検査	非破損検査	管内清掃	完成検査（フラッシング）	試運転
転造ねじ配管	寸法測定・配管図	部品図	組立図	製作加工		部分組立				管内清掃（気吹）	配管後組立て			管内清掃	完成検査（フラッシング）	試運転

（[ ]内は削除できる作業）

第Ⅲ部　資料Ⅱ・3　「切削ねじ加工」と「転造ねじ加工」の切削油消費量（環境面で注目される数字）

レッキス工業㈱　技術開発部　円山昌昭（2006年3月）

1．切削ねじ加工と転造ねじ加工の切粉の重量比較

表資Ⅱ・3　切削ねじ加工と転造ねじ加工における切粉の重量比較（単位：g）

ねじ種類 呼び径	転造ねじ 10口	転造ねじ 300口	切削ねじ 10口	切削ねじ 300口
15A	18	540	88	2640
20A	20	600	124	3720
25A	25	750	177	5310
32A	57	1710	240	7200
40A	58	1740	295	8850
50A	70	2100	448	13440

※転造ねじ加工の切粉は、転造加工の前に新円加工をした時の切粉

2．切削ねじ加工と転造ねじ加工の切削油消費量

2-1　25Aの管用テーパねじを300口(ほぼ1日の作業量)加工した時の切削油の消費量

備考：切削油の排出量は、次の状態により変わります。
　　①切粉の巻き方（形状）。
　　②切粉が出てから排出するまでの時間（油が垂れている時間）。
　　③加工されたねじ山に付着している油の排除の方法。

表資Ⅱ・4　切削ねじ加工と転造ねじ加工における切削油消費量（単位：cc）

	転造ねじ	切削ねじ
切粉による切削油の排出	15～25	250～500
加工されたねじによる切削油の排出	230～460	230～460
切粉の飛び散りによる切削油の排出	0cc	50～100

2-2　加工されたねじ面に付着したねじ切り油の排出量

　ねじ加工後に、ねじ面の油切りを「行わない場合」「行った場合」のねじ切り油の排出量。

第Ⅲ部　資料Ⅱ・3　「切削ねじ加工」と「転造ねじ加工」の切削油消費量（環境面で注目される数字）

表資Ⅱ・5　加工されたねじ面に付着しているねじ切り油の排出量（単位：cc）

	油切りを行わない場合		油切りをブラシで行った場合	
	一口当たりの平均値	300口	一口当たりの平均値	300口
20A	1.1	330	0.15	45
25A	1.8	540	0.25	75
50A	4.5	1350	0.70	210

備考：①油切りを行わない場合
　　　→ねじ加工を行い、ねじ面と鋼管内に付着した油を取り除かなかった時。
　　　②油切りをブラシで行った場合
　　　→ねじ加工を行い、ねじ面と鋼管内に付着した油をブラシ(歯ブラシのような形状でブラシ部分が長いもの)で取り除いた時。
　　　③一口当たりの平均値は，20口を加工した平均値。

第Ⅲ部　資料Ⅱ・4　転造ねじ加工の丸ダイス寿命の目安

レッキス工業㈱　技術開発部　円山昌昭（2006年3月）

　丸ダイスの寿命は、加工油（ねじ切り油）、転造ヘッドのガタの大きさ、鋼管の種類等により変わります。正常な状態で使用した場合の丸ダイス寿命の目安を表資Ⅱ・6に示します。

表資Ⅱ・6　丸ダイスのサイズ別転造ねじ加工数

ねじの呼び	対応する管の呼び	全ねじ山数（標準）	円周長さ(mm)基準径での有効径	1口当たりのねじ加工長さ(mm)	係数	ねじ切り口数
R 1/2	15A	11.0	62.2	684	1.00	20,000
R 3/4	20A	11.5	79.4	913	1.33	15,038
R 1	25A	11.0	99.8	1098	1.61	12,422
R 1 1/4	32A	12.0	127.0	1524	2.23	8,969
R 1 1/2	40A	12.0	145.5	1746	2.55	7,843
R 2	50A	13.5	182.6	2465	3.60	5,556

各サイズの転造ねじの加工数は、SGP鋼管15A（R 1/2）を20,000口加工した時の加工長さを基準に算出する。
例）25A（R 1）場合　20,000÷1.61＝12,422口

第Ⅲ部　資料Ⅱ・3　「切削ねじ加工」と「転造ねじ加工」の切削油消費量（環境面で注目される数字）

【知っておきたい豆知識！（49）】
ねじ配管加工時に発生する切粉

記：安藤紀雄
絵：瀬谷昌男

　「切削ねじ加工」する際、やっかいな問題は、「大量の切粉（きりこ）」が発生し、その処理をしなければならないことである。
　もちろん、「転造ねじ加工」をする場合にも、「切粉（？）」は発生するが、これは「転造ねじ加工」を行う前に、配管材料の「真円度（centriciy・out of roundness）」を出すために発生するもので、「切粉」というより、配管材料の表面の皮を剥く（peeling）際に生じる「薄い鉄膜」ともいうべきものである。それはともかくとして、この「切粉（？）」の発生量は、「切削ねじ加工」と「転造ねじ加工」との場合をその重量比で比較すると、約12：1程度になり、「切削ねじ加工」の場合は、その処理に要する労力は馬鹿にならないものである。

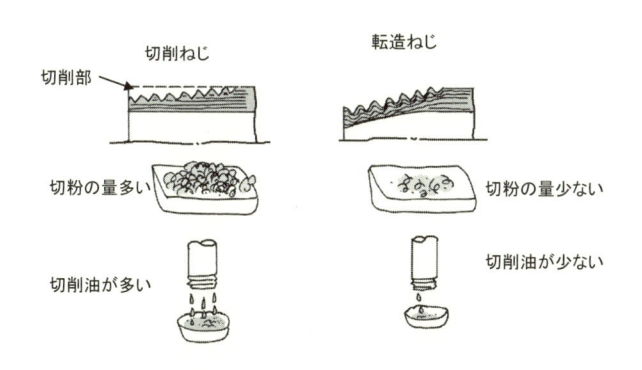

切削ねじ　　　　　　転造ねじ
切削部
切粉の量多い　　　　切粉の量少ない
切削油が多い　　　　切削油が少ない

第Ⅲ部　資料Ⅱ・5　配管および給水栓等の取付部に用いられるねじについて

[2006年12月6日　　　　]
[斎久工業㈱　永山　隆]

配管および給水栓等の取付部に用いられるねじには、次の3規格・6種類がある。

表資Ⅱ・7　配管および給水栓等の取付部に用いられるねじの規格

種　類	記号	旧記号	日本工業規格	接合目的
管用平行おねじ	G	PF	JIS B 0202	機械的結合
管用平行めねじ				
管用テーパおねじ	R	PT	JIS B 0203	耐(水)密性結合
管用テーパめねじ	Rc	PT		
管用平行めねじ (テーパおねじ用 平行めねじ)	Rp	PS		耐(水)密性結合
給水栓取付ねじ	PJ		JIS B 2061	耐(水)密性結合

表中記号：G･･･Gas-pipe threadまたはGasgewinde(独)　　R･･･Rohrgewinde(独)
　　　　　Rc･･･Rohrgewinde cone　　Rp･･･Rohrgewinde paralle

表資Ⅱ・8　通水耐圧部における各管用ねじの組合せ可否と用途

おねじ めねじ	テーパおねじ R		平行おねじ G		給水栓取付おねじPJ (Gねじと形状同じで許容値細かめ)	
	組合せ	用途・備考	組合せ	用途・備考	組合せ	用途・備考
テーパ めねじ Rc	◎ (耐密 結合)	配管と継手・バルブなど、固定シャワー、FV・ロータンク給水金具等の配管接続部、埋込み混合栓、ルーフドレン、スプリンクラヘッド、B型持出しソケット(日立金属)同士	×	許容差によりねじ込めない場合がある。	○	コア内蔵継手などの水栓エルボ等、B型持出しソケット(日立金属)およびブッシングと水栓
平行 めねじ Rp	◎ (耐密 結合)	排水目皿・掃除口金物、間接排水金具、防虫網金具、浴槽用排水栓、持出しソケット同士	×	許容差によりねじ込めない場合がある。	○	樹脂管用水栓エルボ(青銅製)など、持出しソケットおよびステンレス配管用水栓エルボなどと水栓
平行 めねじ G	×	許容差によりねじ込めない場合がある。	○ (機械的結合)	各種給水栓接続袋ナット	○ (機械的結合)	給水栓用継手(インサート金具付)と給水栓との接続。遊びが大きくテープシール多めに
給水栓取 付めねじ PJ	×	ねじ込めない場合がある。	×	ねじ込めない場合がある。	○ (機械的結合)	黄銅製持出しソケット同士および水栓との接続

＊機械的結合の場合は、パッキンまたはシールテープなどを用いて漏れのないことを確認する。
　注：PJのめねじの規格は、2006年度版より廃止。
　　　日本金属継手協会では、お問い合わせとして、給水栓取付ねじとテーパねじ・平行ねじ接続についての内容相談が多かった。

第Ⅲ部　資料Ⅱ・5　配管及び給水栓等の取付部に用いられるねじについて

<参考資料1>

表資Ⅱ・9　給水栓取付ねじの基準寸法表①（単位：mm）

呼び径	外径d	谷の径d
13	20.955	18.631
20	26.441	24.117
25	33.249	30.291

表資Ⅱ・10　給水栓取付ねじの基準寸法表②

番号	ねじの種類	ねじの規格	記号	ねじの表示例	外径(mm)	山数	山の角度
①	給水栓取付ねじ	JIS B 2061	PJ	給水栓13 PJ1/2	20.955	14	55°
②	管用平行ねじ	JIS B 0202	G	G1/2			
③	管用テーパねじ	JIS B 0203	R	おねじ R1/2			
			Rc	めねじ Rc1/2			
			Rp	Rp1/2			
④	２９度台形ねじ	JIS B 0222	TW	TW19山8	19	8	29°
⑤	ウィット細目ねじ		W	W24山20	24	20	55°
⑥				W26山20	26		
⑦	ウィット並目ねじ			W3/16	4.76	24	
⑧	メートル並目ねじ（ピッチ0.7mm）	JIS B 0205	M	M4	4		60°

対応図

291

第Ⅲ部　資料Ⅱ・5　配管及び給水栓等の取付部に用いられるねじについて

＜参考資料2＞

　　各種カタログ・ホームページ等調査

- 固定シャワー　Rねじ（TOTO、INAX（現 LIXIL）共）
- 床・壁付（殆どの）水栓　PJねじ
- 埋め込み混合栓　RまたはRcねじ
- FV・ロータンク給水金具等の配管接続部　Rねじ
- INAX（現 LIXIL）バス水栓（デッキタイプ）は、RとPJねじ両品ある
- 各種給水接続袋ナットめねじ　Gねじ
- 樹脂管用水栓エルボ（青銅製）など　Rpねじ
- ステンレス配管用水栓エルボなど　Rpねじ
- コア内蔵継手などの水栓エルボ等　Rcねじ
- B型持出しソケット（日立金属）およびブッシング　内ねじRc、外ねじR
- 排水目皿・掃除口金物、間接排水金具、防虫網金具Rpねじ一部Gねじの物もある
- 浴槽用排水共栓　Rpねじ
- ルーフドレンねじ　Rcねじ
- スプリンクラヘッドは、消防法によりRねじ

第III部 資料II・5 配管及び給水栓等の取付部に用いられるねじについて

【知っておきたい豆知識！(50)】

JIS G 3452 と JIS G 3453（？）

記：安藤紀雄

「JIS G 3452」は、配管用炭素鋼鋼管（SGP）のJIS番号である。

ところで、現状のSGPの肉厚は、極限すれば「切削ねじ加工」のためにあるようなもので、「転造ねじ加工」を前提にすれば、現状よりはるかに薄い肉厚で済む。この「SGPの薄肉化」は、「$LCCO_2$*（ライフサイクルCO_2スター）」という、「持続可能な発展（sustainable developement）」を指向する「地球環境保全上」の評価からも是非「国策」として実現すべき事項であると思われる。これは、従来よりはるかに軽い配管重量を扱うだけで「同じ付加価値」が得られるので、「設備業者」にとっても、「流通業者」にとっても十分メリットがある。

現在、「JIS G 3452（SGP：配管用炭素鋼鋼管）」と「JIS G 3454（STPG：圧力配管用炭素鋼鋼管）」との間には、「JIS G 3453」が欠番になっているが、これはJIS制定時に将来の「薄肉鋼管」の誕生を見越しての措置だそうである。巨人軍の川上・長島・王選手達の「永久欠番背番号：16・3・1」と違って、いつまでも欠番にして置く必要はないので、早くこの欠番を埋めて欲しいものである。参考までに、「JIS G 3452」と「JIS G 3453（？）」を比較したものが下表である。

表－ 「現存SGP鋼管（JIS G 3452）と切削ねじ加工」と
　　　「期待される薄肉鋼管（JIS G 3453（？））と転造ねじ加工」との比較対象

	現存SGP鋼管（JIS G 3452）と切削ねじ加工	期待される薄肉鋼管（JIS G 3453（？））と転造ねじ加工
①イメージ		
②鉄使用量	多い a. 資源使用 b. エネルギー消費量 c. CO_2排出量 d. その他の資源使用量 　（用水・オイル他）	少ない a. 資源使用 b. エネルギー消費量 c. CO_2排出量 d. その他の資源使用量 　（用水・オイル他）
③流通経費	大きい a. エネルギー b. 副資材 c. 人件費	少ない a. エネルギー b. 副資材 c. 人件費
④加工・施工	マテリアルハンドリングおよび取付作業に要する労力が大きい	マテリアルハンドリングおよび取付作業に要する労力が小さい
⑤ねじ加工	a. 切削油が必要で、廃油処理にコスト・手間がかかる。 b. 切粉処理にコスト・手間がかかる。	a. オイルは殆ど不要 b. 切粉がでない
⑥ねじ接合品質	折損しやすく、ねじ部がさびやすい	折損せず、ねじ部がさびにくい

索引

【あ】

圧力試験······················ 118, 126
油切り································· 189
油切替レバー························ 186
油のたれ防止························· 34
案内セットノブ····················· 31
異径管継手················ 108, 109
位置決めノッチ····················· 31
位置決めピン························· 31
一般配管用···························· 44
糸ねじ································· 62
インサイドリーマ(内面面取刃)······· 202
インダクションモータ············· 275
ウエス································ 101
受けパイプ··························· 28
受けパイプ上面······················ 93
受けパイプの赤ライン·············· 28
液状シール剤························· 72
枝····································· 110
塩ビライニング鋼管················· 21
オイルタンク······················· 100
オイルドレンプラグ················· 28
往復台································· 28
送りハンドル························· 28
押し切りカッタ······················ 20
押し切り切断······················· 145
押曲げ強度························· 284

【か】

カーボンブラシ················86, 102
回転数の切替······················· 185
外面樹脂被覆管継手··············· 150
外面被覆鋼管························ 21
角ねじ·································· 3
加工油······························· 205
かじり································ 10
ガタツキ検査······················· 117
管径··································· 32
管径表示プレート··················· 31
管端防食継手······················· 144
管端防食継手のねじ加工許容差······· 146
感電対策························38, 175
気圧（空圧）試験············ 253, 257
機械的強度························· 284
基準径································· 80
基準径の位置························ 80
気水密接合························· 195
技能確認試験······················· 115
気密試験···························· 253
給水栓取付ねじ············ 290, 291
切り上げレバー（ねじ長さ調整機構付き）
······································· 30
切り欠き範囲························ 92
切り粉·························57, 200
切り粉の除去······················· 190
管継手の呼び······················· 110
管の出代···························· 213
管用（くだよう）テーパねじ······· 3, 60
管用テーパおねじ················· 290
管用テーパねじゲージ(JIS B 0253)··· 227
管用テーパ転造おねじ············· 198
管用テーパめねじ················· 290
管用平行おねじ···················· 290
管用平行めねじ···················· 290
屈折ねじ······················66, 239
組立て図······················ 115, 118

組立て手順……………………… 116, 121
グリスニップル…………………………… 102
グリスポンプ……………………………… 102
径称………………………………………… 32
ケーブルリール…………………………… 267
嫌気性シール剤…………………………… 74
構成刃先…………………………………… 277
コードリール………………………… 39, 175
国土交通省機械設備共通仕様書適合品
　………………………………………… 72
固定式自動切上ダイヘッド……………… 163
固定式ねじ切り方式……………………… 162
コンデンサ・モータ………………… 23, 102

【さ】

先々(サキザキ)寸法………………… 106, 111
差し金……………………………………… 108
三角ねじ…………………………………… 3
シール剤…………………………………… 58
シール材…………………………………… 71
直巻整流子電動機………………………… 23
自動切り上げダイヘッド…………… 28, 29
締付ホイール……………………………… 28
締め戻し…………………………………… 11
従来の溶接配管工程……………………… 286
主軸台の軸受け…………………………… 101
主軸メタル部……………………………… 87
手動式水圧テストポンプ…………… 262, 265
手動テストポンプ………………………… 132
消火用硬質塩化ビニル外面被覆鋼管…… 150
消火用ポリエチレン外面被覆鋼管……… 150
衝撃試験……………………………… 117, 125
上水用……………………………………… 45
消耗品……………………………………… 86
食付きねじ部……………………………… 220
シリーズ・モータ…………………… 23, 102

真円加工……………………………… 200, 217
真円度……………………………………… 243
芯々(シンシン)寸法……………………… 106
水圧試験……………………………… 127, 253
水圧試験装置……………………………… 255
スイッチ（操作パネル）………………… 27
水道用硬質塩化ビニルライニング鋼管
　………………………………………… 141
水道用耐熱性硬質塩化ビニルライニング鋼
管………………………………………… 142
水道用内外面硬質塩化ビニルライニング鋼
管………………………………………… 149
水道用内外面ポリエチレン粉体ライニング
鋼管……………………………………… 149
水道用ポリエチレン粉体ライニング鋼管
　………………………………………… 141
スクレーパ(真円加工刃)………… 147, 202
スクロールチャック………………… 27, 50
スコヤ……………………………………… 108
スピンドル油……………………………… 102
切削ねじ……………………………… 7, 198
切削ねじ加工……………………………… 287
切削油の消費量…………………………… 287
疝気（せんき）…………………………… 79
全ねじ長さ………………………………… 64
全ねじ必要長さ…………………………… 91
全ねじ山数………………………………… 64
専用チャック……………………………… 151
専用パイプレンチ………………………… 151
操作パネル………………………………… 27
測定位置…………………………………… 61
ソケット…………………………………… 111
塑性変形…………………………………… 198

【た】

台形ねじ…………………………………… 3

索引

耐熱性ライニング鋼管……………… 21
ダイヘッド………………………… 32
ダイヘッド取付け軸……………… 30
ダイヘッド番号…………………… 30
耐密試験…………………………… 127
多角ねじ……………………… 43, 64
正しいねじ………………………… 240
短管ニップル……………………… 153
段切れ……………………………… 18
チェーザ……………………… 30, 86
チェーザ寿命……………………… 89
チェーザ刃先……………………… 237
チャック爪………………………… 86
チャック爪あと…………………… 93
チューブ入りシール剤…………… 74
超鋼カッタ………………………… 19
テーパねじ………………………… 7
テープ状シール材………………… 72
適正締込位置……………………… 83
手締め……………………………… 78
手袋の使用禁止……………… 49, 211
テフロンテープ…………………… 74
点検・調整………………………… 87
電源電圧…………………………… 174
電源容量…………………………… 174
電工ドラム………………………… 267
電工リール………………………… 267
転造ねじ……………………… 7, 198
転造ねじ加工……………………… 287
転造ねじ加工ヘッド……………… 199
転造ねじ加工用丸ダイス………… 203
転造ねじ専用シール剤：ZT …… 223
転造ねじの特徴…………………… 220
電動式水圧テストポンプ…… 262, 265
電動テストポンプ………… 132, 134
同径管継手………………………… 109
通り………………………………… 110

ドレネージ管継手………………… 194

【な】

内外面ライニング鋼管用管端防食継手
……………………………………… 150
内面取り…………………………… 147
内面面取…………………………… 217
内面ライニング鋼管……………… 141
斜め切れ…………………………… 18
倣い板……………………………… 166
倣い式ねじ切り方式……………… 162
倣いダイヘッド………………… 163, 166
倣いチェーザ…………………… 162, 166
日常注油…………………………… 93
ニップルアタッチメント………… 153
二度切り…………………………… 190
日本水道協会規格品……………… 72
抜き寸法…………………………… 113
ぬすみ……………………………… 283
ねじ切り油…………………… 43, 45
ねじ切り油の排出量……………… 287
ねじ切り加工……………………… 185
ねじ切り機………………………… 23
ねじ切り機各部の名称…………… 27
ねじ切り機搭載型メタルソーカッタ
……………………………… 19, 28
ねじ切り機の設置………………… 174
ねじ切り機のモータ特性………… 37
ねじ切り機のリーマ……………… 207
ねじゲージ…………………… 67, 69
ねじゲージによる検査…………… 66
ねじ径微調整つまみ……………… 31
ねじ込み式可鍛鋳鉄製管継手…… 14
ねじ込み式排水管継手…………… 282
ねじ先端位置……………………… 231
ねじの呼び………………………… 60

索引

ねじ部測定長さ……………………… 229
ねじ山の頂き………………………… 222
ねじ山の数え方………………………… 61
のこ歯ねじ……………………………… 3
残りねじ山……………………… 81, 249
残りねじ山最小……………………… 81
残りねじ山最大……………………… 81
残りねじ山目安（管理）…………… 147

【は】

配管圧力試験データシート………… 265
配管用炭素鋼鋼管(白)……………… 13
排水用タールエポキン塗装鋼管…… 142
パイプバイス………………………… 77
パイプレンチ………………………… 77
パイプレンチ………………………… 251
はめ合い……………………………… 232
バリ…………………………………… 203
バンドソー切断機…………………… 16
ハンマーチャック……………… 27, 50
ハンマーチャック爪………………… 92
ハンマーチャックの点検…………… 99
引張り強度…………………………… 284
標準締付トルク……………………… 83
ファンデルワールス半径…………… 264
ふくれ………………………………… 11
太ねじ…………………………… 240, 241
フランク面……………………… 10, 236
不良ねじの発生原因………………… 37
ふれ…………………………………… 53
ブレーカ容量………………………… 37
平行ねじ……………………………… 3
閉塞治具……………………………… 138
ヘルメシール……………………… 55, 72
ヘルメシールCH…………………… 72
ヘルメシールH－2………………… 72

偏肉ねじ………………………… 65, 237
防錆効果が無い……………………… 75
細ねじ…………………………… 240, 241
ポリ粉体鋼管………………………… 21

【ま】

マグネット…………………………… 101
まくれ（かえり）…………………… 20
マシン油……………………………… 280
丸ダイス……………………………… 209
丸ダイス寿命………………………… 288
丸ねじ………………………………… 3
丸のこ………………………………… 19
満水試験……………………………… 136
満水試験用継手……………………… 138
万力台………………………………… 77
水張り…………………………… 117, 126
脈動水圧試験………………………… 258
メタルソーカッタ…………………… 19
モータ………………………………… 27
モータトルク………………………… 274
モータの焼損原因…………………… 37
モータの分類………………………… 276
目視検査……………………………… 246

【や】

山欠け………………………………… 89
山欠けねじ……………………… 65, 91
山むしれ……………………………… 89
山やせねじ……………………… 65, 236
有機溶剤系シール剤………………… 73
誘導電動機…………………………… 275
床養生……………………………… 33, 173
ユニオン……………………………… 111
ユニバーサルモータ………………… 23

297

索引

指詰め事故	104
油量調整	186
油量調整ノブ	186
呼び	32
呼び径	32

【ら】

ラップ代	147
リーマ	28
リセス（recess）	194, 282

レンチタイト	82
漏洩確認試験	127
六角穴付ボルト	31

【英数】

1ヶ月点検	99
3ヶ月点検	101
45°エルボ	111
A呼称	60
B呼称	60

新・初歩と実用のバルブ講座

A5判　448頁　定価：3,675円

FAX 03-3944-0389

フリーコール　0120-974-250

1983年（昭和58年）の初版「初歩と実用のバルブ講座」以後、約30年間で第六版まで発刊してまいりましたが、このたび、内容を大幅に見直し「新・初歩と実用のバルブ講座」として発刊いたしました。今回の改訂では、「バルブを知るための準備」と題した章も設けており、技術系以外の方や、バルブを専門としない方にもわかりやすい内容を心がけており、これから「バルブ」に接する方の最初の一冊として最適です。

目次

第1章　バルブを知るための準備
現象と単位/流体/配管の構成と材料/バルブの材料について/バルブの作り方/バルブ分類（選定）のための要素

第2章　バルブの基礎知識
バルブの定義/体の中のバルブ/身の周りのバルブ/バルブの歴史/バルブの用語/バルブの分類/管との接続/バルブの圧力-温度基準/バルブの材料/バルブの規格/バルブの法規/バルブの製造/バルブの検査/バルブの耐用年数とメンテナンス/バルブの取扱い・保守保全上の注意/バルブの廃棄/バルブの市場と流通/バルブの選定/バルブと流れ/バルブと配管記号

第3章　基本的なバルブ
バルブの機能/バルブの種類と構造/バルブの種類（仕切弁・玉形弁・ボール弁・バタフライ弁・逆止め弁・ダイヤフラム弁・ピンチ弁・コック及びプラグ弁・方向（流路）切換え弁）/バルブの操作及びオプション・ストレーナ）

第4章　自動弁
自動操作機/調節弁/電磁弁/調整弁/スチームトラップ/安全弁

第5章　用途別バルブ
汎用弁と用途別バルブ/バルブの用途/設備（建築設備用・水道用・下水道用・発電設備用・都市ガス設備用・石油精製設備用・石油化学設備用・化学設備用・船舶用・製鉄設備用・紙パルプ設備用・食品　医薬品設備用・半導体製造設備用）/仕様（高温高圧弁・超低温弁・超高圧弁・真空バルブ・大口径弁・微少弁・耐食弁・耐磨耗弁・レットダウン弁・粉体弁）/課題（安全確保・公害対策　環境保全・省エネ）

第6章　バルブができるまで
バルブの接続方式/バルブの圧力-温度基準/バルブの材料/バルブの規格と法規/バルブの製造と検査

第7章　バルブの利用
選定/取扱い・設置/メンテナンス/バルブに現れる症状とその原因/耐用年数

第8章　バルブの市場（世界と日本）と国内流通
国内のバルブ市場及び需要先/世界のバルブ市場/国内のバルブ産業/国内のバルブの流通

第9章　バルブ用語

第10章　参考資料

日本工業出版㈱　販売課　〒113-8610東京都文京区本駒込6-3-26　TEL 0120-974-250/FAX 03-3944-0389
sale@nikko-pb.co.jp　　http://www.nikko-pb.co.jp/

「新・初歩と実用のバルブ講座」申込書
―切り取らずにこのままFAXしてください―
FAX03-3944-0389

ご氏名※				
ご住所※	〒		勤務先□	自宅□
勤務先		ご所属		
TEL※		FAX		
E-Mail		@		
申込部数		定価3,675円×	部+送料100円＝	

※印は必須事項です。

＜筆者紹介＞

□ねじ施工研究会
- 主　査：原田洋一（原田(仮)事務所）
- 　　　　大西規夫（レッキス工業㈱）
- 　　　　大村秀明（元 須賀工業㈱）
- 　　　　近藤　茂（㈱アカギ）
- 　　　　高橋克年（元 ㈱城口研究所）
- 　　　　永山　隆（元 斎久工業㈱）
- 　　　　西澤正士（新日鐵住金㈱）
- 　　　　円山昌昭（元 レッキス工業㈱）
- 　　　　山岸龍生（元 千葉職業能力開発短期大学校）

□知っておきたい豆知識！
- 担　当：安藤紀雄（N．A．コンサルタント）
- 　　　　小岩井隆（東洋バルヴ㈱）
- 挿　絵：瀬谷昌男（ＭＳアートオフィス）

□編集・査読委員
- 委員長：安藤紀雄（N．A．コンサルタント）
- 委　員：大西規夫（レッキス工業㈱）
- 委　員：小岩井隆（東洋バルヴ㈱）
- 委　員：瀬谷昌男（ＭＳアートオフィス）
- 委　員：永山　隆（㈱三菱地所設計）
- 委　員：円山昌昭（元 レッキス工業㈱）

ねじ配管施工マニュアル

平成 25 年 10 月 31 日 初版第 1 刷発行
定価：本体 3,000 円＋税〈検印省略〉
著　者　ねじ施工研究会
発行人　小林大作
発行所　日本工業出版株式会社
　　　　http://www.nikko-pb.co.jp/　　e-mail：info@nikko-pb.co.jp
　　　　本　　社　〒113-8610　東京都文京区本駒込 6-3-26
　　　　　　　　　TEL：03-3944-1181　　FAX：03-3944-6826
　　　　大阪営業所　〒541-0046　大阪市中央区平野町 1-6-8-705
　　　　　　　　　TEL：06-6202-8218　　FAX：06-6202-8287
　　　　振　　替　00110-6-14874

■落丁本はお取替えいたします。

ISBN978-4-8190-2516-4　C3052　¥3000E

ねじ配管施工関連広告

□掲載会社一覧

㈱アカギ

㈱エヌ・ワイ・ケイ

シーケー金属㈱

JFEスチール㈱

新日鐵住金㈱

東洋バルヴ㈱

橋本総業㈱

㈱富士ロック

㈱吉年

㈱リケン

レッキス工業㈱

転造ねじ加工も
切削ねじ加工も
アカギのパイプ加工

溶接加工
ねじ接合
グルービング
加工

アカギのチコラ

配管支持金具の
株式会社 アカギ

〒104-8251　東京都中央区新富1-19-2　☎03-3552-7331（大代表）

本社 東京・支店 営業所 全国主要都市

食品で培った品質です。

鋼板製一体型水槽

清酒、味噌、醤油の仕込・貯蔵用の木樽製造から始まった日本容器の歴史。
製品が、鋼板製樹脂ライニングタンクに変わっても、品質に対する食品各業界の皆様から頂くご信頼に変わりはありません。

NYKの鋼板製一体型水槽は、食品業界の厳しい衛生基準、醤油・味噌の高腐食環境をクリアした樹脂ライニングの品質・ノウハウをそのまま踏襲しています。

NYK 日本容器工業グループ

株式会社 エヌ・ワイ・ケイ

本　社　東京都中央区八重洲 2-6-16　tel 03-3281-1946 fax 03-5203-7347
埼玉工場　埼玉県蓮田市根金　1689-1　tel 048-766-1211 fax 048-767-1021
彩の国埼玉県産品登録会社・彩の国工場　　URL http://www.nyk-tank.co.jp

■グループ企業
日本容器工業株式会社　　　（株）NYKシステムズ
（株）日本容器工業長岡事業所　　（株）NYK西日本

地震に強い配管システムにしませんか？

JS 日本総合住生活株式会社
共同研究・開発品

業界初 **CKプレシールコア**
コア継手／透明PCコア継手（TPC）

1. 転造ねじとの組み合わせで地震に強い配管に！
2. シール材を塗る手間が省けます！
3. ねじ込みトルクが軽く施工が簡単！

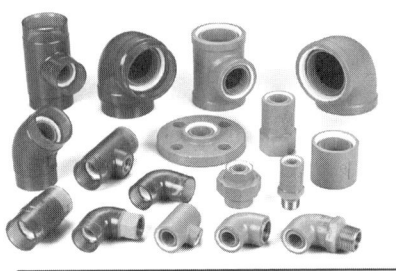

フッ素系
シール材

好調発売中！！

CKシーケー金属株式会社
www.ckmetals.co.jp
CKサンエツ・グループ

本社・工場	〒933-0983	富山県高岡市守護町 2-12-1 Tel. 0766-21-1448 代 Fax. 0766-22-5830
東京支店	〒101-0032	東京都千代田区岩本町 2-8-8 栄泉岩本町ビル 4F Tel. 03-3861-8036 代 Fax. 03-3866-8467
大阪支店	〒550-0013	大阪市西区新町1丁目5番7号 四ツ橋ビルディング8階 Tel. 06-6531-6776 代 Fax. 06-6531-6724
名古屋支店	〒460-0011	名古屋市中区大須 4-1-18 セイジョウビル 9F Tel. 052-251-1761 代 Fax. 052-251-1762
北海道営業所	〒007-0803	札幌市東区東苗穂 3 条 3-2-83 Tel. 011-780-8808 Fax. 011-780-8809
仙台営業所	〒983-0034	仙台市宮城野区扇町 3-4-10 Tel. 022-788-2744 Fax. 022-788-2745
広島営業所	〒731-0135	広島市安佐南区長束 3-47-10 Tel. 082-509-0460 Fax. 082-509-0461
福岡営業所	〒812-0893	福岡市博多区那珂 3-21-45 第 9 西田ビル Tel. 092-433-3057 Fax. 092-433-3058
北陸営業所	〒933-0983	富山県高岡市守護町 2-12-1 Tel. 0766-26-0727 Fax. 0766-26-0833

JS 日本総合住生活株式会社
http://www.js-net.co.jp/

**住生活の未来を創る
トータルサポート企業**

「耐震性」をキーワードに、
地震に強い給水配管システムの開発を目指し、
JS 日本総合住生活株式会社 の技術開発研究所とで、
共同開発しました。

NEXT STANDARD

JFE

挑戦・柔軟・誠実　JFEスチール

JFEスチールは、常に世界最高の技術をもって社会に貢献します。

JFE スチール 株式会社

URL http://www.jfe-steel.co.jp/

〒100-0011　東京都千代田区内幸町2丁目2番3号（日比谷国際ビル）　　TEL 03(3597)3111

新日鐵住金

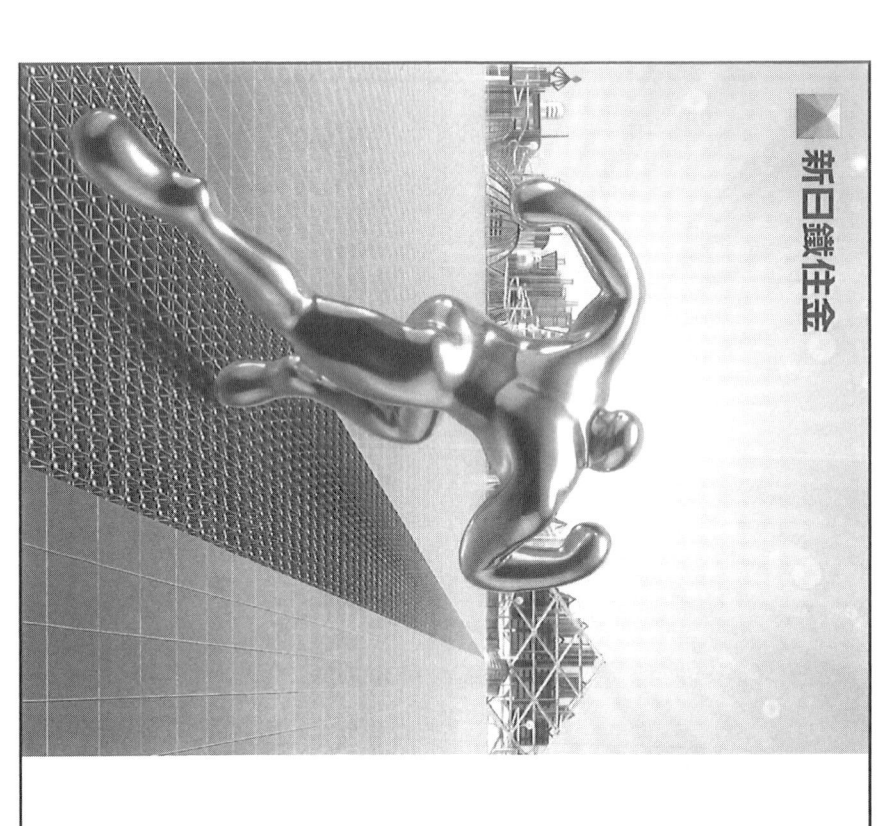

限りない鉄の未来をめざす。

あらゆるものづくりを支え、
いつの時代も未来を拓く素材の主役、鉄。
その大いなる可能性を極限まで追求し、
日本と世界の発展、そして豊かな社会の創造に
貢献することが、私たち新日鐵住金の使命です。
世界最高水準の技術とものづくりの力で、
もっとグローバルに、もっと先進の鉄へ。
「総合力世界No.1の鉄鋼メーカー」をめざす、
私たちの挑戦に限りはありません。

世界の鉄へ
しんにってつすみきん

管端防食バルブは、やっぱりコアタイト®!!

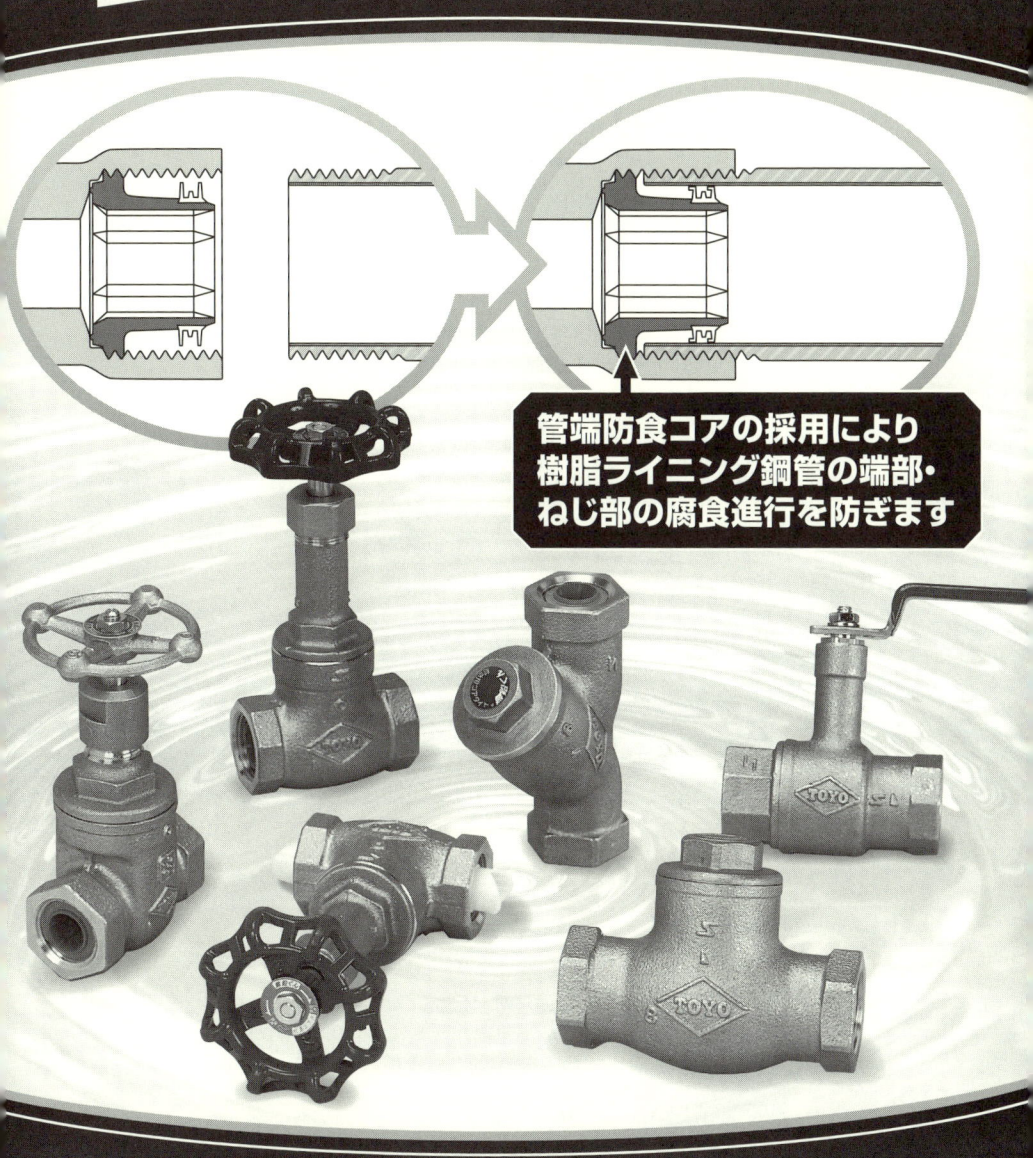

RED-WHITE TOYO

管端防食コアの採用により樹脂ライニング鋼管の端部・ねじ部の腐食進行を防ぎます

RED-WHITE TOYO　東洋バルヴ株式会社

設備営業部
TEL.03-3249-5306　FAX.03-3249-5305
URL http://www.toyovalve.co.jp/

管工機材から環境・設備機材へ

REGISTERED TRADEMARK HAT

橋本総業株式会社

創業より、日本の近代水道・住宅設備と共に歩み、日本の住まいを見つめてきました。私たちはメーカーと全国に広がる販売店の間「かけがえのないパートナー」として快適な住まいづくりを支えています。

photo:橋本総業がサポートするみらい会主催の「みらい市2013」の様子

なぜ、私たちは老舗管材商社となったのか
「縁をつなぐ」を合言葉に

橋本政昭 著

「正直、親切、熱心」なんて当たり前？ でも、それが本当にできる企業はそれほど多くない！ 「四位一体」で業界を動かす、創業120年の老舗商社に学ぶ、「負けない」経営法。

価格:1,575円(税込)　判型/造本:46上製　ISBN:978-4-478-08330-7
発行年月:2013年1月　頁数:248　発売:ダイヤモンド社

橋本総業株式会社　東京都中央区日本橋小伝馬町9-9　tel.03-3665-9001　www.hat.co.jp　JASDAQ 証券コード:75

Wedge

ステンレス鋼管用・銅管用
（テフロンチューブ用）

Wフェルール方式に依り高圧・衝撃・振動・真空・温度変化に耐える、高性能精密継手です。

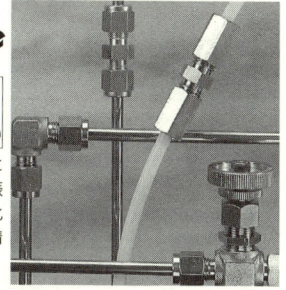

TAMALOK 裸銅管用

本体・スリーブ・袋ナットの三部品で構成され、袋ナットを締め込むだけで銅管が接続できます。（ソロバン玉タイプ）

プラロック 樹脂チューブ用

本体・インサート・ポリ玉・袋ナットを、使用して樹脂チューブ類を接続します。

ツインロック 被覆銅管用

コントロール銅管用で被覆の厚みのバラツキに対応でき、一度の締め込みで作業が完了する省力化継手です。

喰込継手 (BITE TYPE)

ステンレス管用
銅管用
銅管用

シングル喰込式継手で、主に油圧配管に多く使用され、船舶関連にも実績豊富です。

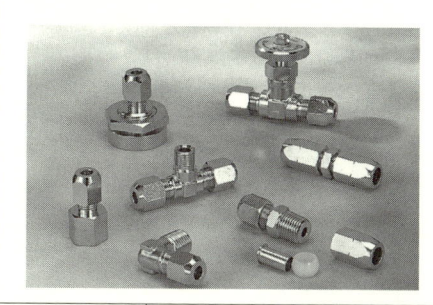

電力タイプ継手（フレアー式） 銅管用

37°フレアー及び45°フレアーがあり、スリーブ式とブッシュ式があります。主に電力関係に多く使用されています。

LA-SCOLOK & ナイロンチューブ

●セット前
●セット後

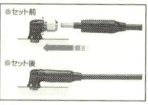

●コートロック（ビニールコーティングされた継手です。）
継手の防水・防触に優れています。

●被覆銅管の端末処理にビニールキャップをお役立てください。

●インナーロック（主にテフロン・ナイロン・ビニール・ポリエチレン等樹脂チューブにお使いください。）

フィッティング＆フランジ

導圧配管の鍛鋼製高圧用継手及びフランジと計装資材。差込溶接型及びねじ込み型があります。（PGユニオン・ベントプラグ・シールポット・キャピラリーチューブ等々多彩です。）

パンチングプレート＆サポート

主にプラント配管に於いてステンレスチューブや銅配管の外観をきれいに仕上げます。

テフロン®プライアブルホース（食品/医薬用ホース）

HACCP対応品

食品・医薬用ホース及びその口金類が、耐熱性・化学的不活性・電気的不活性・低摩擦性・非粘着性等高機能フッ素樹脂製フレキシブルホースです。

ホース口金類

各種ホース用口金類（土木/農業/消防/サニタリー/油圧/ローリー/衛生車等のカップリング及びワンタッチ継手/ホース類/フレキ類/各種ノズル/ホースバンド）

LOK 株式会社 富士ロック

URL:http://www.fujilok.co.jp

〒132-0001　東京都江戸川区新堀2-27-1
TEL.03-3676-2469(代)　FAX.03-3676-7332(代)
ご詳細は総合カタログ又はCDロムをご請求ください

株式会社 吉年(ヨドシ)

ねじ込み式
可鍛鋳鉄製管継手

ステンレス鋼製
ねじ込み管継手

- 環境めっきを施した RoHS指令適合品です。
- 三方チー、径違いクロス、多口継手、鋳物フランジ等製作しております。

- 径違いチー等、段落ち品の品種を豊富に取り揃えております。
  (例：RT50×15、RT40×10 他)
- RoHS指令適合品です。

YODOSHI

本社・工場　〒586-8528　大阪府河内長野市上原西町16-1
　　　　　　TEL：0721(53)3121代 ／ FAX：0721(54)1814
東京支店　　〒101-0047　東京都千代田区内神田3-4-11
　　　　　　　　　　　　千代田共同ビル7F
　　　　　　TEL：03(5297)8221代 ／ FAX：03(5297)8222

ねじ込み式管継手
ZD継手シリーズ

コマ印管継手

| ねじ込み式可鍛鋳鉄製管継手 | 20K継手 | 消火用透明外面被覆継手 10K・20K |

ZDの特徴

シール剤の塗布やシールテープの巻きつけが不要で配管工数を削減
安定したシール性能を発揮
長期間保管の際、ねじ部の錆発生を抑制

配管コールセンター
配管のお問い合せ先は下記へおねがいします。

RIKEN 株式会社リケン　0120-212-016

携帯・自動車電話、PHSからは ……… (0766)25-0421

PIPING SOLUTION

ねじ接合の革命

「耐震性」「耐久性」「耐腐食性」「対環境性」の大幅な改善に貢献します。

パイプマシン搭載型　管用テーパねじ転造機
自動オープン転造ヘッド
10A〜65A

★詳しくは弊社ホームページをご覧ください　REX転造 ▶ 検索

H22年版公共建築工事標準仕様書(機械設備工事編)改訂により、転造ねじとポリ粉体ライニング鋼管が50Aまで使用可能になりました。

配管機器の総合メーカー　創業88年
レッキス工業株式会社

REX
www.rexind.co.jp

東京支店〒177-0032　東京都練馬区谷原5-1-3-3
大阪支店〒578-0948　東大阪市菱屋東1-9-

お客様相談窓口　0120-475-476
受付時間：月〜金 9:00〜12:00 13:00〜17:00

・商品に関するご質問等、お気軽にお問い合わせください

一般配管用

| 0% | 5% | 10% | 20% | 50% |

一般配管用（ねじ切り中）

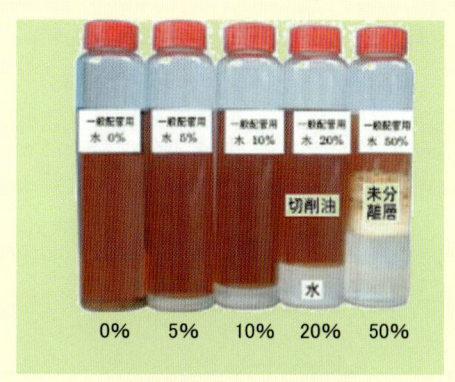

| 0% | 5% | 10% | 20% | 50% |

一般配管用（1日放置後）

上水用

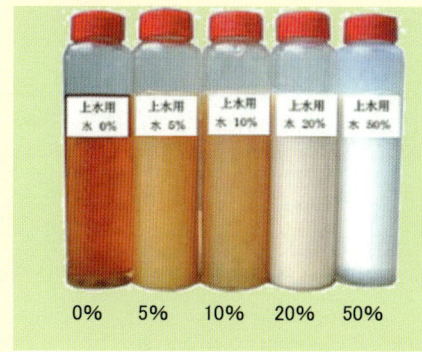

| 0% | 5% | 10% | 20% | 50% |

上水用（ねじ切り中）

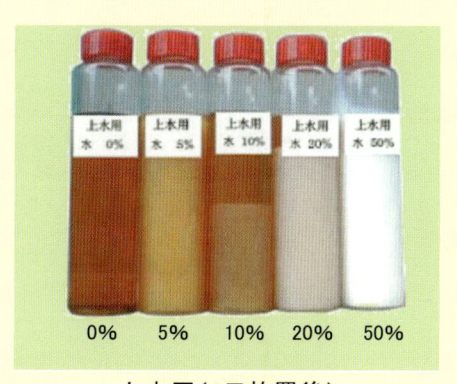

| 0% | 5% | 10% | 20% | 50% |

上水用（1日放置後）

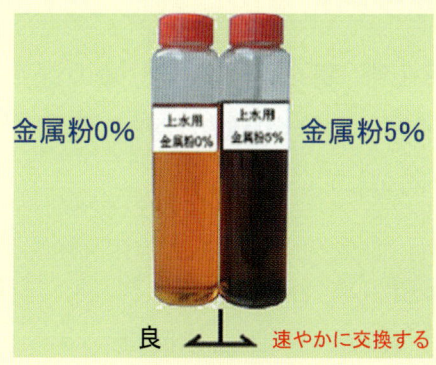

金属粉0%　　　金属粉5%

良 ←→ 速やかに交換する

上水用（金属片混入）

写真1・4・1　水及び金属粉混入ねじ切り油色見本

（本書46ページ）

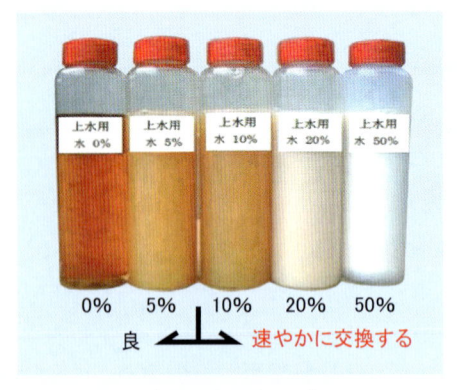

図1・9・2
上水用ねじ切り油
（本書88ページ）

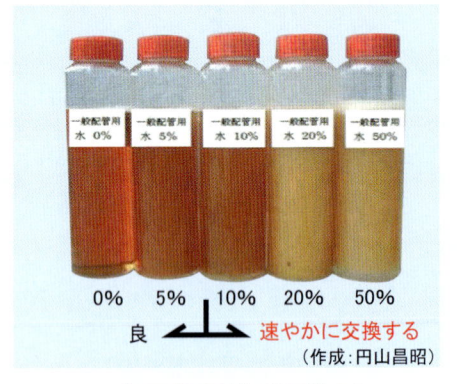

図1・9・3
一般配管用ねじ切り油
（本書88ページ）

（作成：円山昌昭）

＜カラー写真の掲載について＞

　本マニュアル、「第Ⅰ部　第4章　ねじ切り機の選定と名称・事前点検」および「第Ⅰ部　第9章　ねじ切り機の点検・整備」で解説されている、ねじ切り油の写真を掲載しています。

　詳しくは
　・46ページ　第Ⅰ部 第4章　4・6 事前点検
　・88ページ　第Ⅰ部 第9章　9・2 点検時期
をご参照ください。